混凝土结构及其施工图识读

（第2版）

主　编　刘凤翰

北京理工大学出版社
BEIJING INSTITUTE OF TECHNOLOGY PRESS

内 容 提 要

本书主要包括混凝土结构的设计与构造原理、结构施工图识读等内容。全书共分6个项目、16个任务，分别为混凝土结构设计及识图基础（含3个任务）、混凝土结构基本构件及施工图识读（含4个任务）、混凝土结构整体结构设计及施工图识读（含5个任务）、混凝土结构平法识图（含2个任务）、混凝土结构识图综合训练（含1个任务）、装配式混凝土结构及识图（含1个任务）。

本书可作为高等院校土木工程类相关专业的教材，也可供建筑工程施工员、质检员、造价员等工程技术人员参考使用。

图书在版编目（CIP）数据

混凝土结构及其施工图识读 / 刘凤翰主编 .—2版 .—北京：北京理工大学出版社，2018.1

ISBN 978-7-5682-5087-0

Ⅰ.①混… Ⅱ.①刘… Ⅲ.①混凝土结构－结构设计－高等学校－教材 ②混凝土结构－建筑构图－识别－高等学校－教材 Ⅳ.① TU37

中国版本图书馆 CIP 数据核字（2017）第 326584 号

出版发行 / 北京理工大学出版社有限责任公司

社　　址 / 北京市海淀区中关村南大街5号

邮　　编 / 100081

电　　话 / (010)68914775(总编室)

(010)82562903(教材售后服务热线)

(010)68948351(其他图书服务热线)

网　　址 / http://www.bitpress.com.cn

经　　销 / 全国各地新华书店

印　　刷 / 北京紫瑞利印刷有限公司

开　　本 / 787毫米×1092毫米 1/16

印　　张 / 14

字　　数 / 325千字

版　　次 / 2018年1月第2版 2018年1月第1次印刷

定　　价 / 59.00元

责任编辑 / 李玉昌

文案编辑 / 李玉昌

责任校对 / 周瑞红

责任印制 / 边心超

第2版前言

本书主要包括混凝土结构的设计与构造原理、结构施工图识读等内容。教材在第1版的基础上进行了改版修订，本版主要特色如下：

1. 教材以项目引领、任务驱动模式编写。教材共分6个项目、16个任务，每个项目均包含任务介绍及相关知识两个部分，通过对一般混凝土结构基本构件的计算与设计，整体结构设计与设计原理详解，以及简单构件与整体结构施工图识读，培养学生分析处理结构问题的能力及混凝土结构施工图识读能力，为学生学习后续课程、胜任岗位工作及今后专业技术水平的提高和持续发展打下基础。

2. 教材跟随工程技术发展新动态进行编写。教材根据“四节一环保”以及国家大力推进工业装配化施工的要求，融入或添加了相应内容，使教材更加科学合理、符合实践需要。教材增加了预应力平法识图、装配式混凝土结构等内容。

3. 教材依据最新规范及最新图集进行编写（修订）。教材依据《混凝土结构设计规范（2015版）》（GB 50010—2010）、《建筑抗震设计规范（2016版）》（GB 50011—2010）等国家现行规范，以及16G101平法等国家现行图集编写。

本书由刘凤翰、彭国共同编写，刘凤翰担任主编。南京市第一建筑工程公司刘词声、华润建筑有限公司李志强、江苏兴宇建设有限公司张林参与了少量编写和指导工作。

因编者水平有限，敬请广大读者对书中欠妥之处提出批评指正。

编　者

第 1 版前言

对于建筑工程技术专业的学生，就业初期的岗位为施工员、质检员、资料员，需要具备简单混凝土构件的设计能力、结构原理的理解能力、结构构造要求的掌控能力、结构施工图的识读能力等；就业后期的岗位为项目技术负责人或项目经理，需要有一定的结构理论知识基础，并具备处理复杂结构问题的能力。为此，我们围绕如何培养学生就业所需各方面能力编写了此书。

本书以项目引领、任务驱动模式编写，共分 5 个项目，14 个任务，每个项目均包含任务介绍及相关知识两个部分。通过对一般混凝土结构基本构件的计算与设计，整体结构设计与设计原理详解，以及简单构件与整体结构施工图识读，培养学生分析处理结构问题的能力及混凝土结构施工图识读能力，为学生学习后续课程、胜任岗位工作及今后专业技术水平的提高和持续发展打下基础。

本书由刘凤翰、彭国共同编写，刘凤翰任主编，同时得到南京市第一建筑工程公司刘词声、中国建筑第二工程局李志强、江苏兴宇建设有限公司张林等的指导。

因时间仓促及编者水平有限，书中不足之处在所难免，欢迎各位老师和同学予以批评指正！

编　者

目 录

项目1 混凝土结构设计及识图基础

干点小活，做点准备工作哦

▶ 任务介绍

任务1　荷载与内力计算

（一）任务名称

荷载与内力计算

（二）教学目的

通过本任务的学习，能正确分析与计算恒载、活载及其代表值，并能正确进行内力计算；同时，能够进一步掌握建筑结构荷载的概念、分类及荷载代表值的含义，掌握分项系数和极限状态设计的概念；能理解概率极限状态设计法等知识。

（三）任务内容

对图 1.0.1 所示的梁板结构(图中所注尺寸详见表 1.0.1)进行荷载计算、内力计算，并绘制计算简图、内力图。

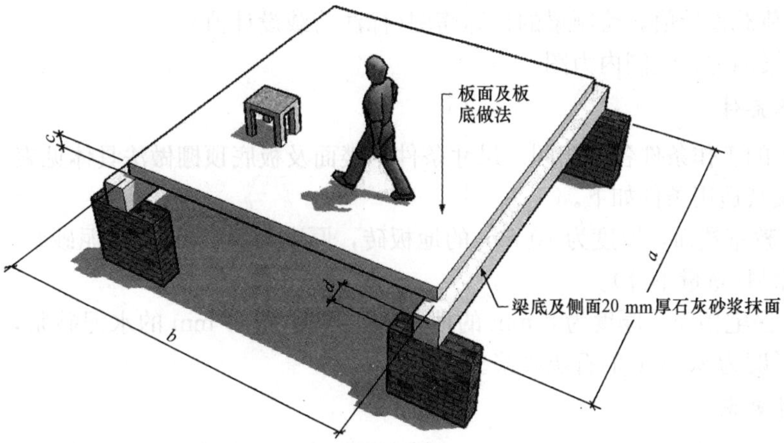

图 1.0.1

表 1.0.1　工作条件

a/m	d/mm	b/m	3.3	3.4	3.6	3.9	4.0	4.2	4.5	备注
		c/mm 做法	70	70	80	80	80	90	100	
3.3	300	做法 1	A01	B01	A02	B02	A03	B03	A04	(1)表中 a、b、c、d 为图 1.0.1 中对应尺寸；c 为板厚，d 为梁高，梁宽取 250 mm。 (2)做法 1 及做法 2 详见(四)工作条件
		做法 2	B07	A07	B06	A06	B05	A05	B04	
3.6	300	做法 1	A08	B08	A09	B09	A10	B10	A11	
		做法 2	B14	A14	B13	A13	B12	A12	B11	
3.9	350	做法 1	A15	B15	A16	B16	A17	B17	A18	
		做法 2	B21	A21	B20	A20	B19	A19	B18	
4.2	350	做法 1	A22	B22	A23	B23	A24	B24	A25	
		做法 2	B28	A28	B27	A27	B26	A26	B25	
4.5	400	做法 1	A29	B29	A30	B30	A31	B31	A32	
		做法 2	B35	A35	B34	A34	B33	A33	B32	
4.8	400	做法 1	A36	B36	A37	B37	A38	B38	A39	
		做法 2	B42	A42	B41	A41	B40	A40	B39	
5.1	450	做法 1	A43	B43	A44	B44	A45	B45	A46	
		做法 2	B49	A49	B48	A48	B47	A47	B46	
5.4	450	做法 1	A50	B50	A51	B51	A52	B52	A53	
		做法 2	B56	A56	B55	A55	B54	A54	B53	

注：表格内为学号，例如，B09 含义为 B 班学号为 09 的同学，所做的题目条件分别看纵向和横向表头，如 a=3.6 m，b=3.9 m 等。

工作步骤如下：

(1)计算板的恒载标准值、活载标准值；

(2)确定与绘出板的计算简图(标注恒载与活载标准值)；

(3)计算荷载设计值，绘制板的计算简图(标注荷载设计值)；

(4)计算板内力(弯矩)，绘制内力(弯矩)图；

(5)计算梁的恒载标准值、活载标准值；

(6)确定与绘出梁的计算简图(标注恒载与活载标准值)；

(7)计算荷载设计值，绘制梁的计算简图(标注荷载设计值)；

(8)计算梁内力，绘制内力图。

(四)工作条件

每位学生的工作条件各不相同。尺寸条件、楼面及板底顶棚做法具体见表 1.0.1。板面及板底做法及其适用条件如下。

做法 1：教室楼面，厚度为 10 mm 的地板砖，厚度为 30 mm 的水泥砂浆，钢筋混凝土楼板，板底涂料(重量不计)。

做法 2：住宅楼面，厚度为 8 mm 的地板砖，厚度为 30 mm 的水泥砂浆，钢筋混凝土楼板，板底厚度为 20 mm 的石灰砂浆。

(五)工作要求

完成计算书，计算书包括计算过程、计算简图及内力图等。要求计算正确，计算书整洁、美观。

（六）上交材料

计算书。

（七）参考资料

(1)《混凝土结构及施工图识读》教材；

(2)可自行查阅图书馆资料。

（八）时间安排

序号	教学内容(步骤)	学生主导/课时	教师主导/课时	工作情况		备注
1	任务布置		1	教师布置任务		
2	学生准备	1			学生分析任务，思考与探求解决任务的思路	
3	板的荷载计算	1	1	教师讲解	学生进行板的荷载计算	
4	梁的荷载计算	1.5	0.5	教师讲解	学生进行梁的荷载计算	
5	荷载代表值的概念		0.5	教师讲解		
6	概率极限状态设计法		1.5	教师讲解		
7	简支梁的内力计算	1			画出计算简图，计算出内力	
8	悬挑梁的内力计算	2				
9	教师讲评		1	教师讲评		

任务 2　钢筋认识实训

（一）任务名称

钢筋认识实训

（二）教学目的

通过本任务的学习，掌握钢筋的品种、直径的识别；学会查阅并熟悉不同钢筋的截面面积、强度等技术参数。

（三）任务内容

1. 主要仪器设备

钢筋切割机(供教师做试样制备时使用)。

2. 试样及其制备

制作各种规格的钢筋，每个试件长为 25～30 cm，按不同直径共制作 30 组，其中 5 组标明钢筋直径供学生认识训练，其余 25 组仅标注编号，供学生识别练习。

试样制备由教师完成。

3. 任务步骤

(1)学生在教师指导下，熟悉教师所提供的各种规格钢筋。

(2)学生识别教师所指定钢筋，并填入实训报告。

(3)学生查阅(教材等)所识别钢筋的其他参数，并填入实训报告。

(4)实训结果处理。

(5)填写实训报告。

(四)时间安排

序号	教学内容(步骤)	学生主导/课时	教师主导/课时	工作情况		备注
1	材料知识学习		2	教师讲解		实训前进行
2	钢筋认知	2			学生认知并填写实训报告	实训室进行

钢筋认识实训报告

实训人员：________________

日　　期：________________　　　　　　指导教师：____________

编号 项目	①	②	③	④	⑤	⑥	⑦	⑧
直　径								
表面特征								
强度等级								
钢筋代号								
图纸符号								
设计强度								
面　　积								
注：表中直径、设计强度、面积等应填明正确的单位(应采用常用单位)。								

任务3　钢筋锚固与搭接长度计算

(一)任务名称

钢筋锚固与搭接长度计算

(二)教学目的

通过本任务的学习，熟悉钢筋锚固与搭接长度计算，并将计算结果与16G101中相关表格的数据进行比较。

(三)任务内容

1. 工作步骤

(1)学生在教师指导下，参观钢筋实训室，了解锚固与搭接的概念。

(2)学生查阅资料，并在教师指导下学习锚固与搭接的计算方法。

(3)学生动手计算并填入表格，并将结果与16G101中相关表格的数据进行比较。

2. 工作结果处理

请自行绘制表格并记录数据，表格格式详见16G101，要求数据保留一位小数。

(四)时间安排

序号	教学内容(步骤)	学生主导/课时	教师主导/课时	工作情况		备注
1	锚固与搭接长度计算		1	教师讲解		
2	计算	1				

▶ 相关知识

1.1 建筑结构认识

1.1.1 建筑结构的概念

一只恐龙巨大的身体得以支撑和奔跑觅食，缘于其巨大而精致的骨骼系统(图 1.1.1)。许多动物均是如此，骨骼系统承受了动物自身的质量，并承受其捕食或运动中产生的各种力。

一个雕塑，我们将其外表打开，可能会发现里面有一个骨架体系(图 1.1.2)，这个骨架体系支承着整个雕塑，承受着雕塑的自重，雨、雪、风荷载，甚至地震作用。

图 1.1.1 恐龙的骨骼

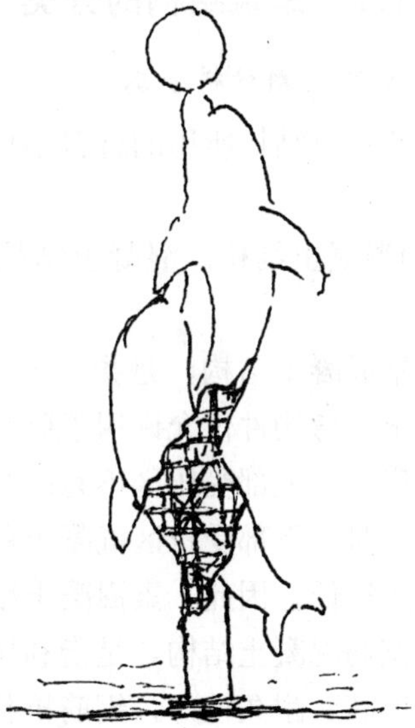

图 1.1.2 雕塑的骨架

一座建筑，也像上面所说的动物或雕塑的情况一样，存在一个骨架。这种能够承受和传递各种荷载和其他作用的骨架，称为建筑结构(图 1.1.3)。

在研究或设计建筑物时，一方面，需要研究或设计它的功能、外观，如房间、楼梯、门窗等的尺寸，墙体的隔声保温，屋面的保温防水，立面与体形等(“房屋建筑学”课程的主要内容)；另一方面，要研究或设计它的结构，它的结构应该能承受上面所说的各种荷载和其他作用(“建筑结构”课程的主要内容)。

各种荷载，包括结构自重、人群及家具设备的使用活荷载，以及风荷载、雪荷载、屋

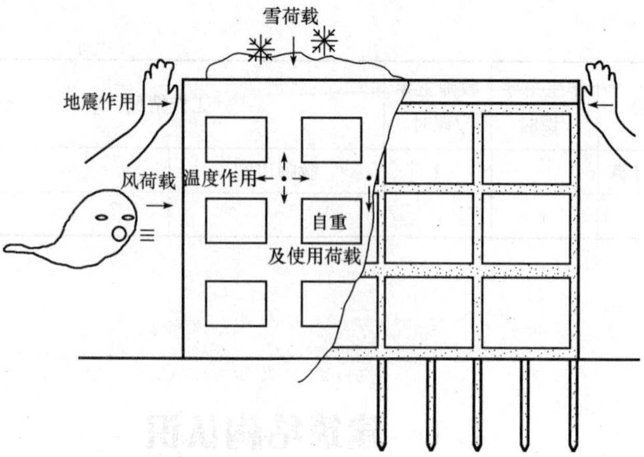

图 1.1.3　建筑结构

面积灰荷载等。其他作用，包括温度变化、地基不均匀沉降及地震作用等。

建筑结构主要是从结构承载能力和满足正常使用的角度去研究和分析建筑物，研究建筑物的结构构造原理、结构设计原理。

1.1.2　建筑结构的分类

1. 按照所用材料分类

按照承重结构所用的材料不同，建筑结构可分为混凝土结构、砌体结构、钢结构、木结构等。

(1)混凝土结构。混凝土结构包括素混凝土结构、钢筋混凝土结构、预应力混凝土结构等。

1)素混凝土结构，是指无筋或不配置受力钢筋的混凝土结构。它主要用于受压构件。素混凝土受弯构件仅允许用于卧置地基上的情况。如图 1.1.4 所示，素混凝土梁因混凝土抗压强度高，上部受压区不易破坏，但因混凝土抗拉强度远低于抗压强度数值，故承受较小的外力时，下部受拉区混凝土就会达到极限承载力而产生裂缝，使得整个素混凝土梁的承载能力很低。因此，素混凝土结构不能用于一般建筑物中。

2)钢筋混凝土结构，是指利用混凝土材料与钢筋材料共同组成的混凝土结构。混凝土抗压强度高、耐久性好，钢筋抗拉强度高，两者共同工作，大大提高了结构的性能，故在建筑结构中应用得十分广泛。如图 1.1.5 所示，钢筋混凝土梁与素混凝土梁不同的是，在梁下部受拉区配置钢筋，受拉区的拉力则由抗拉强度极高的钢筋来承担，上部受压区仍由抗压强度较高的混凝土来承担。这样，相对于素混凝土梁，承载能力大大地提高了。

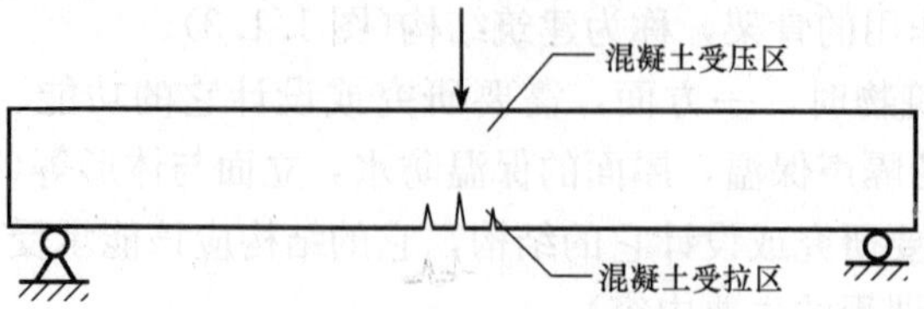

图 1.1.4　素混凝土梁受压

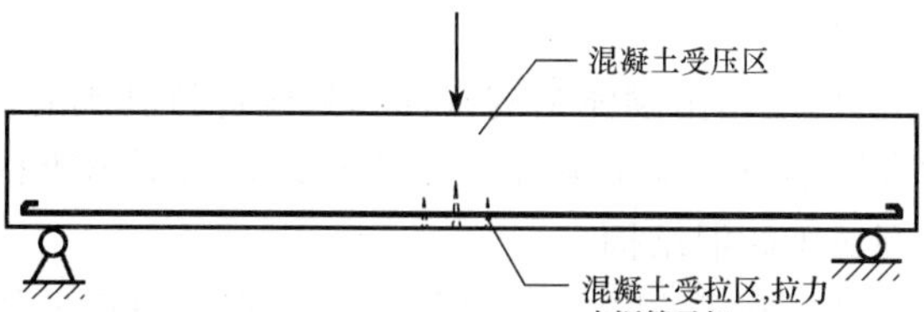

图 1.1.5　钢筋混凝土梁受压

3)预应力混凝土结构，是指在钢筋混凝土结构的基础上产生和发展而来的一种新工艺结构，它是由配置受力的预应力钢筋通过张拉或其他方式建立预加应力的混凝土制成的结构。这种结构具有抗裂性能好、变形小、能充分发挥高强混凝土和高强度钢筋性能的特点，在一些较大跨度的结构中有较广泛的应用。

混凝土结构，具有以下优点。

1)承载力高。相对于砌体等结构，承载力较高。

2)耐久性好。混凝土材料的耐久性好，钢筋被包裹在混凝土中，正常情况下，它可保证长期不被锈蚀。

3)可模性好。可根据工程需要，浇筑成各种形状的结构或结构构件。

4)耐火性好。混凝土材料耐火性能是比较好的，而钢筋在混凝土保护层的保护下，在发生火灾后的一定时间内，不致很快达到软化温度而导致结构破坏。

5)可就地取材。混凝土结构用量最多的是砂、石材料，可就地取材。

6)抗震性能好。钢筋混凝土结构因为整体性好，具有一定的延性，故其抗震性能也较好。

混凝土结构除具有上述优点外，也还存在着一些缺点，如自重大、抗裂能力差、现浇耗费模板多、工期长等。

(2)砌体结构。砌体结构是指用块材通过砂浆砌筑而成的结构。块材包括烧结普通砖、承重空心砖、硅酸盐砖、混凝土中小型砌块、粉煤灰中小型砌块、料石和毛石等。

砌体结构具有就地取材、造价低廉、耐火性能好以及施工方法简易等优点，在多层建筑中广为应用。

砌体结构除具有上述一些优点外，还存在着自重大、强度低、抗震性能差等缺点。

(3)钢结构。钢结构是指由钢材制成的结构。它具有强度高、自重轻(相对于强度而言)、材质均匀，以及制作简单、运输方便等优点，在现代建筑中得到了较为广泛的应用。特别是应用于大跨度结构的屋盖、工业厂房、高层建筑、高耸结构等。大跨度的体育场馆的屋盖，几乎都是钢结构的，如北京的奥运场馆“水立方”“鸟巢”以及其他场馆。现代的高层建筑中使用钢结构也非常普遍，如中国中央电视台新台址、上海金茂大厦等。在工业厂房中，采用钢结构的比例也很大。

钢结构的主要缺点是容易锈蚀、维修费用高、耐火性能差等。

(4)木结构。木结构是指采用木材制成的结构。在古代，木结构应用得十分广泛。木结构具有价格高、易燃、易腐蚀和结构变形大等缺点，在现代建筑中应用很少，仅在一些仿古建筑或对古建筑的维修中少量应用。

2. 按承重结构类型分类

(1)砖混结构。砖混结构是指由砌体结构构件和其他材料制成的构件所组成的结构。例如，许多多层住宅、宿舍等建筑，承重墙体采用砖砌体，水平承重构件梁和楼板等采用钢筋混凝土结构构件，故都属于砖混结构。

砖混结构具有就地取材、施工方便、造价低廉等优点；也有整体性相对弱、抗震性能低等缺点。其多用于层数较少、房间尺寸相对较小的住宅、旅馆、办公楼等建筑中。

(2)框架结构。框架结构是指由纵梁、横梁和柱组成的结构。框架结构整体性好，抗震性能较好，因墙体为非承重墙，后砌筑，故房间分隔布置灵活。框架结构在需要较大空间的商场、工业生产车间、礼堂、食堂等建筑有广泛的应用，也常用于住宅、办公楼、医院、学校等建筑中。

(3)框架-剪力墙结构。当建筑物高度增高，由风荷载及地震作用产生的内力和侧移将越来越大，为了使结构具有足够的抗剪能力和侧向刚度，在框架结构的适当位置，设置一定数量的钢筋混凝土墙，将其称为剪力墙。剪力墙可大大提高结构的侧向刚度，并承担大部分的剪力。这种结构称为框架-剪力墙结构。

(4)剪力墙结构。建筑物的纵横墙均用钢筋混凝土建造，形成剪力墙结构。这种结构侧向刚度将大大提高，所以，剪力墙结构适用于更高的高层建筑，特别是墙体较多的高层住宅或宾馆，采用剪力墙结构就更为广泛。

(5)筒体结构。筒体结构可以认为是剪力墙结构的一种特例，钢筋混凝土剪力墙围成了筒状，使建筑物的整体刚度更强。有时，筒体的内部还有一层钢筋混凝土墙筒体，称为筒中筒结构。

筒体结构适用于更高的高层建筑。

(6)大跨度结构。一些大型场馆，如体育馆、车站候车大厅等建筑，需要大跨度和大空间，为了减轻屋盖的自重，常采用网架结构、悬索结构、薄壳结构等大跨度结构。

1.1.3 混凝土结构及施工图识读课程的学习方法

混凝土结构及施工图识读课程是建筑工程技术专业重要的专业课程，学好这门课程对学习其他课程以及以后的工作具有重要的意义。这门课程既有较强的理论性，又有较强的实践性，学习时要注意把握好学习方法。

(1)在理解的基础上学习。这门课程主要讲解设计原理与构造原理，学生学习时要侧重理解。在理解的基础上，较好地掌握与记住一些基本知识，真正提高解决实际问题的能力。

(2)善于抓住重点。对于设计原理，应重点掌握基本构件的计算方法，如混凝土结构，重点学好受弯构件的计算，为学好钢筋混凝土梁、板、楼梯、雨篷、基础的计算打好基础。对于一些构造原理，侧重于记忆与掌握一些基本构造要求，而其他构造要求方面的知识，只需做到有所了解，需用时会去查找即可。

(3)注重理论联系实践。一方面，对一些计算或设计，要多动手练习；另一方面，有目的地去施工现场参观，增加感性认识，对学好本课程具有重要的意义。

(4)注重与其他课程的联系。各专业课程有着十分紧密的联系，学习中应予以重视。

(5)多参阅相关的资料。教材编写的一个重要依据就是国家现行规范，一些主要结构构造原理，也会集中体现在一些常用图集中，规范与图集也是以后工作中使用的重要工具。学习中多参阅这方面的资料，对学好本课程以及为以后工作打下良好基础都具有重要的意义。

1.2 荷载及内力计算

1.2.1 结构设计的基本要求

1. 结构的功能要求

任何结构在规定的时间内和在正常情况下均应满足预定功能的要求，这些要求主要有以下几点。

(1)安全性。建筑结构应能够承受在正常的施工和使用条件下，可能出现的各种荷载或其他作用。在一些偶然事件，如地震发生时，虽有局部损坏，但应能保持整体稳定、不倒塌。

(2)适用性。建筑结构除保证安全性外，还应保证正常使用的功能不受影响，如结构产生的变形、裂缝或振动等均不超过规定的限度。

(3)耐久性。建筑结构在正常使用、维护的情况下应有足够的耐久性。如钢筋混凝土结构的钢筋保护层厚度过小，造成钢筋锈蚀或混凝土材料的耐久性不好，造成混凝土冻融破坏等，从而影响了建筑物的使用年限。

2. 结构功能的极限状态

结构或结构的一部分在承载能力、变形、裂缝、稳定等方面超过某一特定状态，不能满足设计规定的某一功能要求时，这一特定状态就称为结构在该功能方面的极限状态。

结构功能的极限状态可分为承载能力极限状态和正常使用极限状态两类。

(1)承载能力极限状态。承载能力极限状态对应于结构或结构构件达到了最大承载能力，或产生了不适于继续承载的过大变形。当结构或结构构件出现下列状态之一时，即认为结构或结构构件超过了承载能力极限状态：

1)整个结构或结构的一部分作为刚体失去平衡；

2)结构构件或其连接因超过材料强度而被破坏；

3)结构转变为机动体系；

4)结构或构件丧失稳定。

超过承载能力极限状态，结构的安全性就得不到保证，所以要严格控制承载能力极限状态出现的概率。

(2)正常使用极限状态。正常使用极限状态是对应于结构或结构构件达到稳定正常使用或耐久性能的某项规定限值。当结构或构件出现下列状态之一时，即认为结构或结构构件超过了正常使用极限状态：

1)影响正常使用(包括影响美观)的变形；

2)影响正常使用或耐久性能的局部损坏；

3)影响正常使用的振动；

4)影响正常使用的其他特定状态。

控制正常使用极限状态出现的概率，才能更好地保证结构或构件的适用性与耐久性。

1.2.2 结构上的荷载与荷载效应

建筑结构能够承受和传递各种荷载和其他作用，这里主要介绍各种与荷载相关的知识。

1. 荷载的分类

结构上的荷载，通常按随时间的变异分类，可分为以下几种。

(1)永久荷载。永久荷载是指在结构使用期间，数值不随时间变化或变化值相对于平均值可以忽略不计的荷载。结构的自重、土压力等均为永久荷载。永久荷载也称为恒载。

(2)可变荷载。可变荷载是指在结构使用期间，数值随时间变化，且变化值相对于平均值不可忽略的荷载。楼面活荷载、风荷载、雪荷载、吊车荷载等均为可变荷载。可变荷载也称活荷载或活载。

(3)偶然荷载。偶然荷载是指在结构使用期间出现的概率较小，但其一旦出现，其量值很大、持续时间很短的荷载。如地震作用、爆炸作用等。

2. 荷载的代表值

在结构设计时，应根据不同的设计要求采用不同的荷载数值，该值称为代表值。《建筑结构荷载规范》(GB 50009—2012，以下简称《荷载规范》)，给出了几种代表值：标准值、组合值、频遇值、准永久值。

(1)荷载标准值。荷载标准值是指荷载在正常情况下可能出现的最大值。各种荷载标准值是建筑结构设计时采用的基本代表值。

1)永久荷载(恒载)标准值。永久荷载标准值，由于离散性不大，通常直接采用体积乘重力密度(单位体积自重)而得。表 1.2.1 列举了几种常用材料的重力密度。

表 1.2.1　几种常用材料的重力密度

名称	重力密度/($kN\cdot m^{-3}$)
素混凝土	22～24
钢筋混凝土	24～25
水泥砂浆	20
石灰砂浆、混合砂浆	17
普通砖砌体	18～19
地板砖	22

[例题 1.1] 图 1.2.1 所示为现浇钢筋混凝土楼盖，试计算简支梁 L2 上的均布恒载标准值 g_k，板厚为 100 mm，板上水泥砂浆面层厚度为 30 mm，板底石灰砂浆抹灰层厚度为 20 mm。

解 L2 上承受的均布恒载，即为梁单位长度上承受的板传来的自重力及梁自重力，计算如下：

单位长度梁上承受的板传来的恒载：

30 mm 厚水泥砂浆面层　　$0.03\times4\times20=2.4$(kN/m)

100 mm 厚钢筋混凝土板　　$0.1\times4\times25=10$(kN/m)

20 mm 厚板底石灰砂浆抹灰　　$0.02\times4\times17=1.36$(kN/m)

单位长度梁的自重：

钢筋混凝土梁(扣除与板重叠部分)

$(0.55-0.100)\times0.25\times25=2.81$(kN/m)

梁侧抹灰　$(0.55-0.100)\times0.02\times2\times17=0.31$(kN/m)

合计　　$g_k=16.88$(kN/m)

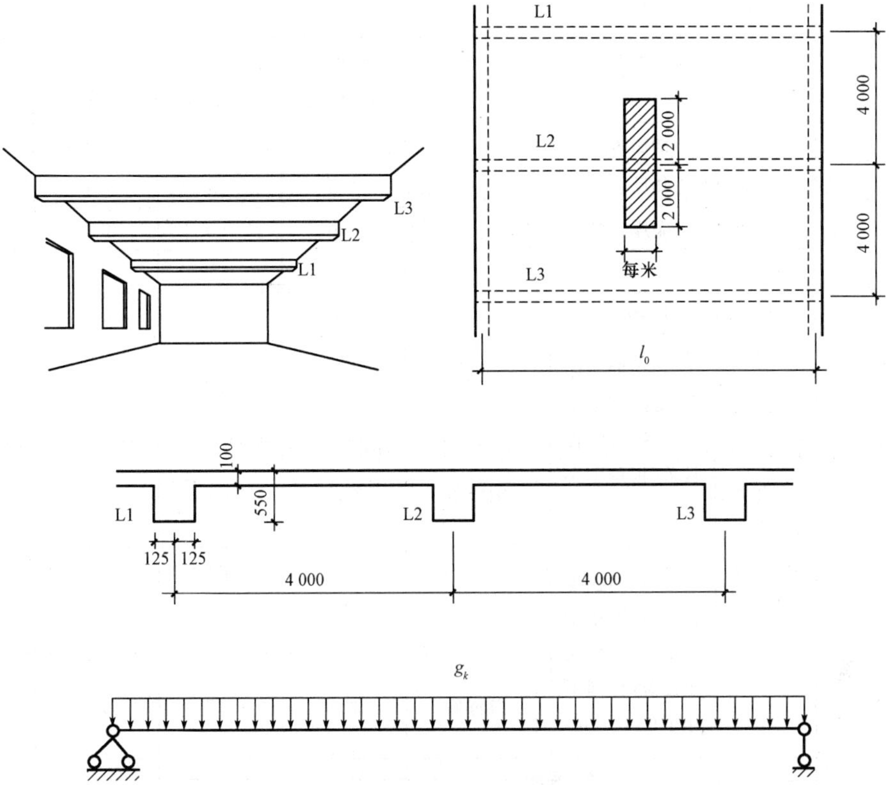

图 1.2.1　现浇钢筋混凝土楼盖(例题 1.1 图)

2)可变荷载标准值。可变荷载标准值的确定相对较复杂，根据调查、统计和分析，《荷载规范》给出了各种可变荷载的标准值。表 1.2.2 列出了部分民用建筑楼面活荷载标准值。

表 1.2.2　民用建筑楼面均布活荷载标准值及其组合值、频遇值和准永久值系数

项次	类别	标准值 /(kN·m^{-2})	组合值系数 φ_e	频遇值系数 φ_f	准永久值系数 φ_q
1	(1)住宅、宿舍、旅馆、办公楼、医院病房、托儿所、幼儿园	2.0	0.7	0.5	0.4
	(2)试验室、阅览室、会议室、医院门诊室	2.0	0.7	0.6	0.5
2	教室、食堂、餐厅、一般资料档案室	2.5	0.7	0.6	0.5
3	(1)礼堂、剧场、影院、有固定座位的看台	3.0	0.7	0.5	0.3
	(2)公共洗衣房	3.0	0.7	0.6	0.5
4	(1)商店、展览厅、车站、港口、机场大厅及其旅客等候室	3.5	0.7	0.6	0.5
	(2)无固定位的看台	3.5	0.7	0.5	0.3

续表

项次	类别			标准值 /(kN·m^{-2})	组合值系数 φ_c	频遇值系数 φ_f	准永久值系数 φ_q
5	(1)健身房、演出舞台			4.0	0.7	0.6	0.5
	(2)运动场、舞厅			4.0	0.7	0.6	0.3
6	(1)书库、档案库、贮藏室			5.0	0.9	0.9	0.8
	(2)密集柜书库			12.0	0.9	0.9	0.8
7	通风机房、电梯机房			7.0	0.9	0.9	0.8
8	汽车通道及客车停车库	(1)单向板楼盖(板跨不小于2 m)和双向板楼盖(板跨不小于3 m×3 m)	客车	4.0	0.7	0.7	0.6
			消防车	35.0	0.7	0.5	0.0
		(2)双向板楼盖(板跨不小于6 m×6 m)和无梁楼盖(柱网不小于6 m×6 m)	客车	2.5	0.7	0.7	0.6
			消防车	20.0	0.7	0.5	0.0
9	厨房	(1)餐厅		4.0	0.7	0.7	0.7
		(2)其他		2.0	0.7	0.6	0.5
10	浴室、卫生间、盥洗室			2.5	0.7	0.6	0.5
11	走廊、门厅	(1)宿舍、旅馆、医院病房、托儿所、幼儿园、住宅		2.0	0.7	0.5	0.4
		(2)办公楼、餐厅、医院门诊部		2.5	0.7	0.6	0.5
		(3)教学楼及其他可能出现人员密集的情况		3.5	0.7	0.5	0.3
12	楼梯	(1)多层住宅		2.0	0.7	0.5	0.4
		(2)其他		3.5	0.7	0.5	0.3
13	阳台	(1)可能出现人员密集的情况		3.5	0.7	0.6	0.5
		(2)其他		2.5	0.7	0.6	0.5

注：1. 本表所给各项活荷载适用于一般使用条件，当使用荷载较大、情况特殊或有专门要求时，应按实际情况采用；
2. 第6项书库活荷载当书架高度大于2 m时，书库活荷载尚应按每米书架高度不小于2.5 kN/m^{2}确定；
3. 第8项中的客车活荷载仅适用于停放载人少于9人的客车；消防车活荷载适用于满载总量为300 kN的大型车辆；当不符合本表的要求时，应将车轮的局部荷载按结构效应的等效原则，换算为等效均布荷载；
4. 第8项消防车活荷载，当双向板楼盖板跨介于3 m×3 m～6 m×6 m之间时，应按跨度线性插值确定；
5. 第12项楼梯活荷载，对预制楼梯踏步平板，还应按1.5 kN集中荷载验算；
6. 本表各项荷载不包括隔墙自重和二次装修荷载；对固定隔墙的自重应按永久荷载考虑，当隔墙位置可灵活自由布置时，非固定隔墙的自重应取不小于1/3的每延米长墙重(kN/m)作为楼面活荷载的附加值(kN/m^2)计人，且附加值不应小于1.0 kN/m^2。

［**例题 1.2**］ 若［例题 1.1］的现浇楼盖为教室的承重结构，试计算 L2 的均布活载标准值。

解 查表 1.2.2，教室活荷载标准值为 2.5 kN/m^2，L2 所承受的均布活荷载的标准值为：$q_k=4\times2.5=10.0$(kN/m)。

(2)可变荷载的组合值。当考虑两种或两种以上可变荷载在结构上同时作用时，由于所有荷载同时达到其单独出现时的最大值的可能性极小，因此，除主导荷载(产生荷载效应最大的荷载)仍以其标准值作为代表值外，对其他伴随的可变荷载应取小于其标准值的组合值为其代表值。可变荷载的组合值采用组合值系数 ψ_c 乘以相应的可变荷载的标准值：

$$Q_c=\psi_c Q_k \tag{1.1}$$

(3)可变荷载的频遇值。可变荷载的频遇值是针对结构上偶尔出现的较大荷载，这类荷载相对于设计基准期(50 年)，具有持续时间较短或发生次数较少的特性，从而对结构的破坏性有所减弱，可变荷载的频遇值采用频遇值系数 ψ_f 乘以可变荷载的标准值：

$$Q_f=\psi_f Q_k \tag{1.2}$$

(4)可变荷载的准永久值。在进行结构构件变形和裂缝验算时，要考虑荷载长期作用对构件刚度和裂缝的影响。永久荷载长期作用在结构上，故取荷载标准值。可变荷载不像永久荷载那样，在设计基准期内全部作用在结构上，因此，在考虑荷载长期作用时，可变荷载不能取其标准值，而只能取在设计基准期内经常作用在结构上的那部分荷载。它对结构的影响类似于永久荷载，这部分荷载就称为荷载的准永久值。可变荷载准永久值采用准永久值系数 ψ_q 乘以相应的可变荷载的标准值：

$$Q_q=\psi_q Q_k \tag{1.3}$$

3. 荷载效应

荷载作用在结构上，产生的内力(如弯矩、剪力和轴力等)及变形(如挠度、裂缝等)统称为荷载效应。

若荷载记作 Q，荷载效应记作 S，则 $S=CQ$，C 为荷载效应系数。

如简支梁跨度为 l，所受均布荷载为 q，则跨中最大弯矩和支座最大剪力分别为 $M_{\max}=\frac{1}{8}ql^2$、$V_{\max}=\frac{1}{2}ql$，则 M、V 都是荷载效应，它们对应的荷载效应系数分别为$\frac{1}{8}l^2$、$\frac{1}{2}l$。

1.2.3 概率极限状态设计法

1. 概率极限状态设计法的概念

结构的极限状态分为承载能力极限状态和正常使用极限状态。在进行结构设计时，应针对不同的极限状态，根据结构的特点和使用要求给出具体的极限状态限值，以作为结构设计的依据。这种以结构各种功能要求的极限状态限值作为结构设计依据的设计方法，就称为极限状态设计法。

荷载产生的荷载效应为 S，结构抵抗或承受荷载效应的能力称为结构抗力，记作 R，则：

(1)$S<R$，表示结构满足功能要求，处于可靠状态；

(2)$S>R$，表示结构不满足功能要求，处于失效状态；

(3)$S=R$，表示结构处于极限状态。

应当指出，由于决定荷载效应 S 的荷载，以及决定结构抗力 R 的材料强度和构件尺寸都不是定值，而是随机变量，故 S 和 R 也为随机变量。因此，在结构设计中，保证结构绝对安全、可靠，即 $S<R$ 是办不到的，而只能做到大多数情况下结构处于 $S<R$ 的可靠状态。从概率的观点来看，只要结构处于 $S>R$ 失效状态的失效概率足够小，就可以认为结构是可靠的。

概率极限状态设计法，就是通过控制结构达到极限状态的概率，即控制失效概率的设计方法。

2. 极限状态实用设计表达式

(1)按承载能力极限状态实用设计表达式。当结构上同时作用有多种可变荷载时，需要考虑荷载效应组合的问题。荷载效应组合是指对所有可能同时出现的各种荷载进行组合。在不同的荷载组合产生的荷载效应值中，设计时应取对结构构件产生最不利的一组进行计算。荷载效应组合分为基本组合与偶然组合两种情况。

基本组合与偶然组合均采用以下设计表达式设计：

$$\gamma_0 S_d \leqslant R_d \tag{1.4}$$

式中 γ_0——结构重要性系数，对安全等级为一级、二级、三级的结构构件，应分别取 1.1、1.0、0.9；

S_d——荷载组合的效应设计值；

R_d——结构构件抗力的设计值。

设计时，通常考虑荷载的基本组合，必要时考虑荷载效应的偶然组合。下面仅介绍基本组合的实用表达式，偶然组合的表达式参见《荷载规范》。

荷载效应基本组合的效应设计值 S_d 应从以下两个荷载组合值中取用最不利的效应设计值确定：

1)由可变荷载效应控制的效应设计值：

$$S_d = \sum_{j=1}^{m} \gamma_{G_j} S_{G_j k} + \gamma_{Q_1} \gamma_{L_1} S_{Q_1 k} + \sum_{i=2}^{n} \gamma_{Q_i} \gamma_{L_i} \psi_{c_i} S_{Q_i k} \tag{1.5}$$

式中 γ_{G_j}——第 j 个永久荷载的分项系数，一般情况下，对由可变荷载效应控制的组合采用 1.2；对由永久荷载效应控制的组合，采用 1.35；当永久荷载效应对结构构件承载能力有利时，采用 1.0；

γ_{Q_1}、γ_{Q_i}——第一个、第 i 个可变荷载分项系数，γ_{Q_1} 一般情况下采用 1.4，当楼面荷载$\geqslant$4 kN/m^2 时，采用 1.3；

$S_{G_j k}$——按第 j 个永久荷载标准值 G_{jk} 计算的荷载效应值；

$S_{Q_i k}$——按第 i 个可变荷载标准值 Q_{ik} 计算的荷载效应值，其中 $S_{Q_1 k}$ 为诸可变荷载效应中起控制作用者；

ψ_{c_i}——第 i 个可变荷载的组合系数；

γ_{L_1}——第 i 个可变荷载考虑设计使用年限的调整系数，其中 γ_{L_1} 为主导可变荷载 Q_1 考虑设计使用年限的调整系数；结构设计使用年限为 50 年时，调整系数取 1.0。

2)由永久荷载效应控制的组合：

$$S_d=\sum_{j=1}^{m}\gamma_{G_j}S_{G_jk}+\sum_{i=1}^{n}\gamma_{Q_i}\gamma_{L_i}\psi_{c_i}S_{Q_ik} \tag{1.6}$$

(2)按正常使用极限状态实用设计表达式。对于正常使用极限状态，应根据不同的设计要求，采用荷载的标准组合、频遇组合或准永久组合，并应按下列设计表达式进行设计：

$$S_d\leqslant C \tag{1.7}$$

式中 C——结构或结构构件达到正常使用要求的规定限值，例如变形、裂缝等的限值，应按各有关建筑结构设计规范的规定采用。

1)荷载标准组合的效应设计值 S_d 应按下式采用：

$$S_d=\sum_{j=1}^{m}S_{G_jk}+S_{Q_1k}+\sum_{i=2}^{n}\psi_{c_i}S_{Q_ik} \tag{1.8}$$

2)荷载频遇组合的效应设计值 S_d 应按下式采用：

$$S_d=\sum_{j=1}^{m}S_{G_jk}+\psi_{f_1}S_{Q_1k}+\sum_{i=2}^{n}\psi_{q_i}S_{Q_ik} \tag{1.9}$$

式中 ψ_{f_1}——可变荷载 Q_1 的频遇值系数；

ψ_{q_i}——可变荷载 Q_i 的准永久值系数。

3)荷载准永久组合的效应设计值 S_d 应按下式采用：

$$S_d=\sum_{j=1}^{m}S_{G_jk}+\sum_{i=1}^{n}\psi_{q_i}S_{Q_ik} \tag{1.10}$$

[例题 1.3] 设梁的计算长度 $l_0=7$ m，净跨 $l_n=6.75$ m。试根据[例题 1.1]的资料计算跨中弯矩设计值及支座剪力设计值。

解 按承载能力极限状态实用公式，荷载组合的效应设计值 S_d 应从以下两列组合中取最不利值确定。

(1)由可变荷载效应控制的组合：

$$S_d=\sum_{j=1}^{m}\gamma_{G_j}S_{G_jk}+\gamma_{Q_1}\gamma_{L_1}S_{Q_1k}+\sum_{i=2}^{n}\gamma_{Q_i}\gamma_{L_i}\psi_{c_i}S_{Q_ik}$$

(2)由永久荷载效应控制的组合：

$$S_d=\sum_{j=1}^{m}\gamma_{G_j}S_{G_jk}+\sum_{i=1}^{n}\gamma_{Q_i}\gamma_{L_i}\psi_{c_i}S_{Q_ik}$$

因为是均布荷载，跨中弯矩计算时荷载效应系数 C 均为 $\frac{1}{8}l_0{}^2$，支座剪力计算时 C 均为 $\frac{1}{2}l$，则只需求出恒载与活载分别乘相应的分项系数相加后(即荷载的设计值)，乘荷载效应系数即可求荷载效应值。

荷载设计值 q 在以下两者中取大值：

$$1.2g_k+1.4q_k=1.2\times16.88+1.4\times8=31.5(\text{kN/m})$$

$$1.35g_k+0.7\times1.4q_k=1.35\times16.88+0.7\times1.4\times8=30.6(\text{kN/m})$$

则，取大值 $q=31.5$ kN/m。

跨中弯矩 $M=\frac{1}{8}ql_0{}^2=\frac{1}{8}\times31.5\times7^2=193(\text{kN}\cdot\text{m})$

支座剪力 $V=\frac{1}{2}ql_n=\frac{1}{2}\times31.5\times6.75=106.3(\text{kN})$

1.3 材料强度与锚固搭接

1.3.1 材料强度

《钢筋混凝土用钢》(GB 1499)分为热轧光圆钢筋、热轧带肋钢筋、钢筋焊接网三个部分。

带肋钢筋的表面标志应符合下列规定：

(1)带肋钢筋应在其表面轧上牌号标志，还可依次轧上经注册的厂名(或商标)和公称直径毫米数字。

(2)钢筋牌号以阿拉伯数字或阿拉伯数字加英文字母表示，HRB400、HRB500、HRB600分别以4、5、6表示，HRBF400、HRBF500分别以C4、C5表示，HRB400E、HRB500E分别以4E、5E表示，HRBF400E、HRBF500E分别以C4E、C5E表示。厂名以汉语拼音字头表示。公称直径毫米数以阿拉伯数字表示。

(3)对于直径不大于12 mm的钢筋，也可以表面横肋标志表示钢筋的等级。HRB400、HRB500、HRB600分别以1、2、3条与横肋反向的肋表示，HRBF400、HRBF500分别以1、2条垂直于纵肋的横肋表示，标志间距内的2条横肋取消。

(4)标志应清晰明了，标志的尺寸由供方按钢筋直径大小作适当规定，与标志相交的横肋可以取消。

(5)除上述规定外，钢筋的包装、标志和质量证明书应符合《型钢验收、包装、标志及质量证明书的一般规定》(GB/T 2101—2008)的有关规定。

HPB是热轧光圆钢筋的英文(Hot rolled Plain Bars)缩写。HRB是热轧带肋钢筋的英文(Hot rolled Ribbed Bars)缩写。HRBF是在热轧带肋钢筋的英文缩写后加“细”的英文(Fine)首位字母。E是地震的英文(Earthquake)缩写。普通热轧钢筋是指按热轧状态交货的钢筋；其金相组织主要是铁素体加珠光体，不得有影响使用性能的其他组织(如基圆上出现的回火马氏体组织)存在。细晶粒热轧钢筋是指在热轧过程中，通过控轧和控冷工艺形成的细晶粒钢筋；其金相组织主要是铁素体加珠光体，不得有影响使用性能的其他组织(如基圆上出现的回火马氏体组织)存在，晶粒度不粗于9级。

《混凝土结构设计规范(2015年版)》(GB 50010—2010)提倡应用高强度、高性能钢筋，删去了牌号为HRBF335钢筋，对HPB300、HRB335牌号的钢筋的最大公称直径限制在为14 mm以下。普通钢筋的抗拉强度设计值 、抗压强度设计值应按表1.3.1采用；当构件中配有不同种类的钢筋时，每种钢筋应采用各自的强度设计值；对轴心受压构件，当采用HRB500、HRBF500钢筋时，钢筋的抗压强度设计值应取400 N/mm^2。

混凝土结构的钢筋应按下列规定选用：

(1)纵向受力普通钢筋宜可采用HRB400、HRB500、HRBF400、HRBF500、HRB335、RRB400、HPB300钢筋；梁、柱和斜撑构件的纵向受力普通钢筋宜采用HRB400、HRB500、HRBF400、HRBF500钢筋。

(2)箍筋宜采用HRB400、HRBF400、HRB335、HPB300、HRB500、HRBF500钢筋。

(3)预应力筋宜采用预应力钢丝、钢绞线和预应力螺纹钢筋。

表 1.3.1 普通钢筋强度设计值 N/mm^2

牌号	抗拉强度设计值 f_y	抗压强度设计值 f'_y
HPB300	270	270
HRB335	300	300
HRB400、HRBF400、RRB400	360	360
HRB500、HRBF500	435	435

1.3.2 钢筋锚固与搭接

1. 钢筋锚固

当计算中充分利用钢筋的抗拉强度时，普通受拉钢筋的锚固长度按下列公式计算：

普通钢筋基本锚固长度应按下列公式计算：

$$l_{ab}=\alpha\frac{f_y}{f_t}d \tag{1.11}$$

式中 d——钢筋的公称直径；

α——钢筋的外形系数，对光圆钢筋取 0.16，对带肋钢筋取 0.14；

f_t——混凝土抗拉强度设计值。

受拉钢筋的锚固长度应根据锚固条件按下列公式计算，且不应小于 200 mm：

$$l_a=\zeta_a l_{ab} \tag{1.12}$$

式中 l_a——受拉钢筋的锚固长度；

ζ_a——锚固长度修正系数，对普通钢筋按《混凝土结构设计规范（2015 年版）》(GB 50010—2010)第 8.3.2 条的规定取用；当多于一项时，可按连乘计算，但不应小于 0.6；对预应力筋，可取 1.0。

纵向受拉普通钢筋的锚固长度修正系数 ξ_a 应按下列规定取用：

(1)当带肋钢筋的公称直径大于 25 mm 时取 1.10。

(2)环氧树脂涂层带肋钢筋取 1.25。

(3)施工过程中易受扰动的钢筋取 1.10。

(4)当纵向受力钢筋的实际配筋面积大于其设计计算面积时，修正系数取设计计算面积与实际配筋面积的比值；但对有抗震设防要求及直接承受动力荷载的结构构件，不应考虑此项修正；

(5)锚固钢筋的保护层厚度为 $3d$ 时修正系数可取 0.80，保护层厚度为 $5d$ 时修正系数可取 0.70，中间按内插取值，此处 d 为锚固钢筋的直径。

当计算中充分利用纵向钢筋的抗压强度时，其锚固长度不应小于 $0.7l_a$。

伸入梁支座范围内的纵向受力钢筋根数，当梁宽不小于 100 mm 时，不宜少于两根；当梁宽小于 100 mm 时，可为一根。

钢筋混凝土简支梁和连续梁简支端，应符合如下要求：

(1)下部纵向受力钢筋伸入梁支座范围内的锚固长度 l_a 应符合下列规定：当 $V\leqslant 0.7f_tbh_0$ 时，$l_a\geqslant 5d$；当 $V>0.7f_tbh_0$ 时，对带肋钢筋 $l_a\geqslant 12d$，对光圆钢筋 $l_a\geqslant 15d$。

(2)如纵向受力钢筋伸入梁支座范围内的锚固长度不符合上述要求时，应采取在钢筋上加焊锚固钢板或将钢筋端部焊接在梁端及预埋件上等有效锚固措施。

(3)支承在砌体结构上的钢筋混凝土独立梁，在纵向受力钢筋的锚固长度 l_a 范围内应配置不少于两个箍筋，其直径不宜小于纵向受力钢筋最大直径的 0.25 倍，间距不宜大于纵向受力钢筋最小直径的 10 倍；当采取机械锚固措施时，箍筋间距尚不宜大于纵向受力钢筋最小直径的 5 倍。

(4)对混凝土强度等级为 C25 及以下的简支梁和连续梁的简支端，当距支座边 1.5h 范围内作用有集中荷载，且 $V>0.7f_tbh_0$ 时，对带肋钢筋宜采取附加锚固措施，或取锚固长度 $l_a\geqslant 15d$。

2. 钢筋搭接

钢筋的连接可分为绑扎搭接和机械连接或焊接两类。受力钢筋的接头宜设置在受力较小处。在同一根钢筋上宜少设接头。

同构件中相邻纵向受力钢筋的绑扎搭接接头宜相互错开。

钢筋绑扎搭接接头连接区段的长度为 1.3 倍搭接长度，凡搭接接头中点位于该连接区段长度内的搭接接头均属于同一连接区段。同一连接区段内纵向受力钢筋搭接接头面积百分率为该区段内有搭接接头的纵向受力钢筋截面面积与全部纵向受力钢筋截面面积的比值。

位于同一连接区段内的受拉钢筋搭接接头面积百分率：对梁类、板类及墙类构件，不宜大于 25%；对柱类构件，不宜大于 50%。

纵向受拉钢筋绑扎搭接接头的搭接长度应根据位于同一连接区段内的钢筋搭接接头面积百分率按下列公式计算，且任何情况下均不应小于 300 mm：

$$l_l=\zeta_l l_a \tag{1.13}$$

式中 ζ_l——纵向受拉钢筋搭接长度修正系数，按表 1.3.2 采用。

表 1.3.2 纵向受拉钢筋搭接长度修正系数 ζ_l

纵向钢筋搭接接头面积百分率/%	≤25	50	100
ζ_l	1.2	1.4	1.6

项目2 混凝土结构基本构件设计及施工图识读

小构件算算看，做做看

▶ 任务介绍

任务4 梁的设计

（一）任务名称

梁的设计

（二）教学目的

通过本任务的学习，掌握梁的正截面与斜截面设计方法，以及将计算结果按《建筑结构制图标准》(GB/T 50105—2010)的规定绘成施工图的能力。

（三）任务内容

以各人计算出来的项目1的内力，在教师引导性设问及辅导下完成梁的配筋计算并将计算结果按现行制图规范绘制梁的配筋图以供施工。

(1)学生在教师指导下，参观钢筋实训室，了解钢筋混凝土梁的构造（参考结构教材、16G101－1、12G901－1），绘出教师指定的单跨梁的配筋立面图及相应配筋断面图，不需画梁钢筋详图（参考建筑结构制图的相关规范及制图教材《建筑工程制图与识图》）。

(2)学生在教师指导下，完成矩形单筋梁的正截面与斜截面计算，得出梁的纵筋和箍筋（弯起筋）。

(3)学生将得出的计算结果按现行制图规范的规定绘出断面配筋图。

（四）项目引导性设问及辅导

问题1：梁是受弯构件，那么什么是受弯构件？与受压构件等其他构件的区别是什么？梁的破坏形式有哪两种？为防止这些破坏需配置哪些相应的钢筋？

问题2：不作挠度计算的梁的最小高度如何确定？梁的宽和高的常用尺寸有哪些？

问题3：梁中的钢筋除有梁的纵向受力筋、箍筋外还有哪些？你能根据钢筋实训室的实物说出梁中的各种钢筋名称吗？

问题4：问题3中的各种钢筋有哪些构造要求？

提示：

(1)受力筋的面积要计算，直径要适中，钢筋排数在满足钢筋净距要求时尽量少，则净距有哪些要求？

(2)架立筋的作用是什么，什么时候要用？它的根数又如何确定？

(3)部分约束按简支计算时设的上部构造筋有哪些要求？

(4)梁侧构造筋有哪些要求？

(5)弯起筋有哪些要求？

问题 5：梁的混凝土保护层最小厚度如何确定？教室内某梁 C25 混凝土的保护层有多厚？

问题 6：绘制梁的立面配筋图时应注意哪些问题？

提示：参考建筑结构制图的相关规范及制图教材《建筑工程制图与识图》。应弄清楚各种钢筋及其用图形表示的方法，注意线型粗细、图名、比例等。

(五)时间安排

时间安排见任务 5。

任务 5　板的设计

(一)任务名称

板的设计

(二)教学目的

通过本任务的学习，掌握板的正截面设计方法，以及将计算结果按建筑结构制图相关规范的规定绘成施工图的能力。

(三)任务内容

以各人计算出来的项目 1 的内力，在教师引导性设问及辅导下完成板的配筋计算并将计算结果按现行制图规范绘制板的配筋图以供施工。

(1)学生在教师指导下，完成单向板的正截面计算，得出板的纵筋。

(2)学生在教师指导下，参观钢筋实训室，了解钢筋混凝土板的构造(参考结构教材、16G101－1、12G901－1)，然后将得出的计算结果按现行制图规范的规定绘出断面配筋图。(参考《混凝土结构及施工图识读》、建筑结构制图的相关规范及制图教材《建筑工程制图与识图》)

(四)时间安排

序号	教学内容步骤	学生主导/课时	教师主导/课时	工作情况		备注
1	梁、板构造		2	教师讲解		
2	正截面设计		4	教师讲解		
3	梁正截面设计	5			设计并绘图	
4	板正截面设计	4			设计并绘图	
5	斜截面设计		2	教师讲解		
6	梁斜截面设计	3			设计并绘图	
7	其他形式受弯构件		2		课后绘图	

任务6　柱的设计(楼房)

(一)任务名称

柱的设计(楼房)

(二)教学目的

通过本任务的学习，掌握柱的计算与施工图绘制方法。

(三)任务内容

对图 2.0.1 所示的柱进行计算、设计，并绘制施工图。

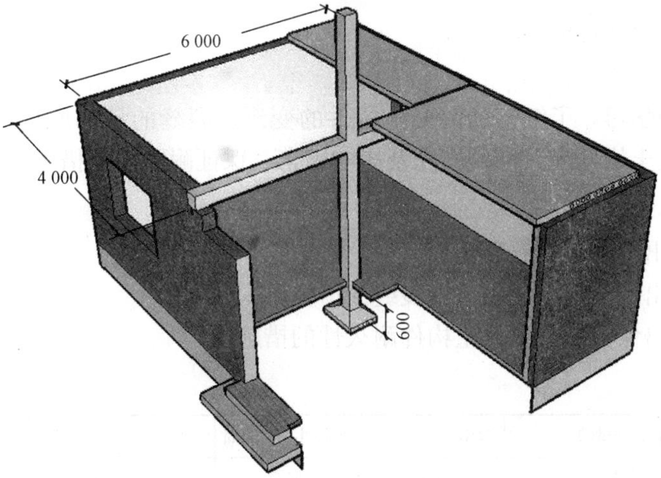

图 2.0.1

(1)计算荷载，计算轴力；

(2)确定截面尺寸，计算配筋；

(3)绘制柱配筋图。

(四)工作条件

按二层楼考虑，层高为 2.9 m，基础顶面到地面高度为 600 mm。其他尺寸如图 2.0.1 所示。

(五)工作要求

(1)写出完整的计算书；

(2)施工图应符合计算书的要求，制图应符合制图标准。

(六)上交材料

(1)计算书；

(2)配筋图。

(七)参考资料

(1)教材；

(2)可自行查阅图书馆资料。

(八)时间安排

序号	教学内容(步骤)	学生主导/课时	教师主导/课时	工作情况		备注
1	任务分析讲解		1	教师讲解		
2	荷载与内力计算	1	1	教师讲解	学生练习	
3	计算配筋，绘出配筋图	2	1	教师讲解	设计并绘图	

任务7　变形、裂缝与耐久性研究

(一)任务名称

变形、裂缝与耐久性研究

(二)教学目的

通过本任务的学习，了解钢筋混凝土构件的变形、裂缝的计算原理，减少变形与裂缝的方法；熟悉混凝土构件耐久性的概念及影响因素、保证耐久性的措施。

(三)任务内容

(1)分析整理出减少钢筋混凝土梁变形的措施。

(2)分析整理出减少钢筋混凝土梁裂缝的措施。

(3)分析整理出保持钢筋混凝土构件耐久性的措施。

(四)时间安排

序号	教学内容(步骤)	学生主导/课时	教师主导/课时	工作情况		备注
1	问题提出	0.5	1.5	教师引导讲解		互动
2	查阅资料	2			学生查阅资料	

▶ 相关知识

2.1　受弯构件

2.1.1　受弯构件的一般构造

1. 受弯构件概述

垂直于结构构件轴线作用的荷载，将使构件产生弯矩、剪力及弯曲变形。主要承受弯矩和剪力的构件称为受弯构件。受弯构件是工业与民用建筑中广泛采用的承重构件。例如，楼盖或屋盖的梁和板、楼梯中梁和板、门窗过梁、工业厂房中的吊车梁等。

梁和板是典型的受弯构件。梁和板的区别，主要在于截面高宽比(h/b)的不同。根据使用要求和施工方案，现浇钢筋混凝土梁的截面形式多采用矩形、T形或倒L形。现浇板可按截面高度等于板厚h、宽度取1 m单位宽度的矩形截面计算。预制钢筋混凝土梁和板的截面形式较多，如工字截面梁、圆孔板、槽形板等。为了便于搁置预制板，可采用十字形、花篮形的梁截面。图2.1.1所示为梁和板的常见截面形式。

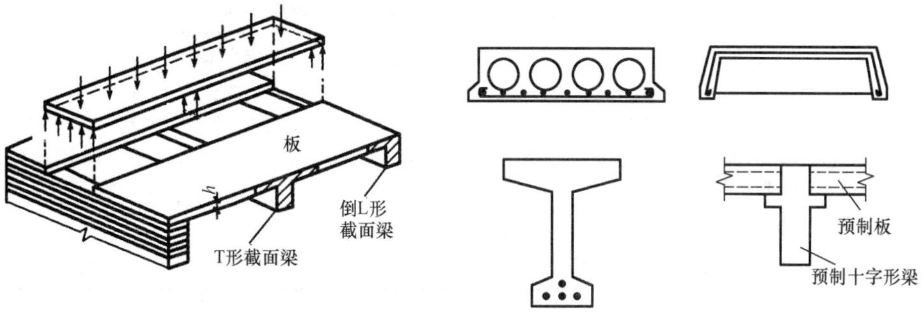

图 2.1.1　梁和板的常见截面形式

这些受弯构件，在荷载作用下截面将受到弯矩和剪力的作用。试验和理论分析表明，它们的破坏有两种可能：一种是由弯矩作用而引起的破坏，破坏截面与梁的纵轴垂直，称为正截面破坏[图 2.1.2(a)]；另一种是由弯矩和剪力共同作用而引起的破坏，破坏截面是倾斜的，称为斜截面破坏[图 2.1.2(b)]。因此，在设计钢筋混凝土受弯构件时，要进行正截面和斜截面承载力的计算。

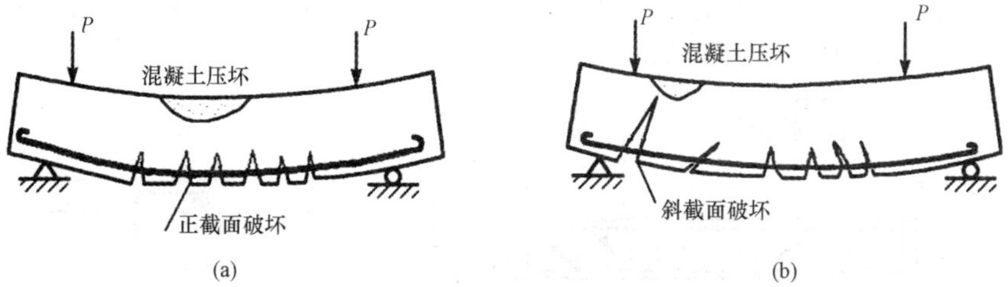

图 2.1.2　受弯构件的破坏截面

(a)正截面破坏；(b)斜截面破坏

为保证梁正截面具有足够的承载力，除适当选用材料和梁截面尺寸外，必须在梁的受拉区配置足够数量的纵向受力钢筋，以承受因弯矩作用而产生的拉力；为防止梁的斜截面破坏，除必须有足够的截面尺寸外，一般可在梁中设置一定数量的箍筋和弯起钢筋，以承受主要由于剪力作用而产生的拉力。

受弯构件除必须进行承载能力极限状态的计算外，一般还需按正常使用极限状态的要求进行构件变形和裂缝宽度的验算。

另外，采取一些构造措施才能保证构件的各个部位都具有足够的抗力，才能使构件具有必要的适用性和耐久性。所谓构造措施，是指在结构计算中未能详细考虑或很难定量计算而忽略了其影响的因素，而在保证构件安全、施工简便及经济、合理等前提下所采取的技术补救措施。在实际工程中，由于不注意构造措施而出现工程事故的不在少数。

2. 梁的一般构造要求

(1)梁的截面尺寸。梁的截面尺寸要满足承载力、刚度和抗裂三方面的要求。从刚度要求出发，根据工程设计经验，一般荷载作用下的梁可参照表 2.1.1 初定梁高。

表 2.1.1　不需作挠度计算的梁的截面最小高度

项次	构件种类		简支	两端连续	悬臂
1	整体肋形梁	主梁	$l_0/12$	$l_0/15$	$l_0/6$
		次梁	$l_0/15$	$l_0/20$	$l_0/8$
2	独立梁		$l_0/12$	$l_0/15$	$l_0/6$

注：1. l_0 为梁的计算跨度；

2. 梁的计算跨度 $l_0 \geqslant 9$ m时，表中数值应乘以系数 1.2。

梁截面宽度 b 与截面高度 h 的比值一般为 1/3～1/2(对于 T 形截面梁，b 为肋宽，b/h 可取偏小值)。

为施工方便，并有利于模板的定型化，梁的截面尺寸应按统一规格采用，一般取为：梁高 h=150 mm、180 mm、200 mm、240 mm、250 mm，大于 250 mm 且不大于 800 mm 时则按 50 mm 递增，800 mm 以上则以 100 mm 递增；梁宽 b=120 mm、150 mm、180 mm、200 mm、220 mm、250 mm，大于 250 mm 时则按 50 mm 递增。

上述要求并非严格规定，宜根据具体情况灵活掌握。

(2)梁的钢筋。梁中钢筋通常配置纵向受力钢筋、箍筋、弯起钢筋、上部纵向构造钢筋、梁侧构造钢筋，如图 2.1.3 所示。

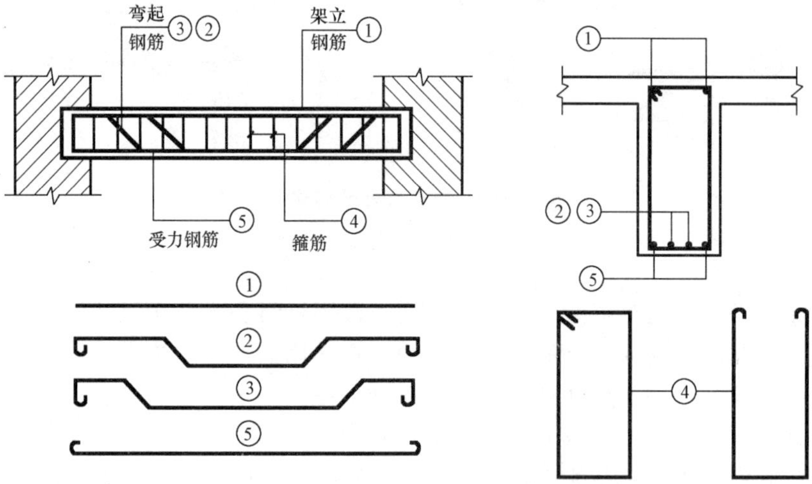

图 2.1.3　简支梁钢筋布置示意图

纵向受力钢筋一般设置在梁的受拉一侧，用以承受弯矩在梁内产生的拉力。当梁受到的弯矩较大且梁截面有限时，可在梁的受压区布置受压钢筋，与混凝土共同承担压力，即为双筋梁。纵向受力钢筋的面积通过计算确定并应符合相关的构造要求。钢筋混凝土梁纵向受力钢筋的直径，当梁高 $h \geqslant 300$ mm 时，不应小于 10 mm；当梁高＜300 mm 时，不应小于 8 mm。梁上部纵向钢筋水平方向的净距(钢筋外边缘之间的最小距离)不应小于 30 mm 和 $1.5d$(d 为钢筋的最大直径)；下部纵向钢筋水平方向的净距不应小于 25 mm 和 d。梁的下部纵向钢筋多于两层时，两层以上钢筋水平方向的中距应比下面两层的中距增大一倍。各层钢筋之间的净间距不应小于 25 mm 和 d，如图 2.1.4 所示。

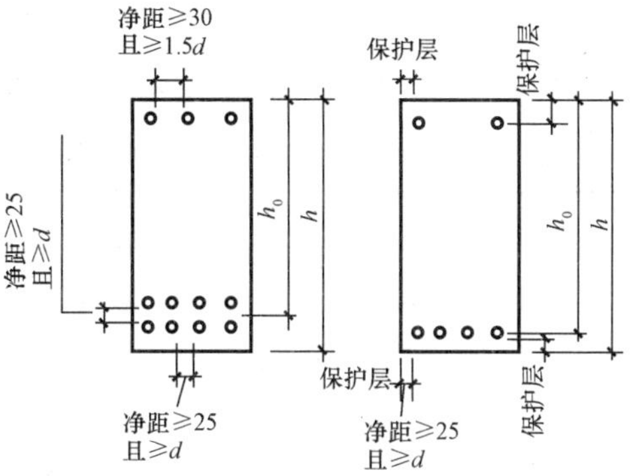

图 2.1.4　纵向受力钢筋的净距

钢筋直径的选择应当适中，一般选用 10～25 mm，直径太粗则不易加工，并且与混凝土的粘结力也差；直径太细则根数增加，在截面内不好布置，甚至降低受弯承载力。同一构件中当配置两种不同直径的钢筋时，其直径相差不宜小于 2 mm，以免施工混淆。纵向受力钢筋通常沿梁宽均匀布置，并尽可能排成一排，以增大梁截面的内力臂，提高梁的抗弯能力。只有当钢筋的根数较多，排成一排不能满足钢筋净距和混凝土保护层厚度时，才考虑将钢筋排成两排，但此时梁的抗弯能力较钢筋排成一排时低(当钢筋的数量相同时)。单层配置时截面有效高度 $h_0=h-c-d/2$(c 为混凝土保护层厚度)，或近似取 $h_0=h-35$；双层配置时 $h_0=h-c-d-c_1/2$(c_1 为两层钢筋的竖向间距)，或近似取 $h_0=h-60$。

箍筋的作用是承受梁的剪力、固定纵向受力钢筋，并和其他钢筋一起形成钢筋骨架。弯起钢筋在跨中承受正弯矩产生的拉力，在靠近支座的弯起段则用来承受弯矩和剪力共同产生的主拉应力。在混凝土梁中，宜采用箍筋作为承受剪力的钢筋。当采用弯起钢筋时，其弯起角度宜取 45°或 60°，梁底层钢筋中的角部钢筋不应弯起，顶层钢筋中的角部钢筋不应弯下。

架立钢筋设置在梁受压区的角部，与纵向受力钢筋平行。其作用是固定箍筋的正确位置，与纵向受力钢筋构成骨架，并承受温度变化、混凝土收缩而产生的拉应力，以防止产生裂缝。当梁中受压区设有受压钢筋时，则不再设架立筋。

当梁端实际受到部分约束但按简支计算时，应在上部设置纵向构造钢筋，其截面面积不应小于梁跨中纵向受力钢筋计算所需截面面积的 1/4，且不应少于两根；该纵向构造钢筋自支座边缘向跨内伸出的长度不应小于 $0.2l_0$，此处 l_0 为该跨的计算跨度。

当梁的腹板高度 $h_w \geq 450$ mm 时，在梁的两个侧面沿高度配置纵向构造钢筋，每侧纵向构造钢筋(不包括梁上、下部受力钢筋及架立钢筋)的截面面积不应小于腹板截面面积 bh_w 的 0.1%，且其间距不宜大于 200 mm。此处腹板的截面高度：对矩形截面，取有效高度；对 T 形截面，取有效高度减去翼缘高度；对 I 形截面，取腹板净高。

(3)混凝土保护层。混凝土保护层是指钢筋的外边缘到混凝土表面的距离。其作用是为了防止钢筋锈蚀和保证钢筋与混凝土的粘结。

纵向受力钢筋的保护层最小厚度与钢筋直径、环境类别、构件种类和混凝土强度等级因素有关，可按表 2.1.2 确定，且不小于受力钢筋的直径。环境类别详见表 2.1.3。

梁、柱中箍筋和构造钢筋的保护层厚度不应小于 15 mm。当梁、柱中纵向受力钢筋的混凝土保护层厚度大于 40 mm 时，应对保护层采取有效的防裂构造措施。

表 2.1.2 混凝土保护层的最小厚度 mm

环境类别	板、墙、壳	梁、柱、杆
一	15	20
二 a	20	25
二 b	25	35
三 a	30	40
三 b	40	50

注：1. 混凝土强度等级不大于 C25 时，表中保护层厚度数值应增加 5 mm；

2. 钢筋混凝土基础宜设置混凝土垫层，基础中钢筋的混凝土保护层厚度应从垫层顶面算起，且不应小于 40 mm。

表 2.1.3 混凝土结构的环境类别

环境类别	条 件
一	室内干燥环境； 无侵蚀性静水浸没环境
二 a	室内潮湿环境； 非严寒和非寒冷地区的露天环境； 非严寒和非寒冷地区与无侵蚀的水或土壤直接接触的环境； 严寒和寒冷地区的冰冻线以下与无侵蚀性的水或土壤直接接触的环境
二 b	干湿交替环境； 水位频繁变动环境； 严寒和寒冷地区的露天环境； 严寒和寒冷地区冰冻线以上与无侵蚀性的水或土壤直接接触的环境
三 a	严寒和寒冷地区冬季水位变动环境； 受除冰盐影响环境； 海风环境
三 b	盐渍土环境； 受除冰盐作用环境； 海岸环境
四	海水环境
五	受人为或自然的侵蚀性物质影响的环境

注：1. 室内潮湿环境是指构件表面经常处于结露或湿润状态的环境；

2. 严寒和寒冷地区的划分应符合现行国家标准《民用建筑热工设计规范》(GB 50176—2016)的有关规定；

3. 海岸环境和海风环境宜根据当地情况，考虑主导风向及结构所处迎风、背风部位等因素的影响，由调查研究和工程经验确定；

4. 受除冰盐影响环境是指受到除冰盐盐雾影响的环境，受除冰盐作用环境是指被除冰盐溶液溅射的环境以及除冰盐地区使用的洗车房、停车楼等建筑；

5. 暴露的环境是指混凝土结构表面所处的环境。

3. 板的一般构造要求

(1)板的截面形式与尺寸。现浇板的截面一般为实心矩形；预制板的截面一般为空心矩形。

板的厚度要满足承载力、刚度和抗裂(或裂缝宽度)以及构造的要求。从刚度条件出发，板的厚度可按表 2.1.4 确定；按构造要求应符合表 2.1.5 的规定。

表 2.1.4　不需作挠度计算的板的截面最小高度

项次	构件种类		简支	两端连续	悬臂
1	平板	单向板	$l_0/35$	$l_0/40$	$l_0/12$
		双向板	$l_0/45$	$l_0/50$	
2	肋形板(包括空心板)		$l_0/20$	$l_0/25$	$l_0/10$

注：1. l_0 为板的计算跨度(双向板时为短向计算跨度)；

2. 如计算跨度 $l_0 \geqslant 9$ m 时，表中数值应乘以系数 1.2。

表 2.1.5　现浇钢筋混凝土板的最小厚度　　mm

板的类别		最小厚度
单向板	屋面板	60
	民用建筑楼板	60
	工业建筑楼板	70
	行车道下的楼板	80
双向板		80
密肋板	肋间距小于或等于 700 mm	40
	肋间距大于 700 mm	50
悬臂板	板的悬臂长度小于或等于 500 mm	60
	板的悬臂长度大于 500 mm	80
无梁楼板		150

工程中现浇板的常用厚度有 80 mm、90 mm、100 mm、110 mm、120 mm 等。板厚以 10 mm 的模数递增；当板厚增至 250 mm 以上时，以 50 mm 的模数递增。

(2)板中钢筋。板的抗剪能力较大，故板中钢筋通常配置纵向受力钢筋、分布钢筋、构造钢筋，如图 2.1.5 所示。

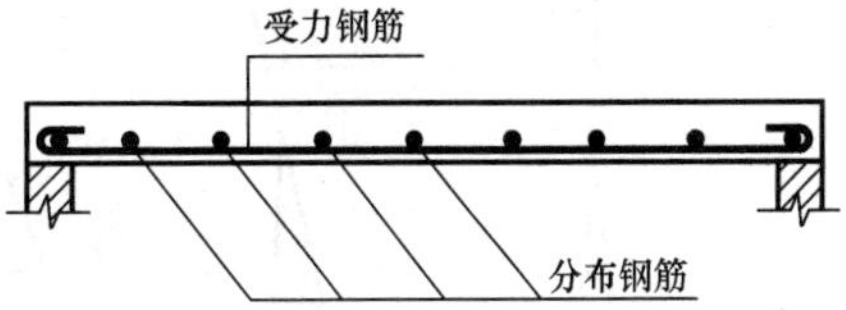

图 2.1.5　板中钢筋布置示意图

受力钢筋的作用是承受板中弯矩引起的正应力，直径一般为 6～12 mm，且直径一般不多于两种(选用不同直径钢筋时，直径差应大于 2 mm)。当板厚 $h \leqslant$ 150 mm 时，板中钢筋间距不宜大于200 mm；当板厚 $h>150$ mm 时，板中受力钢筋间距不宜大于 $1.5h$，且不宜大于 250 mm。

当按单向板设计时，除沿受力方向布置受力钢筋外，还应在垂直受力方向布置分布钢筋。双向板中两个方向均为受力钢筋时，受力钢筋兼作分布钢筋。分布钢筋的作用是固定受力钢筋的位置，将荷载均匀地传递给受力钢筋，还可抵抗混凝土收缩、温度变化所引起的附加应力。故分布钢筋应放置在受力钢筋的内侧，以使受力钢筋有效高度尽可能大。单位长度上分布钢筋的截面面积不宜小于单位宽度上受力钢筋截面面积的15%，且不宜小于该方向板截面面积的0.15%；分布钢筋的间距不宜大于250 mm，直径不宜小于6 mm；对集中荷载较大的情况，分布钢筋的截面面积应适当增加，其间距不宜大于200 mm。当有实践经验或可靠措施时，预制单向板的分布钢筋可不受此限制。

对于支承结构整体浇筑或嵌固在承重砌体墙内的现浇混凝土板，应沿支承周边配置上部构造钢筋，其直径不宜小于8 mm，间距不宜大于200 mm，其截面面积与钢筋自梁边或墙边伸入板内的长度应符合相关规定。

(3)混凝土保护层。板中纵向受力钢筋的保护层厚度按表2.1.2确定，且不小于受力钢筋的直径。板、墙、壳中分布钢筋的保护层厚度不应小于表2.1.2中相应数值减10 mm。处于二、三类环境中的悬臂板，其上表面应采取有效的保护措施。

2.1.2 受弯构件正截面承载力计算

1. 受弯构件正截面破坏形态

受弯构件正截面的破坏形态除与钢筋和混凝土的强度有关外，主要由纵向受拉钢筋的配筋率ρ的大小确定。受弯构件的配筋率ρ用纵向受拉钢筋的截面面积A_s与正截面的有效面积bh_0的比值来表示，即$\rho=\frac{A_s}{bh_0}$。但应注意，在验算截面最小配筋率ρ_{min}时，有效面积bh_0应改为全面积bh来表示。

上式中的b为截面的宽度；h_0为截面的有效高度，$h_0=h-a_s$；h为截面高度；a_s为受拉钢筋合力作用点到截面受拉边缘的距离。

由于配筋率的不同，钢筋混凝土受弯构件将产生不同的破坏情况。以梁为例，根据其正截面的破坏特征，可分为适筋梁、超筋梁、少筋梁。

(1)适筋梁。纵向受力钢筋配筋率合适的梁称为适筋梁。通过对钢筋混凝土梁多次的观察和试验发现，适筋梁从施加荷载到破坏，随着荷载的施加及混凝土塑性变形的发展，其正截面上的应力和应变发展过程可分为以下三个阶段(图2.1.6)。

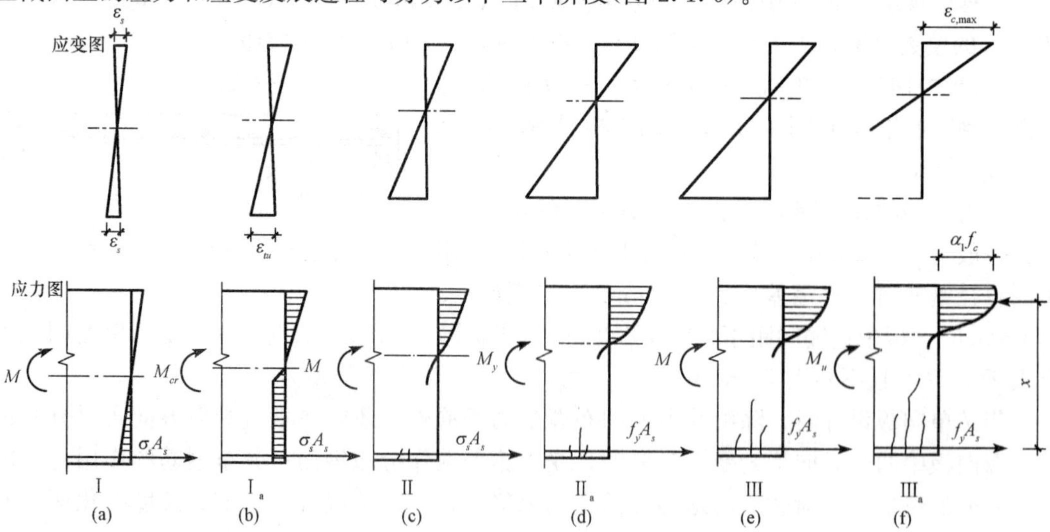

图2.1.6 钢筋混凝土受弯构件工作的三个阶段

第Ⅰ阶段(弹性工作阶段)：从加荷开始到梁受拉区出现裂缝以前为第Ⅰ阶段。此时，荷载在梁上部产生的压力由截面中和轴以上的混凝土承担，荷载在梁下部产生的拉力由布置在梁下部的纵向受拉钢筋与中和轴以下的混凝土共同承担。当构件开始承受荷载时弯矩很小，这时混凝土压应力和拉应力都很小，应力与应变几乎是直线关系，混凝土应力分布图形接近三角形，此时相当于材料的弹性工作阶段，如图 2.1.6(a)所示。当弯矩继续增大时，混凝土的拉应力、压应力和钢筋拉应力也随之增大。由于混凝土抗拉能力远较抗压能力低，故受拉区的混凝土将首先开始表现出明显的塑性特征，应变较应力增长速度快，故受拉应力和应变不再是直线关系而呈曲线变化。当弯矩增加到开裂弯矩 M_{cr}时，受拉区边缘纤维应变恰好到达混凝土受弯时极限拉应变 ε_{tu}，梁处于将裂未裂的极限状态，而此时受压区边缘纤维应变量相对还很小，故受压混凝土基本上属于弹性工作性质，即受压区应力图形接近三角形。值得注意的是，此时钢筋相应的拉应力较低，只有 20 N/mm^2 左右。此即Ⅰ阶段末，以$Ⅰ_a$表示，如图 2.1.6(b)所示。此时的应力应变状态，作为受弯构件抗裂度的计算依据。

第Ⅱ阶段(带裂缝工作阶段)：当弯矩再增加时，受拉区混凝土的拉应变超过其极限拉应变 ε_{tu}，于是受拉区出现裂缝。梁将在抗拉能力最薄弱的截面处首先出现第一条裂缝，一旦开裂即由第Ⅰ阶段转化为第Ⅱ阶段工作。在裂缝截面处，由于混凝土开裂，受拉区的拉力主要由钢筋承受，钢筋压力较开裂前突然增大很多，受拉区的混凝土大部分退出工作，未开裂部分混凝土虽可继续承担部分拉力，但因靠近中和轴很近，故其作用甚小。随着弯矩 M 的继续增加，受拉钢筋的拉应力迅速增加，梁的挠度、裂缝宽度也随之增大，截面中和轴上移，截面受压区高度减小，受压区混凝土塑性性质将表现得越来越明显，受压区应力图形呈曲线变化[图 2.1.6(c)]。当弯矩继续增加使受拉钢筋应力达到屈服强度(f_y)，此时截面所能承担的弯矩称为屈服弯矩 M_y，此时相应称为第Ⅱ阶段末，以$Ⅱ_a$表示[图 2.1.6(d)]。第Ⅱ阶段相当于梁使用时的应力状态，$Ⅱ_a$可作为受弯构件使用阶段的变形和裂缝开展计算时的依据。

第Ⅲ阶段(破坏阶段)：当弯矩继续增加时，由于受拉钢筋的应力已达到屈服强度 f_y，受压区混凝土的应力也随之增大，梁正截面上的应力状态进入第Ⅲ阶段，即破坏阶段，这时，受拉钢筋的应力保持屈服强度不变，钢筋的应变迅速增大，这促使受拉区混凝土的裂缝迅速向上扩展，中和轴继续上移，受压区混凝土高度缩小，混凝土压应力迅速增大，受压区混凝土的塑性特征表现得更加充分，压应力显著呈曲线分布，如图 2.1.6(e)所示，受压边缘混凝土压应变达到极限压应变，受压区混凝土将产生近乎水平的裂缝，混凝土被压碎，甚至崩脱，截面即告破坏，亦即截面达到第Ⅲ阶段的极限，以$Ⅲ_a$表示，如图 2.1.6(f)所示，此时截面所承担的弯矩即为破坏弯矩 M_u，这时的应力状态即作为构件承载能力极限状态计算的依据。在整个第Ⅲ阶段，钢筋的应力都基本保持屈服强度 f_y 不变直至破坏，这一性质对于我们在今后分析混凝土构件的受力情况时非常重要。

综上所述，对于配筋合适的梁，其破坏特征是：受拉钢筋首先到达屈服强度 f_y，继而进入塑性阶段，产生很大的塑性变形，梁的挠度、裂缝也都随之增大，最后因受压区的混凝土达到其极限压应变被压碎而破坏，如图 2.1.7(b)所示。由于在此过程中，梁的裂缝急剧开展和挠度急剧增大，将给人以梁即将破坏的明显预兆，故称此种破坏为“延性破坏”。由于适筋梁的材料强度能充分发挥，符合安全可靠、经济合理的要求，故梁在实际工程中都应设计成适筋梁。

(2)超筋梁。纵向受力钢筋配筋率 ρ 过大的梁称为超筋梁。由于纵向受力钢筋过多，故当受压区边缘纤维应变到达混凝土受弯时的极限压应变时，钢筋的应力还小于屈服强度，但此时梁已因受压区混凝土被压碎而破坏。试验表明，钢筋在梁破坏前仍处于弹性工作阶段，由于钢筋过多导致钢筋的应力不大，因而钢筋的应变也很小，梁裂缝开展不宽且延伸不高，梁的挠度亦不大，如图 2.1.7(a)所示。因此，超筋梁的破坏特征是：当纵向受拉钢筋还未达到屈服强度时，梁就因受压区的混凝土被压碎而破坏。因为这种梁是在没有明显预兆的情况下，由于受压区混凝土突然压碎而破坏，故称为“脆性破坏”。

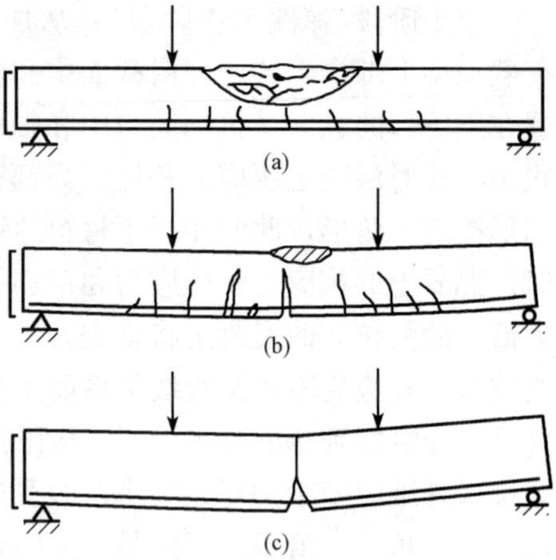

图 2.1.7　梁的破坏形态

(a)超筋梁；(b)适筋梁；(c)少筋梁

超筋梁虽配置了很多受拉而钢筋，但由于其应力小于钢筋的屈服强度，不能充分发挥钢筋的作用，因此很不经济，而且梁在破坏前没有明显的征兆，破坏带有突然性，故工程实际中不允许设计成超筋梁，并以最大配筋率 ρ_{max} 加以限制。

(3)少筋梁。纵向受力钢筋配筋率 ρ 过小的梁称为少筋梁。由于配筋过少，所以受拉区混凝土一旦开裂，钢筋立即达到屈服强度，经过屈服而进入强化阶段，梁将产生很宽的裂缝、很大的挠度，甚至钢筋被拉断，如图 2.1.7(c)所示。这种梁破坏前没有明显的预兆，也属于“脆性破坏”。工程中不得采用少筋梁，并以最小配筋率 ρ_{min} 加以限制。

为了保证钢筋混凝土受弯构件配筋适量，不出现超筋破坏和少筋破坏，必须控制截面配筋率，使它在最大和最小配筋率范围之间。

2. 受弯构件正截面承载力计算的基本理论

(1)基本假定。钢筋混凝土受弯构件的承载力计算，是以适筋梁第Ⅲ_a 阶段为依据，并以下述四条基本假定为基础进行的。

1)平截面假定。假定构件发生弯曲变形以后，截面平均应变仍保持平面(符合平截面假定)，即平均应变沿截面高度为直线分布。平截面假定的引用，为钢筋混凝土构件正截面承载力的计算提供了变形协调的条件。

2)忽略受拉区混凝土的抗拉强度。由于混凝土的抗拉强度远小于其抗压强度，其作用范围又靠近中和轴，对截面所产生的抗弯力矩很小，故在受弯构件正截面计算中可忽略受拉区混凝土承担弯矩的能力，拉力全部由钢筋承担。

3)受压区混凝土采用理想化的应力—应变关系。众所周知，由于试件规格和试验条件的不同，所测得的混凝土受压应力—应变全曲线的形状也有所不同，且全曲线的数学模型过于复杂。因此，我国的《混凝土结构设计规范(2015 年版)》(GB 50010—2010)在分析了国外规范所用的混凝土应力—应变曲线模型及试验资料的基础上，将混凝土应力—应变关系全曲线简化成如图 2.1.8 所示的曲线。其表达式可以写成：

当 $0\leqslant\varepsilon_c\leqslant\varepsilon_0$ 时
$$\sigma_c=f_c\left[1-\left(1-\frac{\varepsilon_c}{\varepsilon_0}\right)^n\right] \tag{2.1}$$

当 $\varepsilon_0<\varepsilon_c\leqslant\varepsilon_{cu}$ 时
$$\sigma_c=f_c \tag{2.2}$$

式(2.1)中参数 n、ε_0、ε_{cu} 的取值如下：

$$n=2-\frac{1}{60}(f_{cu,k}-50)$$

$$\varepsilon_0=0.002+0.5(f_{cu,k}-50)\times10^{-5}$$

$$\varepsilon_{cu}=0.0033-(f_{cu,k}-50)\times10^{-5}$$

式中 σ_c——混凝土压应变为 ε_c 时的混凝土压应力；

f_c——混凝土轴心抗压强度设计值(N/mm^2)；

ε_0——混凝土压应力刚达到 f_c 时的混凝土压应变，当计算的 ε_0 值小于 0.002 时，取为 0.002；

ε_{cu}——正截面处于非均匀受压时的混凝土极限压应变，如计算的 ε_{cu} 值大于 0.003 3 时，取为 0.003 3；

n——系数，当计算的 n 值大于 2.0 时，取为 2.0；

$f_{cu,k}$——混凝土立方体抗压强度标准值(N/mm^2)。

4)钢筋的应力—应变曲线。为计算上的方便，必须对实际的钢筋应力—应变曲线进行简化，以建立适用于正截面承载力计算的钢筋应力—应变关系模型。《混凝土结构设计规范(2015 年版)》(GB 50010—2010)规定，钢筋应力取钢筋应变与其弹性模量的积，但不大于其强度设计值，受拉钢筋的极限拉应变取 0.01，即采用如图 2.1.9 所示的曲线。

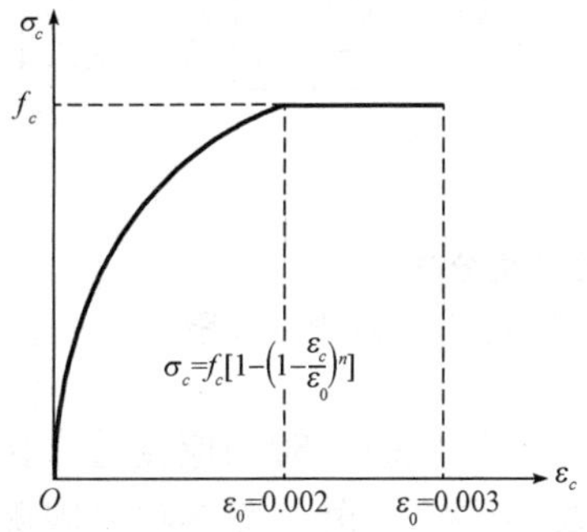

图 2.1.8 混凝土的应力—应变曲线模型

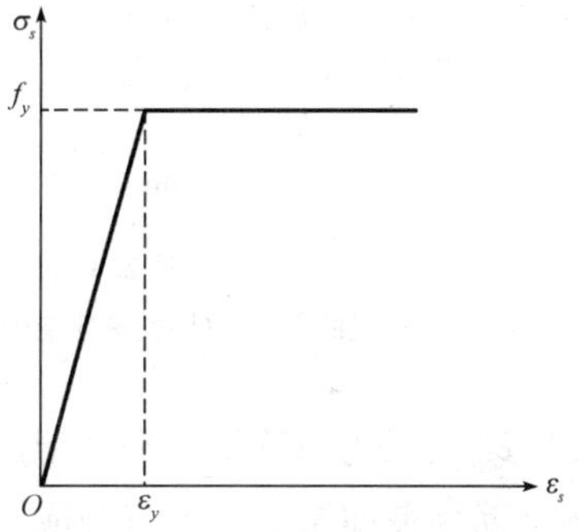

图 2.1.9 钢筋的应力—应变曲线

(2)受压区混凝土的等效矩形应力图形。由试验结果可知，受压区混凝土应力分布是不断变化的。随着荷载的增加，由弹性阶段的三角形分布，逐渐发展为平缓的曲线，最后发展为较丰满的曲线应力图形。在平截面假定下[图 2.1.10(b)、(c)]，由混凝土的应力—应变关系[图 2.1.10(a)]，可得出受弯构件极限状态时的压区混凝土应力图形[图 2.1.10(d)]。

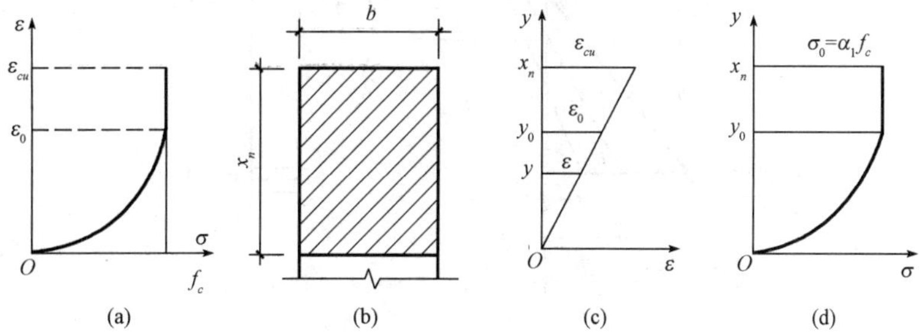

图 2.1.10 受压区混凝土应力和应变分布

(a)混凝土应力—应变关系；(b)截面受压区；(c)应变分布；(d)压区应力图

在计算极限弯矩设计值 M_u 时，仅需知道极限状态时压区混凝土合力 C 及其作用点位置 y_c，而并不关心其压区混凝土的应力分布的变化过程，如图 2.1.11 所示。为简化计算，目前各国规范均采用静力等效的原则(保持原来受压区合力的大小和作用点位置不变)，将实际应力图形[图 2.1.11(c)]转化为矩形应力图形[图 2.1.11(d)]。设等效矩形应力图形受压区高度为 x，等于曲线应力图形受压区高度 x_n(按截面应变保持平截面的假定所确定的中和轴高度)乘以系数 β_1，即 $x=\beta_1 x_n$；等效矩形应力图形的应力取为混凝土抗压强度设计值 f_c 乘以 α_1。通过推导计算可得出 β_1 与 α_1 的值。《混凝土结构设计规范(2015 年版)》(GB 50010—2010)规定：当 $f_{cu,k} \leqslant 50\ \text{N/mm}^2$ 时，β_1 取 0.8，α_1 取 1.0；当 $f_{cu,k}=80\ \text{N/mm}^2$ 时，β_1 取 0.74，α_1 取 0.94；当 $50\ \text{N/mm}^2 < f_{cu,k} < 80\ \text{N/mm}^2$ 时，按线性内插法取用。

(3)梁的界限相对受压区高度 ξ_b。受弯构件等效矩形应力图形中混凝土受压区高度 x 与截面有效高度 h_0 之比，称为相对受压区高度 ξ。界限相对受压区高度 ξ_b，是指在适筋梁的界限破坏时，等效受压区高度与截面有效高度之比。界限破坏的特征是受拉钢筋达到屈服强度的同时，受压区混凝土边缘达到极限压应变。

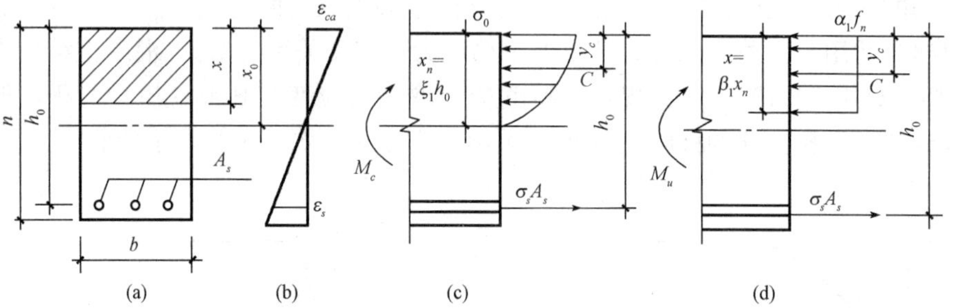

图 2.1.11　受压区混凝土压应力分布

(a)梁的截面；(b)实际应变图形；(c)实际应力图形；(d)等效矩形应力图形

图 2.1.12 所示为适筋梁、平衡配筋梁和超筋梁截面发生破坏时的应变分布图。图中，直线 ac 为适筋梁截面发生破坏时的应变分布图；直线 ab 为“平衡状态”或“界限破坏状态”相应的截面应变分布图；直线 ad 为超筋梁破坏时的截面应变分布图。可以看出，相应于界限破坏的受压区高度，即为保证适筋梁破坏的“上限值”，称为“界限相对受压区高度”。

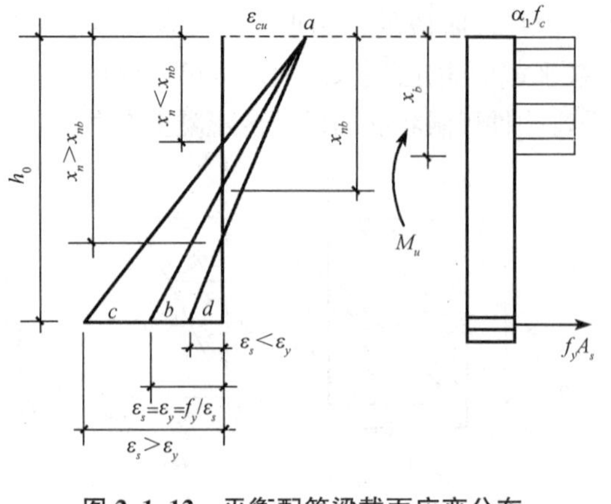

图 2.1.12　平衡配筋梁截面应变分布

根据界限破坏时截面应变分布图，由三角形比例关系等条件可推导出：

$$\xi_b=\frac{x_b}{h_0}=\frac{\beta_1}{1+\frac{f_y}{E_s\varepsilon_{cu}}} \tag{2.3}$$

式中 x_b——界限相对受压区高度；

f_y——钢筋抗拉强度设计值；

E_s——钢筋的弹性模量；

ε_{cu}——混凝土的极限压应变值。

利用式(2.3)求得的钢筋混凝土构件的 ξ_b 值见表 2.1.6。

表 2.1.6 钢筋混凝土构件的 ξ_b 值

钢筋级别	屈服强度 $f_y/(\text{N}\cdot\text{mm}^{-2})$	ξ_b						
		≤C50	C55	C60	C65	C70	C75	C80
HPB300	270	0.576						
HRB335	300	0.550	0.543	0.536	0.529	0.523	0.516	0.509
HRB400 RRB400	360	0.518	0.511	0.505	0.498	0.492	0.485	0.479

3. 单筋矩形梁正截面承载力计算

(1)基本公式。仅在截面受拉区配置受力钢筋的受弯构件，称为单筋受弯构件。

根据四条基本假定，并用受压区混凝土简化的等效矩形应力图代替实际应力图形，可得单筋矩形梁正截面承载力计算简图，如图 2.1.13 所示。由图根据截面静力平衡条件，可建立单筋矩形截面受弯承载力即极限弯矩 M_u 的计算公式，考虑构件的安全储备，弯矩和材料强度均采用设计值。

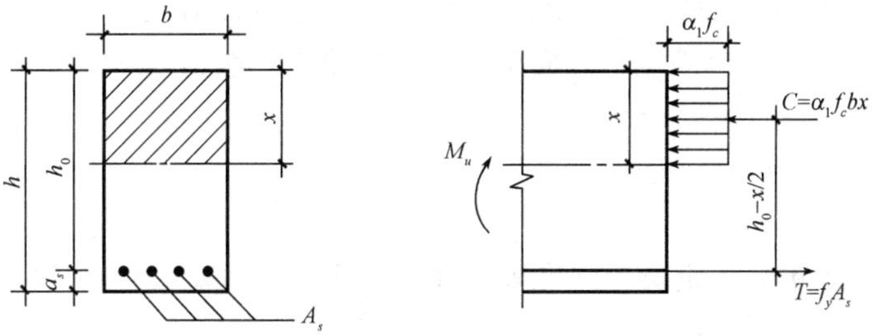

图 2.1.13 单筋矩形梁正截面承载力计算简图

由静力平衡条件可得：

$\sum N=0$
$$\alpha_1 f_c bx=f_yA_s \tag{2.4}$$

$\sum M=0$
$$M\leqslant M_u=\alpha_1 f_c bx\left(h_0-\frac{x}{2}\right)=f_yA_s\left(h_0-\frac{x}{2}\right) \tag{2.5}$$

式中 M——弯矩设计值；

M_u——极限弯矩设计值；

A_s——受拉钢筋的截面面积；

b——截面宽度；

h——截面高度；

h_0——截面的有效高度，即受拉钢筋的中心至混凝土受压区边缘的距离，$h_0=h-a_s$，a_s 为受拉钢筋的中心至混凝土受拉区边缘的距离。

(2)适用条件。上述基本公式只适用于正常配筋量的适筋受弯构件，因此，应用基本公式计算时，必须满足下列适用条件：

1)为了防止截面出现超筋破坏，应满足

$$\xi=\frac{x}{h_0}\leqslant\xi_b \tag{2.6}$$

或

$$x\leqslant\xi_b h_0 \tag{2.7}$$

或

$$\rho=\frac{A_s}{bh_0}\leqslant\rho_{\max}=\xi_b\frac{\alpha_1 f_c}{f_y} \tag{2.8}$$

式(2.6)至式(2.8)的意义相同，只要满足其中任一个公式的要求，就必能满足其余公式的要求。

2)为了防止截面出现少筋破坏，应满足

$$\rho=\frac{A_s}{bh}\geqslant\rho_{\min} \tag{2.9}$$

或

$$A_s\geqslant\rho_{\min}bh \tag{2.10}$$

最小配筋率 $\rho_{\min}$ 与混凝土强度等级和钢筋抗拉强度设计值有关，考虑到收缩、温度应力的重要影响及过去的设计经验，《混凝土结构设计规范(2015 年版)》(GB 50010—2010)规定：钢筋混凝土梁一侧受拉钢筋的配筋百分率取 $\frac{45f_t}{f_y}\%$ 与 0.2% 中的较大者，即 $\rho_{\min}=0.45f_t/f_y$，当计算的 $\rho_{\min}<0.2\%$ 时，取 $\rho_{\min}=0.2\%$ 。

正常的截面设计，应保证截面的配筋率在 $\rho_{\max}$ 与 $\rho_{\min}$ 之间即可，但在满足这两个条件下，仍有多种不同的截面尺寸可供选择。根据混凝土和钢筋的价格、施工费用等因素，可得到构件价格较为便宜的配筋率，称为经济配筋率。按照我国的设计经验，板的经济配筋率一般为 0.4%～0.8%，单筋矩形截面梁的经济配筋率一般为 0.6%～1.5%，T 形截面梁的经济配筋率一般为 0.9%～1.8% 。

(3)基本公式的应用。

1)截面设计。

已知：截面尺寸 $b\times h$、混凝土强度等级和钢筋级别、弯矩设计值 M。求：纵向受拉钢筋截面面积 A_s。

计算步骤如下。

第一步：确定材料强度设计值。

第二步：确定梁的截面有效高度 h_0。设计时，一般使用条件下的板，可取 $a_s=20$ mm；梁中预估配置单层受拉钢筋时，可取 $a_s=35$ mm；配置双层钢筋时，可取 $a_s=60$ mm。

第三步：判断是否属超筋梁。

由式(2.5)可解得

$$\xi=1-\sqrt{1-\frac{2M}{\alpha_1 f_c bh_0^2}} \tag{2.11}$$

若 $\xi\leqslant\xi_b$，则不属于超筋梁；

若 $\xi > \xi_b$，则属超筋梁，或根号内出现负值，均应加大截面尺寸或提高混凝土强度等级重新设计。

第四步：计算 A_s 并验算是否属于少筋梁。

由式(2.4)可解得

$$A_s = \frac{\alpha_1 f_c b h_0 \xi}{f_y} \tag{2.12}$$

将式(2.11)求得的 ξ 值代入式(2.12)，即可求得纵向受拉钢筋截面面积 A_s 计算值。

若 $A_s \geqslant \rho_{\min} bh$，则不会发生少筋破坏；

若 $A_s < \rho_{\min} bh$，则应按最小配筋率配筋，即取 $A_s = \rho_{\min} bh$ 。

第五步：根据钢筋直径、间距等构造要求选配钢筋。

2)截面复核。

已知：截面尺寸 $b \times h$、混凝土强度等级和钢筋级别、弯矩设计值 M、纵向受拉钢筋截面面积 A_s。复核：截面是否安全。

计算步骤如下。

第一步：确定混凝土受压区高度 x。

由式(2.4)可解得

$$x = \frac{f_y A_s}{\alpha_1 f_c b} \tag{2.13}$$

第二步：判断为适筋梁、超筋梁还是少筋梁，并求 M_u 值。

若 $x \leqslant \xi_b h_0$ 且 $A_s \geqslant \rho_{\min} bh$，则为适筋梁，由式(2.5)得

$$M_u = \alpha_1 f_c bx \left(h_0 - \frac{x}{2} \right) \tag{2.14}$$

若 $x > \xi_b h_0$，则说明此梁属超筋梁，取 $x = \xi_b h_0$ 代入式(2.5)得

$$M_u = \alpha_1 f_c b h_0^2 \xi_b \left(1 - \frac{\xi_b}{2} \right) \tag{2.15}$$

若 $A_s < \rho_{\min} bh$，则为少筋梁，应将其受弯承载力降低使用或修改设计。

第三步：判断截面承载是否安全。

若 $M_u \geqslant M$，截面安全；若 $M_u < M$，截面不安全。

[例题 2.1]　如图 2.1.14 所示，一受均布荷载作用矩形截面简支梁的计算跨度 $l_0 =$ 5.0 m，永久荷载(包括梁自重)标准值 $g_k = 5$ kN/m，可变荷载标准值 $q_k = 10$ kN/m，室内正常环境。试按正截面受弯承载力设计此梁截面并计算配筋。

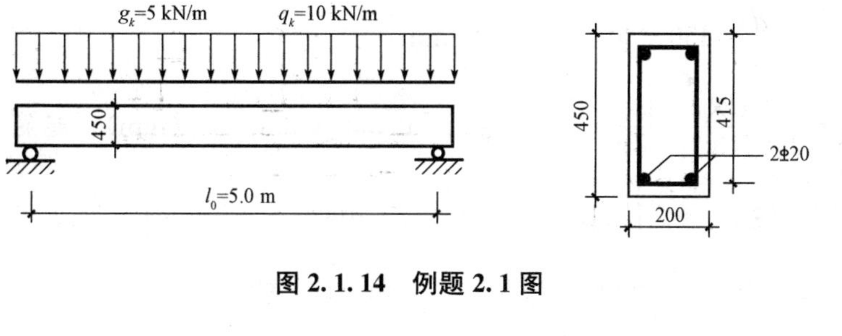

图 2.1.14　例题 2.1 图

解　此题没有直接给出材料等级和截面尺寸，需要根据条件自行选用，另外梁所承受

的弯矩值也需要求解，然后再计算配筋。

1)选用材料及截面尺寸。

选用 C30 混凝土，$f_c=14.3\ \text{N/mm}^2$，$f_t=1.43\ \text{N/mm}^2$。钢筋选用 HRB335 级，$f_y=300\ \text{N/mm}^2$。$l_0/12=5\ 000/12=417(\text{mm})$，取 $h=450$ mm。按 $b=(1/3\sim1/2)h$，取 $b=200$ mm。

2)求跨中截面的最大弯矩设计值。因仅有一个可变荷载，故弯矩设计值应取下列两者中的较大值：

$$\frac{1}{8}(1.2g_k+1.4q_k)l^2=\frac{1}{8}\times(1.2\times5+1.4\times10)\times5.0^2=62.5(\text{kN}\cdot\text{m})$$

$$\frac{1}{8}(1.35g_k+1.4\times0.7q_k)l^2=\frac{1}{8}\times(1.35\times5+1.4\times0.7\times10)\times5.0^2=51.7(\text{kN}\cdot\text{m})$$

取 $M=62.5\ \text{kN}\cdot\text{m}$。

3)计算配筋。初步估计纵向受拉钢筋为单层布置，$h_0=h-35=450-35=415(\text{mm})$。

$$\xi=1-\sqrt{1-\frac{2M}{\alpha_1 f_c bh_0^2}}=1-\sqrt{1-\frac{2\times62.5\times10^6}{1.0\times14.3\times200\times415^2}}=0.136<\xi_b=0.550$$

$$A_s=\frac{\alpha_1 f_c bh_0\xi}{f_y}=\frac{1.0\times14.3\times200\times0.136}{300}=539(\text{mm}^2)$$

选用 2Φ20，$A_s=628\ \text{mm}^2$。

4)验算配筋量。

最小配筋率 $\rho_{\min}=0.45\frac{f_t}{f_y}=0.45\times\frac{1.43}{300}=0.002\ 145>0.002$，取大值。

$$A_s=628>\rho_{\min}bh=0.002\ 145\times200\times450=193(\text{mm}^2)$$

钢筋净间距$=200-2\times20-2\times25=110>25$ mm 且大于钢筋直径 20 mm，满足要求。

[例题 2.2] 已知钢筋混凝土矩形截面 $b\times h=250\ \text{mm}\times450\ \text{mm}$，混凝土强度等级为 C20，钢筋采用 HRB335 级，承受的弯矩设计值为 120 kN·m，室内潮湿环境，试验算在下列两种情况下梁是否安全：(1)受拉钢筋为 4Φ25，$A_s=1\ 964\ \text{mm}^2$；(2)受拉钢筋为 3Φ18，$A_s=763\ \text{mm}^2$。

解 查表得 $f_c=9.6\ \text{N/mm}^2$，$f_t=1.10\ \text{N/mm}^2$，$\alpha_1=1.0$，$f_y=300\ \text{N/mm}^2$，$\xi_b=0.550$，保护层厚度 $c=30$ mm。

1)$h_0=h-c-\frac{d}{2}=450-30-\frac{25}{2}=408(\text{mm})$

$x=\frac{f_yA_s}{\alpha_1 f_c b}=\frac{300\times1\ 964}{1.0\times9.6\times250}=246>\xi_b h_0=0.550\times408=224(\text{mm})$，超筋。

$$M_u=\alpha_1 f_c bh_0{}^2\xi_b\left(1-\frac{\xi_b}{2}\right)=1.0\times9.6\times250\times408^2\times0.550\times\left(1-\frac{0.550}{2}\right)$$

$=159.3\times10^6(\text{N}\cdot\text{mm})=159.3\ \text{kN}\cdot\text{m}>120\ \text{kN}\cdot\text{m}$，安全。

2)$h_0=h-c-\frac{d}{2}=450-30-\frac{18}{2}=411(\text{mm})$

$x=\frac{f_yA_s}{\alpha_1 f_c b}=\frac{300\times763}{1.0\times9.6\times250}=95<\xi_b h_0=0.550\times411=226$(mm)，不超筋。

$\rho_{min}=0.45\frac{f_t}{f_y}=0.45\times\frac{1.10}{300}=0.00165<0.002$，取大值。

$A_s=763>\rho_{min}bh=0.002\times250\times450=225$(mm)，则不为少筋梁，且为适筋梁。

$$M_u=\alpha_1 f_c bx\left(h_0-\frac{x}{2}\right)=1.0\times9.6\times250\times95\times\left(411-\frac{95}{2}\right)$$

$$=82.9\times10^6(\text{N}\cdot\text{mm})=82.9\ \text{kN}\cdot\text{m}<120\ \text{kN}\cdot\text{m}$$，不安全。

[例题 2.3] 某挑板剖面构造如图 2.1.15 所示。板面永久荷载标准值：防水层 0.35 kN/m²，60 mm 厚钢筋混凝土板(重度为 25 kN/m³)，25 mm 厚水泥砂浆抹灰(重度为 20 kN/m³)。板面可变荷载标准值：雪荷载 0.3 kN/m²。混凝土强度等级为 C20，钢筋采用 HPB300 级。求板的配筋。

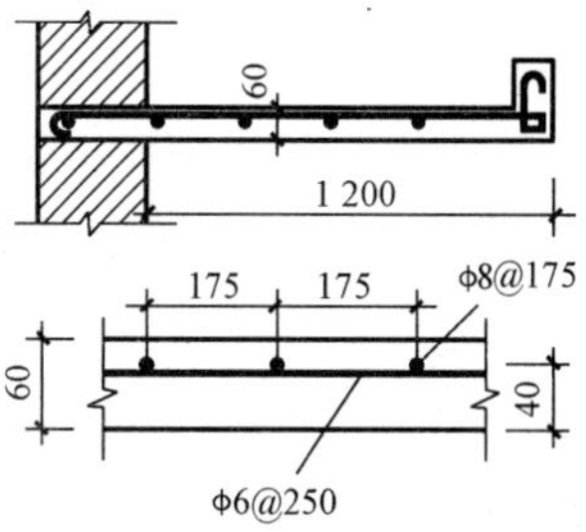

图 2.1.15　例题 2.3 图

解　1)荷载标准值计算。

永久荷载：$g_k=0.35+25\times0.060+20\times0.025=2.35(\text{kN/m}^2)$

可变荷载：$q_k=0.30\ \text{kN/m}^2$

2)计算支座截面最大弯矩设计值。

取宽度 1 m 作为计算单元。

因仅有一个可变荷载，故弯矩设计值应取下列两者中的较大值：

$$\frac{1}{2}(1.2g_k+1.4q_k)l^2=\frac{1}{2}\times(1.2\times2.35+1.4\times0.3)\times1.2^2=2.33(\text{kN/m})$$

$$\frac{1}{2}(1.35g_k+1.4\times0.7q_k)l^2=\frac{1}{2}\times(1.35\times2.35+1.4\times0.7\times0.30)\times1.2^2=2.50(\text{kN/m})$$

取 $M=2.50$ kN/m。

3)计算配筋。

$f_c=9.6\text{N/mm}^2$，$f_t=1.10\ \text{N/mm}^2$，$\alpha_c=1.0$，$f_y=270\ \text{N/mm}^2$，$\zeta_b=0.576$，$b=1\ 000$ mm，$h=60$，$h_0=60-20=40$(mm)

$$\zeta=1-\sqrt{1-\frac{2M}{\alpha_1 f_c bh_0^2}}=1-\sqrt{1-\frac{2\times2.50\times10^6}{1.0\times9.6\times1\ 000\times40^2}}=0.1787<\zeta_b=0.576$$

$$A_s=\frac{\alpha_1 f_c bh_0\zeta}{f_y}=\frac{1.0\times9.6\times1\ 000\times40\times0.1787}{270}=254(\text{mm}^2/\text{m})$$

选中 Φ8@175，$A_s=50.3\times1\ 000/175=287(\text{mm}^2/\text{m})$

最小配筋率 $\rho_{min}=0.45\frac{f_t}{f_c}=0.45\times\frac{1.10}{270}=0.18\%<0.2\%$，取大值。

$A_s=287>\rho_{min}bh=0.002\times1\ 000\times60=120(\text{mm}^2/\text{m})$，满足要求。按构造要求选用分布钢筋 Φ6@250。

4. 双筋矩形梁正截面承载力计算

(1)双筋梁概述。不仅在截面受拉区配置纵向受拉钢筋，而且在受压区配置受压钢筋的梁称为双筋梁。实践表明，在受弯构件内用钢筋来帮助混凝土承受截面的部分压力，一般情况下不经济，因此，通常不宜采用双筋梁。但在下列特殊情况下，为满足使用要求，可采用双筋梁。

1)当弯矩设计值很大，超过了单筋矩形截面适筋梁所能负担的最大弯矩，而梁的截面尺寸及混凝土强度等级又都受到限制而不能增大，这时可设计成双筋梁。在受压区配置受压钢筋，以协同混凝土受压，提高梁的承载能力。

2)当构件在不同的荷载组合下产生变号弯矩时(如在风荷载或地震荷载作用下的梁)，为了承受正负弯矩分别作用时截面出现的拉力，在梁的顶部和底部均需配置钢筋时，可设计成双筋梁。

3)受压钢筋的存在可以提高截面的延性，并可减少长期荷载作用下的变形，因此，抗震结构中要求框架梁须配置一定比例的受压钢筋，为此也可采用双筋梁。

4)当因某种原因，截面受压区已存在面积较大的钢筋时，宜考虑其受压作用。

双筋矩形截面梁破坏时，受拉钢筋的拉应力达到屈服强度，压区混凝土的压应变达到极限压应变。当梁内配置一定数量的封闭箍筋，能防止受压钢筋过早压曲时，随着荷载的增加，受压钢筋的应力也随之增加。只要受压区高度满足一定的条件，受压钢筋就能和压区混凝土同时达到各自的极限压应变值，这时混凝土被压碎，受压钢筋屈服。

《混凝土结构设计规范(2015 年版)》(GB 50010—2010)规定：当梁中配有按计算需要的纵向受压钢筋时，箍筋应做成封闭式；此时，箍筋的间距不应大于 $15d$(d 为纵向钢筋的最小直径)，同时不应大于400 mm；当一层内的纵向受压钢筋多于 5 根且直径大于 18 mm 时，箍筋不应大于 $10d$；当梁的宽度大于 400 mm 且一层内的纵向受压钢筋多于 3 根时，或当梁的宽度不大于 400 mm 但一层内的纵向受压钢筋多于 4 根时，应设置复合箍筋。

(2)基本公式。双筋矩形截面梁达到承载能力极限状态时的截面应力图如图 2.1.16 所示。由力的平衡条件可以得到极限弯矩设计值基本计算公式：

$$\sum N=0 \qquad \alpha_1 f_c bx+f_y' A_s'=f_y A_s \tag{2.16}$$

$$\sum M=0 \qquad M\leqslant M_u=\alpha_1 f_c bx\left(h_0-\frac{x}{2}\right)+f_y' A_s'(h_0-a_s') \tag{2.17}$$

式中 f_y'——受压钢筋强度设计值；

a_s'——受压钢筋合力点至受压区外边缘的距离；

A_s'——受压钢筋的截面面积。

(3)基本公式的适用条件。

1)
$$x\leqslant \xi_b h_0 \tag{2.18}$$

此项的意义与单筋矩形截面相同，以保证混凝土不至于首先被压碎而产生脆性破坏。

2)
$$x\geqslant 2a_s' \tag{2.19}$$

此项是为了保证受压钢筋达到规定的抗压强度设计值。试验表明，当受压钢筋配置较多，或者弯矩较小，则受压区混凝土所承受的压力也很小，受压区高度变得很小，使受压钢筋离中和轴太近。构件破坏时，受压钢筋的应力尚不能达到屈服强度。

一般情况下，双筋截面梁承担的弯矩较大，能满足最小配筋率的要求，可不必进行验算。

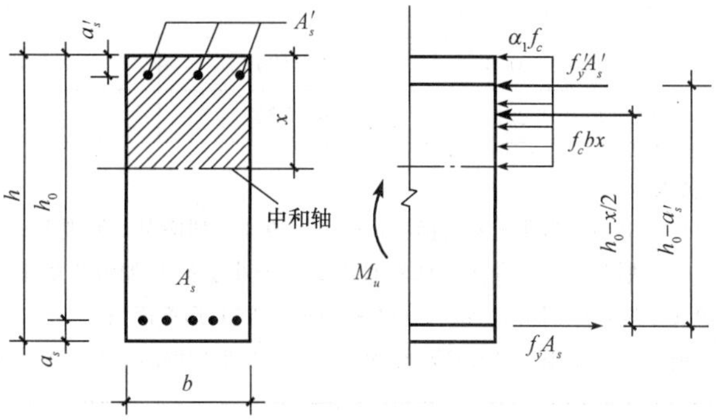

图 2.1.16　双筋矩形梁正截面承载力计算简图

5. T 形截面梁正截面承载力计算

(1)T 形截面梁概述。矩形截面受弯构件虽具有构造简单、施工方便等优点，但正截面承载力计算不考虑混凝土抗拉作用，因此，为节省混凝土、减轻构件自重，在不影响其承载力的情况下，可将拉区混凝土挖去一部分，并将受拉钢筋集中放置，即形成如图 2.1.17 所示的 T 形截面。

在实际工程中，T 形截面受弯构件是很多的，如现浇肋形楼盖中的主梁、次梁(跨中截面)、吊车梁、空心板等。此外，倒 T 形、工形截面位于受拉区的翼缘不参与受力，也按 T 形截面计算。空心板截面可折算成工形截面，所以，也应按 T 形截面计算。

试验和理论分析表明，T 形截面梁受力后，翼缘受压时的压应力沿翼缘宽度方向的分布是不均匀的(图 2.1.18)，离梁肋越远压应力越小。因此，受压翼缘的计算宽度应有一定的限制，为简化计算，在此宽度范围内的应力可假设是均匀的。《混凝土结构设计规范(2015 年版)》(GB 50010—2010)规定的翼缘计算宽度 b_f' 按表 2.1.7 规定的最小值取用。

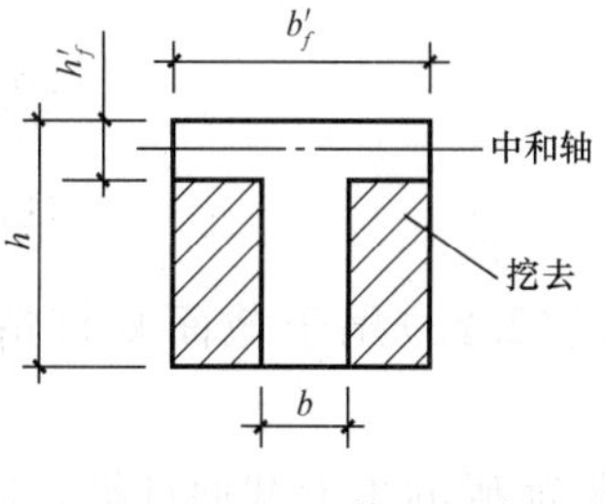

图 2.1.17　T 形截面示意图

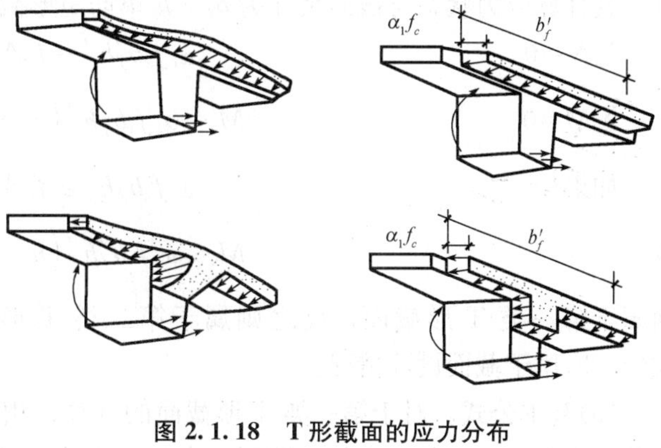

图 2.1.18　T 形截面的应力分布

表 2.1.7　T 形、倒 L 形截面受弯构件翼缘计算宽度 b_f'

项次	考虑情况		T形截面		倒L形截面
			肋形梁(板)	独立梁	肋形梁(板)
1	按计算跨度 l_0 考虑		$l_0/3$	$l_0/3$	$l_0/6$
2	按梁(肋)净距 s_n 考虑		$b+s_n$	—	$b+s_n/2$
3	按翼缘高度 h_f' 考虑	当 $h_f'/h_0 \geqslant 0.1$	—	$b+12h_f'$	—
		当 $0.1>h_f'/h_0 \geqslant 0.05$	$b+12h_f'$	$b+6h_f'$	$b+5h_f'$
		当 $h_f'/h_0<0.05$	$b+12h_f'$	b	$b+5h_f'$

注：1. 表中，b 为梁的腹板宽度；

2. 如肋形梁在梁跨内设有间距小于纵肋间距的横肋，则可不遵守表列情况 3 的规定；

3. 对于加腋的 T 形和(倒)L 形截面，当受压区加腋的高度 h_h 不小于 h_f' 且加腋的宽度 b_h 不大于 $3h_h$ 时，则其翼缘计算宽度可按表列情况 3 规定分别增加 $2b_h$(T 形截面)或 b_h(倒 L 形截面)；

4. 独立梁受压区的翼缘板在荷载作用下经验算沿纵肋方向可能产生裂缝时，其计算宽度应取用腹板宽度 b。

(2)两类 T 形截面的判别。T 形截面按受压区高度的不同可分为两类：第一类 T 形截面，受压区高度在翼缘内，$x \leqslant h_f'$[图 2.1.19(a)]；第二类 T 形截面，受压区高度进入腹板内，$x>h_f'$[图 2.1.19(b)]。

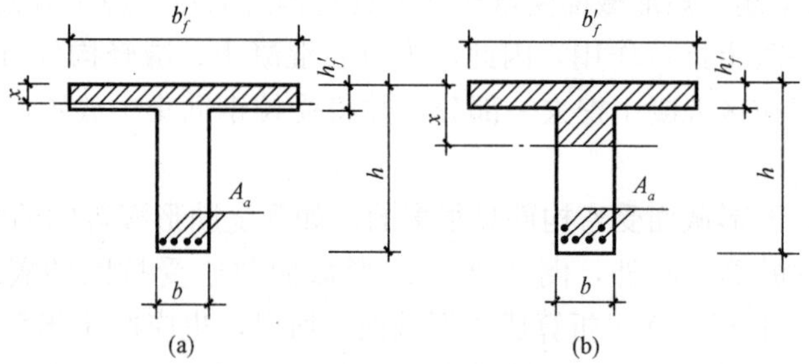

图 2.1.19　两类 T 形截面

(a)第一类 T 形截面，$x \leqslant h_f'$；(b)第二类 T 形截面，$x>h_f'$

当受压区高度等于翼缘厚度($x=h_f'$)时，为两类 T 形截面的界限情况，此情况下破坏时，其计算应力状态与截面尺寸为 $b_f' \times h$ 单筋矩形截面相同。其平衡公式为

$\sum N=0$
$$\alpha_1 f_c b_f' h_f' = f_y A_s \tag{2.20}$$

$\sum M=0$
$$M_u=\alpha_1 f_c b_f' h_f'\left(h_0-\frac{h_f'}{2}\right) \tag{2.21}$$

如果
$$\alpha_1 f_c b_f' h_f' \geqslant f_y A_s \tag{2.22}$$

或
$$M_u \leqslant \alpha_1 f_c b_f' h_f'\left(h_0-\frac{h_f'}{2}\right) \tag{2.23}$$

则属于第一类 T 形截面，反之则属于第二类 T 形截面。式(2.22)用于截面复核情况，式(2.23)用于截面设计情况。

(3)基本公式。对于第一类 T 形截面的计算，相当于宽度为 b_f' 的矩形截面计算，用 b_f' 代替矩形截面基本公式中的 b 即可，当然对于公式的适用条件同样应满足。需要特别注意的是，验算最小配筋率时，截面面积按 $b\times h$ 计算，而不是按 T 形全截面面积计算。

对于第二类 T 形截面，可将其截面承受的弯矩设计值看成由两部分组成(图 2.1.20)：第一部分为腹板受压区混凝土与部分钢筋 A_{s1} 所承担的弯矩设计值 M_1；第二部分为翼缘挑出部分受压混凝土与部分钢筋 A_{s2} 所承担的弯矩设计值 M_2。其平衡公式为

$\sum N=0$
$$\alpha_1 f_c bx+\alpha_1 f_c(b_f'-b)h_f'=f_y A_s \tag{2.24}$$

$\sum M=0$
$$M\leqslant M_u=M_1+M_2=\alpha_1 f_c bx\left(h_0-\frac{x}{2}\right)+\alpha_1 f_c(b_f'-b)h_f'\left(h_0-\frac{h_f'}{2}\right) \tag{2.25}$$

公式适用条件：

1)
$$x\leqslant \xi_b h_0 \tag{2.26}$$

2)
$$\rho=\frac{A_s}{bh}\geqslant\rho_{\min} \tag{2.27}$$

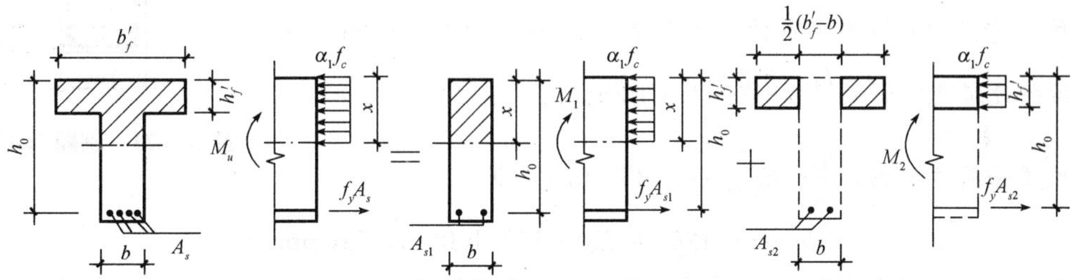

图 2.1.20　第二类 T 形截面

由于受压区已进入肋部，受拉钢筋相应配置较多，一般均能满足最小配筋率的要求。

(4)计算方法。

1)截面设计步骤。

第一步：用公式 $M\leqslant\alpha_1 f_c b_f' h_f'\left(h_0-\frac{h_f'}{2}\right)$ 判断 T 形截面类型。

若满足上式，则为第一类，按 $b_f'\times h$ 的矩形截面计算，方法略。

若不满足上式，则为第二类，按下列步骤进行。

第二步：求 M_2 和 A_{s2}。

$$M_2=\alpha_1 f_c h_f'(b_f'-b)\left(h_0-\frac{h_f'}{2}\right) \tag{2.28}$$

$$A_{s2}=\frac{\alpha_1 f_c(b_f'-b)h_f'}{f_y} \tag{2.29}$$

第三步：求 M_1 和 A_{s1}。

$$M_1=M-M_2 \tag{2.30}$$

按已知 M_1 的截面 $b\times h$ 为单筋矩形梁求 A_{s1}，注意应满足其适用条件 $x\leqslant\xi_b h_0$。

第四步：求 A_s。

$$A_s=A_{s1}+A_{s2}=\frac{\alpha_1 f_c bx+\alpha_1 f_c(b_f'-b)h_f'}{f_y} \tag{2.31}$$

第五步：验算截面最小配筋率并选用钢筋。

2)截面复核步骤。

第一步：用公式 $\alpha_1 f_c b_f' h_f' \geqslant f_y A_s$ 判断T形截面类型。

若满足上式，则为第一类，按 $b_f' \times h$ 的矩形截面复核，方法略。

若不满足上式，则为第二类，按下列步骤进行。

第二步：由式(2.24)解出 x 代入式(2.25)可求出 M_u，注意应满足其适用条件。

$$x=\frac{f_y A_s-\alpha_1 f_c (b_f'-b)h_f'}{\alpha_1 f_c b} \tag{2.32}$$

第三步：判别截面是否安全。

[例题 2.4] 如图2.1.21所示，已知T形截面独立梁，$b=250$ mm，$h=800$ mm，$b_f'=600$ mm，$h_f'=100$ mm，计算跨度 $l_0=6\ 300$ mm，环境类别为一类，弯矩设计值 $M=450$ kN·m，混凝土强度等级为C20，钢筋为HRB335级。求纵向受拉钢筋面积 A_s。

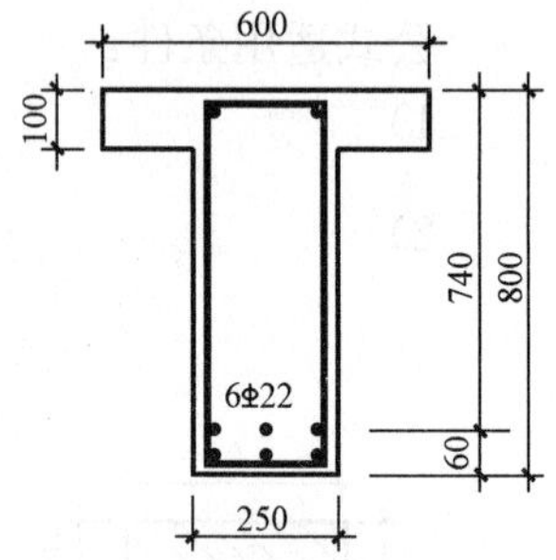

图 2.1.21 例题 2.4 图

解 1)计算翼缘宽度。

预估受拉钢筋按两排布置，近似取 $h_0=800-60=740$(mm)；

按跨度考虑，$b_f'=\frac{l_0}{3}=\frac{6\ 300}{3}=2\ 100$(mm)；

按翼缘高度考虑，$\frac{h_f'}{h_0}=\frac{100}{740}=0.135>0.1$，则

$$b_f'=b+12h_f'=250+12\times 100=1\ 450(\text{mm})$$

两者的小值为1 450 mm，大于600 mm，所以最终取 $b_f'=600$ mm。

2)判别截面类型。

$f_c=9.6\ \text{N/mm}^2$，$f_t=1.10\ \text{N/mm}^2$，$\alpha_1=1.0$，$f_y=300\ \text{N/mm}^2$，$\xi_b=0.550$。

$\alpha_1 f_c b_f' h_f'\left(h_0-\frac{h_f'}{2}\right)=1.0\times 9.6\times 600\times 100\times\left(740-\frac{100}{2}\right)=397.4\times 10^6(\text{N}\cdot\text{mm})<M=450\times 10^6(\text{N}\cdot\text{mm})$

所以，为第二类T形截面。

3)求 M_1。

$$\begin{aligned}M_1&=M-M_2=M-\alpha_1 f_c(b_f'-b)h_f'\left(h_0-\frac{h_f'}{2}\right)\\&=450\times 10^6-1.0\times 9.6\times(600-250)\times 100\times\left(740-\frac{100}{2}\right)\\&=450\times 10^6-231.8\times 10^6=218.2\times 10^6(\text{N}\cdot\text{mm})\end{aligned}$$

4)求 A_s。

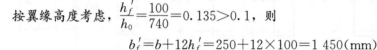

$$x=h_0-\sqrt{h_0^2-\frac{2M_1}{\alpha_1 f_c b}}=740-\sqrt{740^2-\frac{2\times 218.2\times 10^6}{1.0\times 9.6\times 250}}=135<\xi_b h_0=0.550\times 740$$

$$\begin{aligned}A_s&=\frac{\alpha_1 f_c bx+\alpha_1 f_c(b_f'-b)h_f'}{f_y}\\&=\frac{1.0\times 9.6\times 250\times 135+1.0\times 9.6\times(600-250)\times 100}{300}=2\ 200(\text{mm}^2)\end{aligned}$$

5)验算截面最小配筋率并选用钢筋。

截面最小配筋率满足要求。选用6Φ22，$A_s=2\ 281\ \text{mm}^2$。

[例题 2.5] [例题 2.4]中，若已配置受拉钢筋为 8Φ25，即 $A_s=4\ 418\ \text{mm}^2$，弯矩设计值 $M=650$ kN·m，其余已知条件不变，试验算截面是否安全。

解 1)求计算翼缘宽度。

过程同上一题，最终取 $b_f'=600$ mm。

2)判别截面类型。

$$\alpha_1 f_c b_f' h_f'=1.0\times 9.6\times 600\times 100<f_y A_s=300\times 4\ 418$$

所以，为第二类 T 形截面。

3)求解 x。

$$x=\frac{f_y A_s-\alpha_1 f_c(b_f'-b)h_f'}{\alpha_1 f_c b}$$

$$=\frac{300\times 4\ 418-1.0\times 9.6\times(600-250)\times 100}{1.0\times 9.6\times 250}=412(\text{mm})$$

$x=412>\xi_b h_0=0.55\times(800-30-25-25/2)=0.55\times 732.5=403(\text{mm})$

超筋，所以取 $x=403$ mm。

4)求 M_u 并判别截面是否安全。

$$M_u=\alpha_1 f_c bx\left(h_0-\frac{x}{2}\right)+\alpha_1 f_c(b_f'-b)h_f'\left(h_0-\frac{h_f'}{2}\right)$$

$$=1.0\times 9.6\times 250\times 403\times\left(732.5-\frac{403}{2}\right)+1.0\times 9.6\times(600-250)\times$$

$$100\times\left(732.5-\frac{100}{2}\right)$$

$=742.9(\text{kN}\cdot\text{m})>650$ kN·m，所以安全。

2.1.3 受弯构件斜截面承载力计算

1. 斜截面破坏形态

受弯构件在弯矩 M 与剪力 V 的共同作用下，法向应力与剪应力将合成主拉应力与主压应力。当主拉应力超过混凝土的复合受力下的抗拉极限强度时，就会在沿主拉应力垂直方向产生斜向裂缝，从而可能导致斜截面破坏。为此，在梁截面尺寸满足一定要求的前提下，还需通过计算在梁中配置箍筋，必要时设置利用纵向钢筋弯起形成的弯起钢筋。箍筋与弯起钢筋统称为腹筋。配置腹筋的梁为有腹筋梁；未配置腹筋的梁为无腹筋梁。

斜裂缝与最终斜截面的破坏形态与剪跨比 λ 有关。对于集中荷载作用下的简支梁，剪跨比 λ 计算公式为

$$\lambda=\frac{M}{Vh_0}=\frac{a}{h_0} \tag{2.33}$$

式中 a——集中荷载作用点到支座边缘的距离；

h_0——截面的有效高度。

无腹筋梁斜截面破坏的主要影响因素除剪跨比 λ 外，还有混凝土的抗拉强度 f_t、纵向受力钢筋的配筋率 ρ、截面形状、尺寸效应。有腹筋梁的破坏形态还与配箍率 ρ_{sv} 有关，配筋率 ρ_{sv} 的计算公式为

$$\rho_{sv}=\frac{A_{sv}}{bs}=\frac{nA_{sv1}}{bs} \tag{2.34}$$

式中 b——梁宽度；

s——沿构件长度方向的箍筋间距；

A_{sv}——配置在同一截面内箍筋各肢的截面面积总和；

A_{sv1}——单肢箍筋的截面面积；

n——在同一截面内箍筋的肢数。

试验表明，梁沿斜截面破坏的主要形态有以下三种，如图 2.1.22 所示。

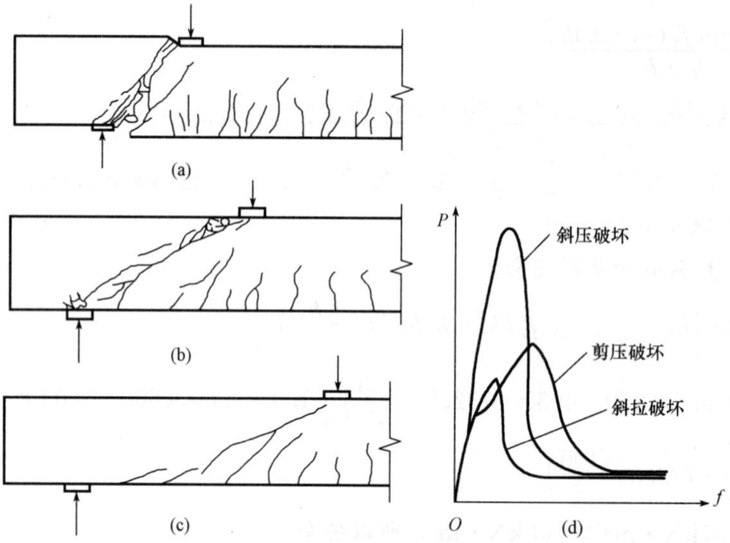

图 2.1.22 梁斜截面破坏形态

(a)斜压破坏；(b)剪压破坏；(c)斜拉破坏；(d)各种破坏曲线

(1)斜压破坏。这种破坏多发生在集中荷载距支座较近，而且剪力大而弯矩小的区段，即剪跨比较小($\lambda<1$)时，或者剪跨比适中，但腹筋配置量过多，以及腹板宽度较窄的 T 形或 I 形梁。由于剪应力起主要作用，在破坏过程中，先是在梁腹部出现多条密集而大体平行的斜裂缝(称为腹剪裂缝)。随着荷载增加，梁腹部被这些斜裂缝分割成若干个斜向短柱。当混凝土中的压应力超过其抗压强度时，发生类似受压短柱的破坏，此时箍筋应力一般达不到屈服强度。

(2)剪压破坏。这种破坏常发生在剪跨比适中($1<\lambda<3$)且腹筋配置量适当时，是最典型的斜截面破坏。这种破坏过程是，首先在剪弯区出现弯曲垂直裂缝，然后斜向延伸，形成较宽的主裂缝——临界斜裂缝。随着荷载的增大，斜裂缝向荷载作用点缓慢发展，剪压区高度不断减小，斜裂缝的宽度逐渐加宽，与斜裂缝相交的箍筋应力也随之增大，破坏时，受压区混凝土在正应力和剪应力的共同作用下被压碎，而且受压区混凝土有明显的压坏现象，此时箍筋的应力达到屈服强度。

(3)斜拉破坏。这种破坏发生在剪跨比较大($\lambda>3$)，且箍筋配置量过少时。其破坏特点是，破坏过程急速且突然，斜裂缝一旦出现在梁腹部，很快就向上下延伸，形成临界斜裂缝，将梁劈裂为两部分而破坏，而且往往伴随产生沿纵筋的撕裂裂缝。破坏荷载与开裂荷载很接近。

2. 斜截面承载力计算

(1)计算公式。《混凝土结构设计规范(2015 年版)》(GB 50010—2010)是以剪压破坏形态作为斜截面受剪承载力计算依据的。图 2.1.23 所示为一配置箍筋及弯起钢筋的简支梁发生斜截面剪压破坏时，取出的斜裂缝到支座间的一段隔离体。其斜截面的受剪承载力由混凝土、箍筋和弯起钢筋三部分组成，即有：

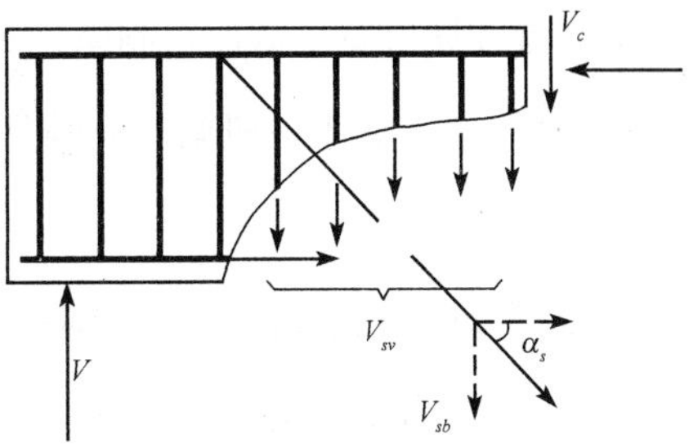

图 2.1.23　梁斜截面计算简图

$$V_u = V_c + V_{sv} + V_{sb} = V_{cs} + V_{sb} \tag{2.35}$$

式中　V_c——剪压区混凝土所承受的剪力；

V_{sv}——与斜截面相交的箍筋所承受的剪力；

V_{sb}——与斜截面相交的弯起钢筋所承受的剪力；

V_{cs}——斜截面上混凝土和箍筋所承受的剪力。

对不配置箍筋和弯起钢筋的一般板类受弯构件，其斜截面的受剪承载力可用下式计算：

$$V \leqslant V_c = 0.7\beta_h f_t b h_0 \tag{2.36}$$

$$\beta_h = \sqrt[4]{\frac{800}{h_0}} \tag{2.37}$$

式中，β_h 为截面高度影响系数，当 $h_0 < 800$ mm 时，取 $h_0 = 800$ mm；当 $h_0 > 2\ 000$ mm 时，取 $h_0 = 2\ 000$ mm 。

矩形、T 形和工字形截面受弯构件的截面受剪承载力应符合下列规定：

$$V \leqslant \alpha_{cv} f_t b h_0 + f_{yv}\frac{A_{sv}}{s}h_0 + 0.8 f_{yv} A_{\mathrm{sb}} \sin\alpha_s$$

式中　α_{cv}——斜截面混凝土受剪承载力系数，对于一般受弯构件取 0.7；对集中荷载作用下(包括作用有多种荷载，其中集中荷载对支座截面或节点边缘所产生的剪力值占总剪力的 75%以上的情况)的独立梁，取 α_{cv} 为 $\frac{1.75}{\lambda+1}$，λ 为计算截面的剪跨比，可取 λ 等于 a/h_0，当 λ 小于 1.5 时，取 1.5，当 λ 大于 3 时，取 3，a 取集中荷载作用点至支座截面或节点边缘的距离；

A_{sv}——配置在同一截面内箍筋各肢的全部截面面积，即 nA_{sv1}，此处，n 为在同一个截面内箍筋的肢数，A_{sv1} 为单肢箍筋的截面面积；

s——沿构件长度方向的箍筋间距；

f_{yv}——箍筋的抗拉强度设计值。

容易看出，对于梁当满足 $V \leqslant V_c$ 条件，即

$$V \leqslant 0.7 f_t b h_0 \tag{2.38}$$

或

$$V \leqslant \frac{1.75}{\lambda+1} f_t b h_0 \tag{2.39}$$

说明梁中混凝土的受剪承载力可抵抗斜截面的破坏，可不进行斜截面承载力计算，箍筋仅需按构造要求配置。

(2)公式的适用范围(上限和下限)。

1)截面的限制条件。为了防止斜压破坏和限制使用阶段的斜裂缝宽度，构件的截面尺寸不应过小，配置的腹筋也不应过多。由于薄腹梁的斜裂缝宽度一般开展要大些，为防止

其斜裂缝开展过宽，截面限制条件分为一般梁与薄腹梁两种情况给出。

当$\frac{h_w}{b}\leqslant 4$，属于一般梁，应满足：

$$V\leqslant 0.25\beta_c f_c bh_0 \tag{2.40}$$

当$\frac{h_w}{b}\geqslant 6$，属于薄腹梁，应满足：

$$V\leqslant 0.20\beta_c f_c bh_0 \tag{2.41}$$

当$4<\frac{h_w}{b}<6$，按线性内插法求得。

式中 h_w——截面的腹板高度，对矩形截面，取有效高度h_0；对T形截面，取有效高度减去翼缘高度；对工字形截面，取腹板净高；

β_c——混凝土强度影响因素，当混凝土强度等级不超过C50时，取$\beta_c=1.0$；当混凝土强度等级为C80时，取$\beta_c=0.8$；介于C50与C80之间时，按线性内插法计算。

2)最小配箍率。为了避免斜拉破坏的发生，要求梁的箍筋用量满足下列条件：

$$\rho_{sv}=\frac{nA_{sv1}}{bs}\geqslant\rho_{sv,\min}=0.24\frac{f_t}{f_{yv}} \tag{2.42}$$

3. 箍筋和弯起钢筋的构造要求

(1)箍筋的构造要求。箍筋是受拉钢筋，它的主要作用是使被斜裂缝分割的混凝土梁体能够传递剪力，并且抑制斜裂缝的开展。因此，在设计中，箍筋必须有合理的形式、直径和间距，同时应有足够的锚固。

1)箍筋的形式和肢数。箍筋的形式有开口式和封闭式。按肢数可分为单肢、双肢及四肢等(图2.1.24)。梁中常采用双肢箍；当梁宽很小时也可采用单肢箍；梁宽大于400 mm且在一层内纵向受压钢筋多于3根时，或当梁的宽度不大于400 mm但一层内的纵向受压钢筋多于4根时，应设置复合箍筋。

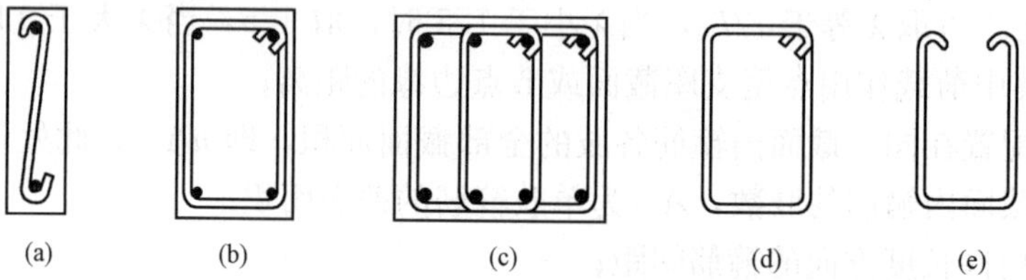

图2.1.24 箍筋的肢数和形式

(a)单肢箍；(b)双肢箍；(c)四肢箍；(d)封闭箍；(e)开口箍

按计算不需要箍筋的梁，当梁截面高度$h>300$ mm时，应沿梁全长设置箍筋；当截面高度h为150～300 mm时，可仅在构件端部各1/4跨度范围内设置箍筋；但当构件中部1/2跨度范围内有集中荷载作用时，则应沿梁全长设置箍筋；当截面高度$h<150$ mm时，可不设箍筋。

2)箍筋直径。为了使钢筋骨架具有一定的刚度，箍筋直径不宜过小。对截面高度$h>800$ mm的梁，其箍筋直径不宜小于8 mm；对截面高度$h\leqslant 800$ mm的梁，其箍筋直径不宜小于6 mm。梁中配有计算需要的纵向受压钢筋时，箍筋直径不应小于纵向受压钢筋最大直径的 0.25 倍。

3)箍筋间距。为了控制使用荷载下的斜裂缝宽度，并保证箍筋穿越每条斜裂缝，梁中箍筋的最大间距应符合表 2.1.8 的规定。

当梁中配有按计算需要的纵向受压钢筋时，箍筋应做成封闭式，此时箍筋的间距不应大于 $15d$(d 为纵向钢筋的最小直径)，同时不应大于 400 mm；当一层内的纵向受压钢筋多于 5 根且直径大于 18 mm 时，箍筋间距不应大于 $10d$；当梁的宽度大于 400 mm 且一层内的纵向受压钢筋多于 3 根时，或当梁的宽度不大于 400 mm 但一层内的纵向受压钢筋多于 4 根时，应设置复合箍筋。

表 2.1.8　梁中箍筋最大间距　　mm

梁高 h	$V>0.7f_tbh_0$	$V\leqslant 0.7f_tbh_0$
$150<h\leqslant 300$	150	200
$300<h\leqslant 500$	200	300
$500<h\leqslant 800$	250	350
$h>800$	300	400

(2)弯起钢筋的构造要求。在混凝土梁中，宜采用箍筋作为承受剪力的钢筋。当采用弯起钢筋时，其弯起角宜取 45°或 60°；在弯起钢筋的弯终点外应留有平行于梁轴线方向的锚固长度，在受拉区不应小于 $20d$，在受压区不应小于 $10d$，此处 d 为弯起钢筋的直径；梁底层钢筋中的角部钢筋不应弯起，顶层钢筋中的角部钢筋不应弯下。

当按计算需要设置弯起钢筋时，前一排(对支座而言)的弯起点至后一排的弯终点的距离不应大于表 2.1.8 中 $V>0.7f_tbh_0$ 一栏规定的箍筋最大间距。

4. 斜截面受剪承载力设计

(1)计算位置。在计算斜截面受剪承载力时，计算位置应按下列规定采用：

1)支座边缘处的斜截面，如图 2.1.25 所示的斜截面 1—1；

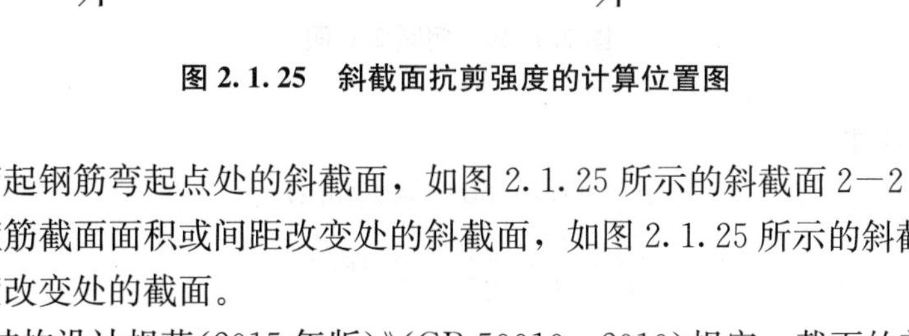

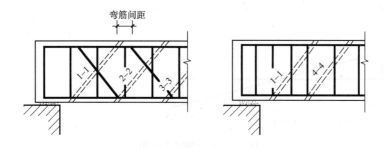

图 2.1.25　斜截面抗剪强度的计算位置图

2)受拉区弯起钢筋弯起点处的斜截面，如图 2.1.25 所示的斜截面 2—2 和 3—3；

3)受拉区箍筋截面面积或间距改变处的斜截面，如图 2.1.25 所示的斜截面 4—4；

4)腹板宽度改变处的截面。

按《混凝土结构设计规范(2015 年版)》(GB 50010—2010)规定，截面的剪力设计值应取其相应截面上的最大剪力值。

(2)设计步骤。

1)构件的截面尺寸和纵筋通过正截面承载力计算已初步选定。进行斜截面承载力计算时应首先复核是否满足截面限制条件，如不满足时应加大截面尺寸或提高混凝土强度等级。

2)确定是否需要按照计算配置箍筋。当不需要按计算配置箍筋时，应按构造要求配置箍筋。

3)需要按计算配置箍筋时，剪力设计时的计算截面位置应按前述的规定采用。

4)计算所需要的箍筋，且选用的箍筋应满足箍筋最大间距和最小直径的要求。

5)当需要配置弯起钢筋时，可先计算 V_{cs} 再计算弯起钢筋的面积。这时，剪力设计值按如下方法取用：计算第一排弯起钢筋(对支座而言)时，取支座边剪力；计算以后每排弯起钢筋时，取前一排弯起钢筋弯起点处的剪力。两排弯起筋的间距应小于箍筋的最大间距。

[例题 2.6] 如图 2.1.26 所示的均布荷载简支梁，截面尺寸 $b\times h=250\ \text{mm}\times 600\ \text{mm}$，混凝土强度等级为 C20，纵向钢筋采用 HRB335 级，箍筋采用 HPB300 级，经正截面承载力计算，纵向钢筋选用 4Φ22 与 2Φ20。试计算梁内腹筋。

解 由图示的已知条件，梁的净跨 $l_n=4.76$ m。查表可得：$f_c=9.6\ \text{N/mm}^2$，$f_t=1.1\ \text{N/mm}^2$，$f_y=300\ \text{N/mm}^2$，$f_{yv}=270\ \text{N/mm}^2$。

1)支座剪力设计值。

$$V_A=V_B=\frac{1}{2}ql_n=\frac{1}{2}\times 90\times 4.76=214.2(\text{kN})$$

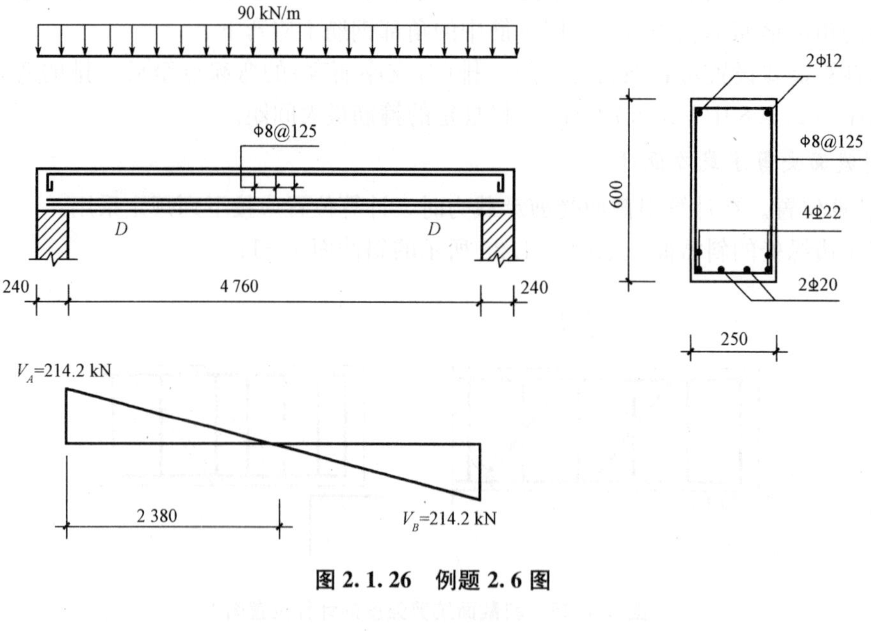

图 2.1.26 例题 2.6 图

2)验算截面尺寸。

截面有效高度 $h_0=600-60=540(\text{mm})$；

$$\frac{h_w}{b}=\frac{h_0}{b}=\frac{540}{250}=2.16<4;$$

$0.25\beta_c f_c bh_0=0.25\times 1.0\times 9.6\times 250\times 540=324\times 10^3(\text{N})=324\ \text{kN}>V_A=214.2\ \text{kN}$

截面符合要求。

3)箍筋配置方案。

单位长度上的箍筋面积：

$$\frac{nA_{sv1}}{s}=\frac{V_A-0.7f_tbh_0}{f_{yv}h_0}=\frac{214.2\times10^3-0.7\times1.1\times250\times540}{270\times540}=0.756(\mathrm{mm^2/mm})$$

选用直径 $d_{sv}=8$ mm 的双肢箍，计算箍筋间距：

$$s=\frac{2\times50.3}{0.756}=133(\mathrm{mm})\text{，取 } s=125\ \mathrm{mm}<s_{max}=250\ \mathrm{mm}$$

验算配箍率：

$$\rho_{sv}=\frac{nA_{sv1}}{bs}=\frac{2\times50.3}{250\times125}=0.32\%>\rho_{sv,min}=0.24\frac{f_t}{f_{yv}}=0.24\times\frac{1.1}{270}=0.098\%$$

因此，选用 ϕ8@125 是符合要求的。

2.1.4 其他构造要求

前面研究了如何保证斜截面受剪承载力问题，要求截面不发生剪切破坏，仅此还不够，因为斜截面上还有弯矩作用，还不能保证斜截面的受弯承载力。斜截面的受弯承载力是通过构造要求予以保证的。

下面介绍纵筋的弯起与截断。

(1)抵抗弯矩图。为理解梁、板中受力钢筋截断和弯起构造，先说明抵抗弯矩图的概念及其绘制方法。

抵抗弯矩图是指按实际纵向受力钢筋布置情况画出的各正截面所能承受的弯矩图形，即受弯承载力 M_u 沿构件轴线方向的分布图形，以下简称 M_R 图。

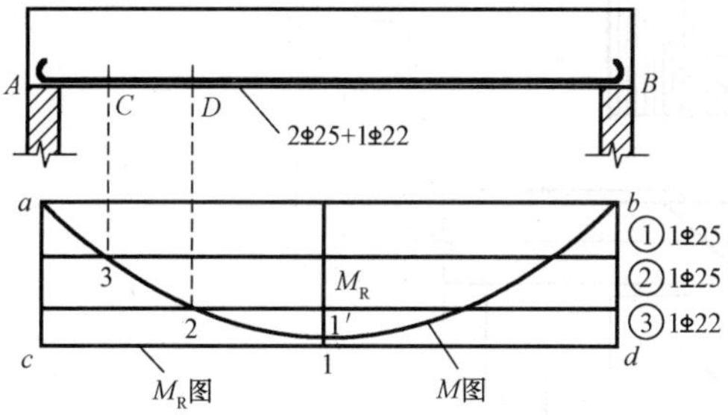

图 2.1.27 抵抗弯矩图

图 2.1.27 所示为一承受均布荷载简支梁 AB，按跨中 $M_{max}=145$ kN·m 计算，需配置 $A_s=1\ 252\ \mathrm{mm^2}$，实际配筋 2Φ25＋1Φ22，$A_s=1\ 362\ \mathrm{mm^2}$，由截面复核验算可得实际受弯承载力。绘制抵抗弯矩图时，可近似地认为截面能承受的实际弯矩值与纵向受拉钢筋面积成正比，则跨中截面的受弯承载力 $M_u=145\times\frac{1\ 362}{1\ 252}=157.7$(kN·m)。画出的梁的抵抗弯矩图如图 2.1.27 中的矩形 $abdc$ 所示，图上与截面对应的竖距代表该截面的受弯承载力。

纵向受拉钢筋全部伸入支座，且在支座内有足够的锚固长度时，不仅保证了梁中各个截面的正截面受弯承载力，而且任何斜截面的受弯承载力也能得到保证。尽管纵向受拉钢筋全部伸入支座构造简单，但除了最大弯矩值截面以外，其余截面的纵向钢筋强度都没有得到充分利用。为此，可以把一部分纵向受力钢筋在不需要的位置弯起或者截断。

钢筋每弯起或截断一次，截面的受弯承载力都要受到一次削弱，沿梁的长度方向各截面的受弯承载力随实际配置纵向钢筋的数量而变化，这种变化可以反映在抵抗弯矩图中。绘制抵抗弯矩图时，可以近似假定，每根纵向钢筋所承担的弯矩值按钢筋截面面积的比例分配。把各根钢筋的抵抗弯矩竖距在图 2.1.27 上画出，对钢筋①而言，C 是其强度充分利用截面，点 3 是充分利用点，A 是不需要截面，点 a 是理论断点。D 是钢筋②的充分利用截面，点 2 是充分利用点，C 是不需要截面，点 3 是理论断点。D 是钢筋③的不需要截面，点 3 是理论断点，点 $1'$ 是充分利用点(由点 1 可见，实际上它仍未被充分利用，因为此梁的实际配筋量比计算值稍大)。

(2)钢筋的弯起。由于钢筋骨架的成形要求，至少需要两根纵向钢筋伸入支座，钢筋①、②不能弯起。如图 2.1.28 所示，若将钢筋③两端分别在 E、F 截面处开始弯起，为简化计见，可以把梁的轴线作为梁截面受压和受拉的分界线。所以，当弯起钢筋与梁轴线相交于 G、H 截面时，就失去了抗弯能力。G、H 截面的受弯承载力仅有钢筋①、②参与。弯起前后钢筋③承受弯矩能力的变化用斜线 eg、fh 表示。

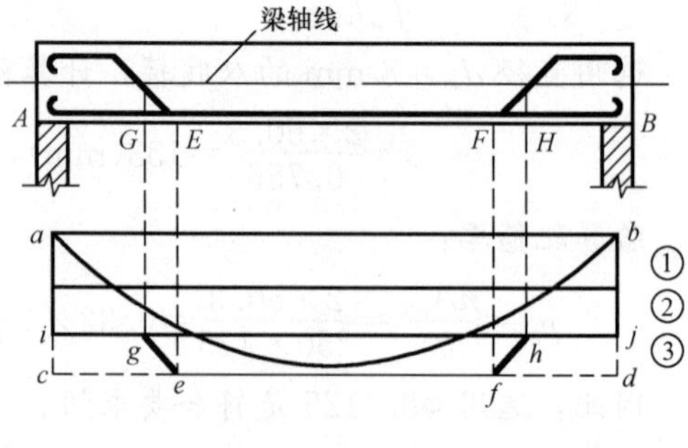

图 2.1.28　抵抗弯矩图中钢筋弯起的表示方法

为确保正截面受弯承载力，抵抗弯矩图必须包在弯矩图之外。在混凝土梁的受拉区中，弯起钢筋的弯起点可设在正截面受弯承载力计算不需要该钢筋的截面之前，但弯起钢筋与梁中心的交点应位于不需要该钢筋的截面之外(图 2.1.29)。同时，通过计算可得，钢筋弯起时满足斜截面受弯承载力的构造条件为：在该钢筋按计算充分利用截面外至少 $0.5h_0$ 处才能弯起。弯起钢筋的弯终点外应有平行于梁轴线方向的锚固长度，在受拉区不应小于 $20d$，在受压区不应小于 $10d$(d 为弯起钢筋的直径)。

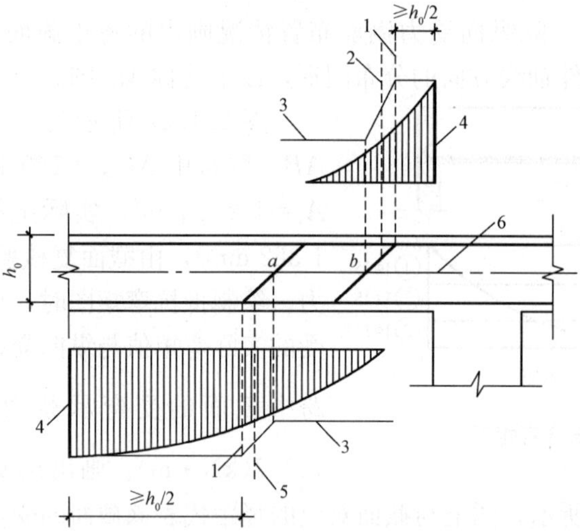

图 2.1.29　弯起钢筋弯起点与弯矩图的关系

1—在受拉区中的弯起截面；2—按计算不需要钢筋“b”的截面；3—正截面受弯承载力图；
4—按计算充分利用钢筋“a”或“b”强度的截面；5—按计算不需要钢筋“a”的截面；6—梁中心线

(3)钢筋的截断。在支座范围外的梁正弯矩区段截断钢筋，由于钢筋面积骤减，在纵筋截断处混凝土产生拉应力集中，导致过早出现斜裂缝，所以除部分承受跨中正弯矩的纵筋由于承受支座边界较大剪力的需要而弯起外，一般情况下不宜在正弯矩区段内截断钢筋。而对悬臂梁、连续梁等在支座附近负弯矩区段配置的纵筋，通常根据弯矩图的变化，将按计算不需要的纵筋截断，以节省钢材。

钢筋混凝土梁支座截面负弯矩纵向受拉钢筋不宜在受拉区截断。当必须截断时，应符合以下规定：

1)当$V\leqslant 0.7f_tbh_0$时，应延伸至按正截面受弯承载力计算不需要该钢筋的截面以外不小于$20d$处截断，且从该钢筋强度充分利用截面伸出的长度不应小于$1.2l_a$；

2)当$V>0.7f_tbh_0$时，应延伸至按正截面受弯承载力计算不需要该钢筋的截面以外不小于h_0且不小于$20d$处截断，且从该钢筋强度充分利用截面伸出的长度不应小于$1.2l_a+h_0$；

3)若按上述规定确定的截断点仍位于负弯矩受拉区内，则应延伸至按正截面受弯承载力计算不需要该钢筋的截面以外不小于$1.3h_0$且不小于$20d$处截断，且从该钢筋强度充分利用截面伸出的延伸长度不应小于$1.2l_a+1.7h_0$（l_a为受拉钢筋的锚固长度）。

在钢筋混凝土悬臂梁中，应有不少于两根上部钢筋伸至悬臂梁外端，并向下弯折不小于$12d$；其余钢筋不应在梁的上部截断，而应按有关规定的弯起点位置向下弯折，并按有关的规定在梁的下边锚固。

2.2 受压构件

承受以轴向压力为主的构件属于受压构件。在建筑结构中，钢筋混凝土受压构件的应用十分广泛。钢筋混凝土受压构件按纵向压力作用线与截面形心轴线是否重合，可分为轴心受压构件和偏心受压构件。当构件所受的纵向压力作用线与构件截面形心轴线重合时，称为轴心受压构件[图 2.2.1(a)]。

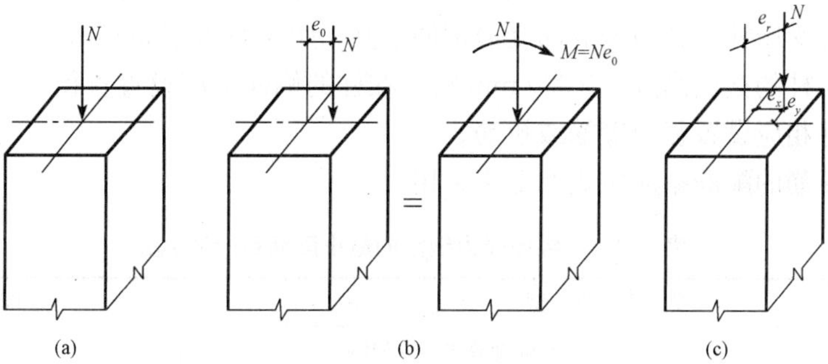

图 2.2.1 受压构件

(a)轴心受压构件；(b)单向偏心受压构件；(c)双向偏心受压构件

当纵向压力作用线与构件截面形心轴线不重合或在构件截面上同时作用有轴心力和弯矩时，称为偏心受压构件。因为在构件截面上，弯矩和轴心压力的共同作用可看成偏心距为e的纵向压力N的作用。如果纵向压力只在一个主轴方向偏心，则称为单向偏心受压构件[图 2.2.1(b)]；而在两个主轴方向均偏心时，称为双向偏心受压构件[图 2.2.1(c)]。

在实际工程中，因为混凝土质量的不均匀性和施工时的偏差等，理想的轴心受压构件是不存在的。但在设计中，对于承受以恒荷载为主的多层房屋的中间柱以及屋架的腹杆等构件，因其弯矩很小而忽略不计，可以近似地简化为轴心受压构件进行计算。

2.2.1 一般构造要求

1. 材料强度等级

混凝土强度等级对受压构件的承载能力影响较大。为了减小构件的截面尺寸，节省钢材，宜采用较高强度等级的混凝土。一般柱中采用 C25 及以上强度等级的混凝土。对于高层建筑的底层柱，必要时可采用高强度等级的混凝土。

受压钢筋不宜采用高强度钢筋，一般采用 HRB335 级、HRB400 级和 RRB400 级；箍筋一般采用 HPB300 级、HRB335 级钢筋。

2. 截面形式及尺寸

柱截面一般采用方形或矩形，因其构造简单、施工方便，特殊情况下也可采用圆形或多边形等。

柱截面的尺寸主要根据内力的大小、构件的长度及构造要求等条件确定。为了避免构件长细比过大，承载力降低过多，柱截面尺寸不宜过小，一般现浇钢筋混凝土柱截面尺寸不宜小于 250 mm × 250 mm，I 形截面柱的翼缘厚度不宜小于 120 mm，腹板厚度不宜小于 100 mm。另外，为了施工支模方便，柱截面尺寸宜使用整数，800 mm 及以下的截面宜以 50 mm 为模数，800 mm 以上的截面宜以 100 mm 为模数。

3. 纵向钢筋

纵向钢筋的直径不宜小于 12 mm，通常在 12～32 mm 范围内选用。钢筋应沿截面的四周均匀对称地放置，根数不得少于 4 根，圆柱中的纵向钢筋根数不宜少于 8 根。为了减少钢筋在施工时可能产生的纵向弯曲，宜采用较粗的钢筋。柱内纵筋的混凝土保护层厚度必须符合规范要求且不应小于纵筋直径，纵筋净距不应小于 50 mm，对水平位置上浇筑的预制柱，其纵筋最小净距与梁相同。在偏心受压柱中垂直于弯矩作用平面的侧面上的纵向受力钢筋以及轴心受压柱中各边的纵向受力钢筋，其中距不宜大于 300 mm。

当偏心受压柱的截面高度 $h \geqslant 600$ mm 时，在柱的侧面上应设置直径为 10～16 mm 的纵向构造钢筋，并相应设置复合箍筋或拉筋。

柱中全部纵筋的配筋率应按表 2.2.1 采用。

表 2.2.1　纵向受力钢筋的最小配筋百分率 ρ_{min}　　%

受力类型			最小配筋百分率
受压构件	全部纵向钢筋	强度等级 500 MPa	0.50
		强度等级 400 MPa	0.55
		强度等级 300 MPa、335MPa	0.60
	一侧纵向钢筋		0.20
受弯构件、偏心受拉、轴心受拉构件一侧的受拉钢筋			0.20 和 $45f_t/f_y$ 中的较大值

注：1. 受压构件全部纵向钢筋最小配筋百分率，当采用 C60 以上强度等级的混凝土时，应按表中规定增加 0.10；
2. 板类受弯构件(不包括悬臂板)的受拉钢筋，当采用强度等级 400 MPa、500 MPa 的钢筋时，其最小配筋百分率应允许采用 0.15%和 $45f_t/f_y$%中的较大值；
3. 偏心受拉构件中的受压钢筋，应按受压构件一侧纵向钢筋考虑；
4. 受压构件的全部纵向钢筋和一侧纵向钢筋的配筋率以及轴心受拉构件和小偏心受拉构件一侧受拉钢筋的配筋率，均应按构件的全截面面积计算；
5. 受弯构件、大偏心受拉构件一侧受拉钢筋的配筋率应按全截面面积扣除受压翼缘面积 $(b_f'-b)h_f'$ 后的截面面积计算；
6. 当钢筋沿构件截面周边布置时，“一侧纵向钢筋”是指沿受力方向两个对边中一边布置的纵向钢筋。

4. 箍筋

箍筋不但可以防止纵向钢筋压屈，而且在施工时起固定纵向钢筋位置的作用，还对混凝土受压后的侧向膨胀起约束作用，因此，柱中箍筋应做成封闭式。

箍筋间距不应大于 400 mm 及构件截面的短边尺寸，且不应大于 15d(d 为纵向受力钢筋的最小直径)。

箍筋直径，当采用热轧钢筋时，不应小于 $d/4$ (d 为纵筋的最大直径)和6 mm。当柱中全部纵向受力钢筋的配筋率超过 3%时，箍筋直径不宜小于 8 mm 且应焊成封闭环式，其间距不应大于 10d(d 为纵向受力钢筋的最小直径)和 200 mm。

箍筋形式根据截面形式、尺寸及纵向钢筋根数确定。

当柱的截面短边不大于 400 mm 且每边的纵筋不多于 4 根时，可采用单个箍筋；当柱的截面短边大于 400 mm 且每边的纵筋多于 3 根时，或当柱截面的短边不大于 400 mm 但各边纵筋多于 4 根时，应设置复合箍筋，如图 2.2.2 所示。

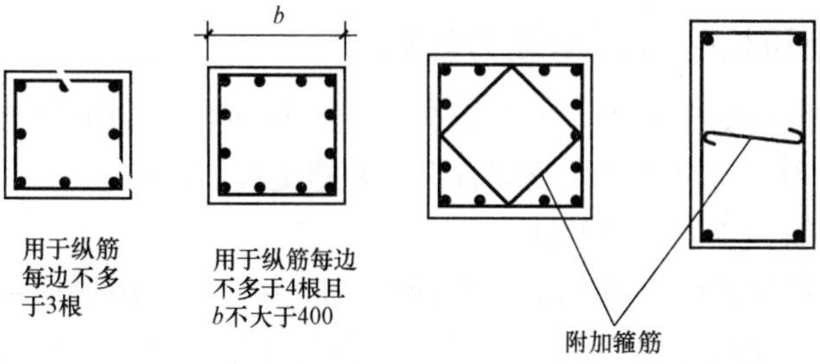

图 2.2.2　柱的箍筋配置

配有螺旋式或焊接环式间接钢筋的柱中，如计算中考虑间接钢筋的作用，则间接钢筋的间距不应大于 80 mm 及 $d_{cor}/5$(d_{cor} 为按间接钢筋内表面确定的核心截面直径)，且不宜小于 40 mm。

其他截面形式柱的箍筋如图 2.2.3 所示，但不允许采用有内折角的箍筋，避免产生外拉力，使折角处混凝土破坏。

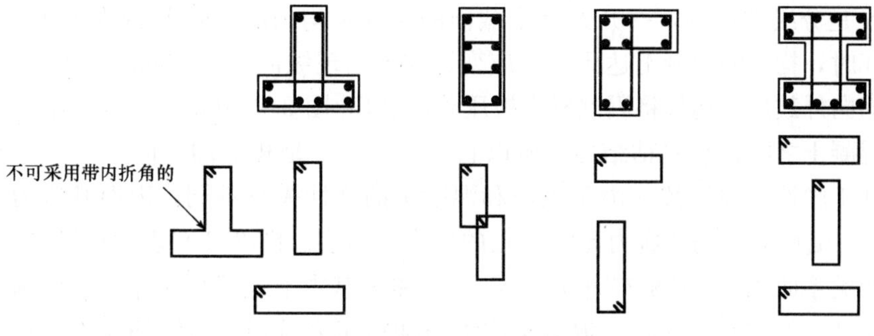

图 2.2.3　其他截面形式柱的箍筋

5. 上、下层柱纵筋的搭接

在多层房屋中，柱内纵筋接头位置一般设在各层楼面处，通常是将下层柱的纵筋伸出

楼面一段长度 l_1，以备与上层柱的纵筋搭接。不加焊的受拉钢筋搭接长度 l_1 不应小于 $1.2l_a$，且不应小于 300 mm；受压钢筋的搭接长度 l_1 不应小于 $0.7l_a$，且不应小于 200 mm，如图 2.2.4 所示。

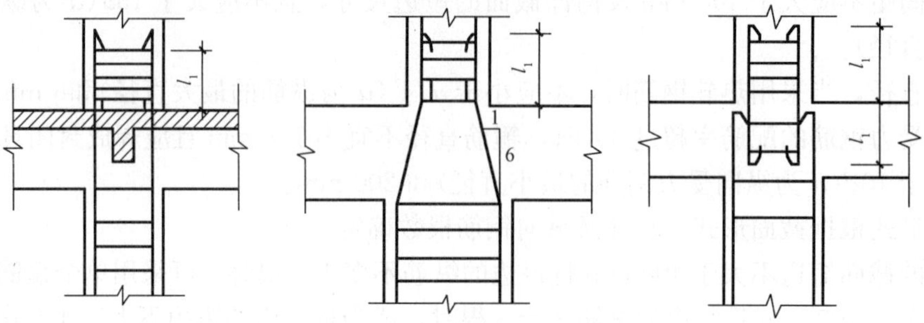

图 2.2.4　上下层柱纵筋的搭接

2.2.2　轴心受压构件截面承载力计算

柱是最具有代表性的受压构件，钢筋混凝土受压柱按配置的箍筋形式不同，可分为两种类型，即配有纵筋和普通箍筋的柱及配有纵筋和螺旋箍筋的柱。

下面介绍配有纵筋和普通箍筋的柱。

该类柱是工程中最常见的一种形式。其截面一般为方形、矩形或圆形。纵筋的作用是帮助混凝土承担压力，同时还承担由于荷载的偏心而引起的弯矩。箍筋的作用是与纵筋形成空间骨架，防止纵筋向外压屈且对核心部分的混凝土起到约束作用。

(1)钢筋混凝土轴心受压柱的破坏形态。为了正确建立钢筋混凝土轴心受压构件的承载力计算公式，必须先明确轴心力作用下钢筋混凝土轴心受压构件的破坏过程，以及混凝土和钢筋的受力状态。

受压柱根据长细比的不同，分为短柱和长柱。短柱指的是长细比 $l_0/b \leqslant 8$(矩形截面，b 为截面较小边长)或 $l_0/i \leqslant 28$(i 为截面回转半径)的柱。

图 2.2.5(a)所示为配有纵筋和普通箍筋的矩形截面的钢筋混凝土短柱，受到轴心力 N 的作用。N 是分级加荷的，一开始整个截面的应变是均匀的。随着 N 的增加，应变也增加。临破坏时，构件的混凝土达到极限应变，柱子出现纵向裂缝，混凝土保护层剥落，接着纵向钢筋向外鼓出，构件将因混凝土被压碎而破坏[图 2.2.5(b)]。在此加荷试验中，因为钢筋与混凝土之间存在着粘结力，所以它们的压应变是相等的，即 $\varepsilon_c = \varepsilon_s$。当加荷较小时，构件处于弹性工作阶段，由于钢筋和混凝土的弹性模量不同，因而其应力也不相等，$\sigma_s' = \varepsilon_s E_s$，$\sigma_c = \varepsilon_c E_c$，钢筋的应力比混凝土的应力大得多。图 2.2.6 表示钢筋和混凝土的应力与荷载的关系曲线，当荷载较小时，N 与 σ_c 和 σ_s' 基本上是线性关系。随着荷载的增加，混凝土的塑性变形有所发展，故混凝土应力增加得越来越慢，而钢筋应力增加要快得多。当短柱破坏时，一般是纵筋先达到屈服强度，此时混凝土的极限应变为 0.002，也即认为此时混凝土达到轴心抗压强度，而相应的纵向钢筋应力值为 $\sigma_s' = 2 \times 10^5 \times 0.002 = 400(\mathrm{N/mm^2})$，对于热轧钢筋已达到屈服强度，但对于屈服强度超过 400 $\mathrm{N/mm^2}$ 的钢筋，其受压强度设计值只能取 $f_y' = 400\ \mathrm{N/mm^2}$，因此，在普通受压构件中采用高强度钢筋作为

受压钢筋不能充分发挥其高强度的作用，是不经济的。

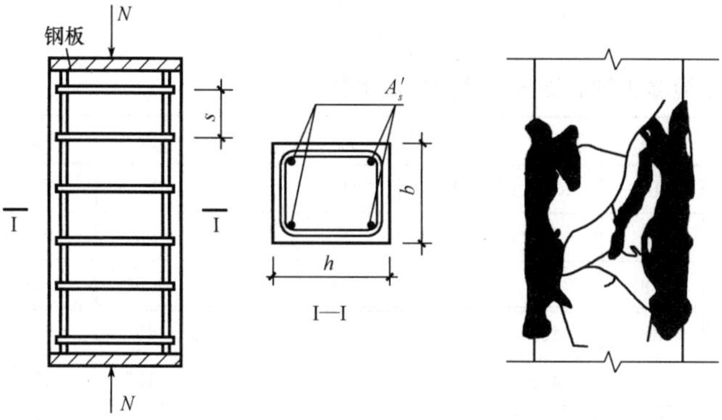

(a)　　　　(b)

图 2.2.5　轴心受压短柱的破坏试验

(a)轴心受压短柱试件；(b)轴心受压短柱的破坏形态

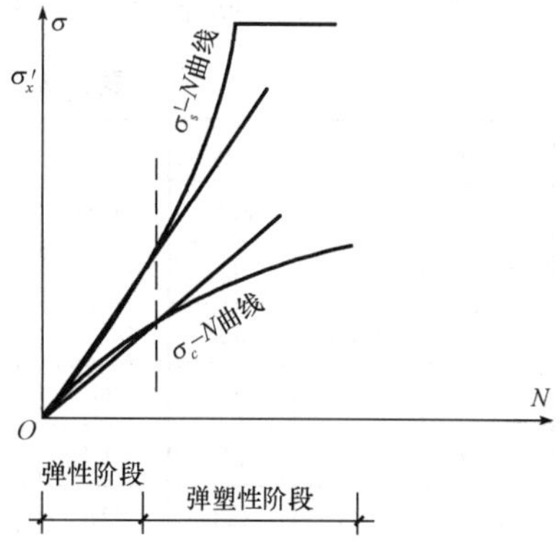

图 2.2.6　应力与荷载的关系曲线

对于长细比较大的长柱在轴心力的作用下，由于各种因素造成的初始偏心距的影响是不可忽视的，而且由于该初始偏心距，使构件产生的水平挠度又将加大原来的初始偏心距，这样相互影响的结果，促使了构件截面破坏较早到来，导致承载力的降低。试验表明，柱的长细比越大，其承载力越低。当长细比很大时，还可能发生失稳破坏。

(2)轴心受压构件承载力计算公式。根据上述试验分析，短柱的正截面承载力计算公式可写成

$$N_s = f_c A + f'_y A'_s \tag{2.43}$$

式中　A——构件截面面积；

A'_s——全部纵向钢筋截面面积；

f_c——混凝土轴心抗压强度设计值；

f'_y——纵向受压钢筋抗压强度设计值；

N_s——短柱的承载能力。

实验测得，同等条件下(截面相同、配筋相同、材料相同)，长柱承载力低于短柱承载力，而且长细比越大，承载力越低，因此，在确定轴心受压构件承载力计算公式时，通常采用稳定系数 φ 表示长柱承载力的降低程度，即

$$\varphi = \frac{N_l}{N_s} \tag{2.44}$$

将式(2.43)代入式(2.44)，可得出长柱正截面的承载力计算公式：

$$N_l = \varphi N_s = \varphi(f_c A + f'_y A'_s) \tag{2.45}$$

考虑到构件为非弹性匀质体及施工中人为误差等因素引起构件截面形心与质量形心有可能不一致而导致截面上应力分布的不均匀性，另外，还考虑与偏心受压柱正截面承载力有相近的可靠度，《混凝土结构设计规范(2015 年版)》(GB 50010—2010)通过对承载力乘以 0.9 的方法修正这些因素对构件承载力的影响。因此，配有纵筋和普通箍筋的钢筋混凝土轴心受压柱正截面承载力计算公式为

$$N \leqslant 0.9\varphi(f_c A + f'_y A'_s) \tag{2.46}$$

式中　N——轴心压力设计值；

φ——钢筋混凝土构件稳定系数，按表 2.2.2 采用。

当纵向钢筋配筋率大于 3%时，式(2.46)中的 A 应为 $A-A_s'$ 所代替。

表 2.2.2 钢筋混凝土轴心受压构件的稳定系数

l_0/b	≤8	10	12	14	16	18	20	22	24	26	28
l_0/d	≤7	8.5	10.5	12	14	15.5	17	19	21	22.5	24
l_0/i	≤28	35	42	48	55	62	69	76	83	90	97
φ	1.00	0.98	0.95	0.92	0.87	0.81	0.75	0.70	0.65	0.60	0.56
l_0/b	30	32	34	36	38	40	42	44	46	48	50
l_0/d	26	28	29.5	31	33	34.5	36.5	38	40	41.5	43
l_0/i	104	111	118	125	132	139	146	153	160	167	174
φ	0.52	0.48	0.44	0.40	0.36	0.32	0.29	0.26	0.23	0.21	0.19
注：表中 l_0 为构件的计算长度，b 为矩形截面的短边尺寸，d 为圆形截面的直径，i 为截面的最小回转半径。											

表 2.2.2 中的 φ 值是根据构件在两端为不动铰支承的条件下由试验得到的，而柱的计算长度 l_0 与柱两端的支承情况有关。《混凝土结构设计规范(2015 年版)》(GB 50010—2010)规定柱的计算长度 l_0 按下列情况采用：

1)一般多层房屋的钢筋混凝土框架结构各层柱的计算长度。

现浇楼盖：底层柱 $l_0=1.0H$；其余各层柱 $l_0=1.25H$。

装配式楼盖：底层柱 $l_0=1.25H$；其余各层柱 $l_0=1.5H$。

2)无侧移钢筋混凝土框架结构各层柱的计算长度。

无侧移钢筋混凝土框架结构，当为三跨或三跨以上，或为两跨且房屋的总宽度不小于总高度的 1/3 时，其各层框架柱的计算长度为：现浇楼盖，$l_0=0.7H$；装配式楼盖，$l_0=1.0H$。

以上规定中，对底层柱，H 为基础顶面到一层楼盖顶面之间的距离；对其余各层柱，H 为上、下两层楼盖顶面之间的距离。

(3)承载力计算方法。轴心受压构件的承载力计算问题可以归纳为截面设计和截面复核两大类。

1)截面设计。

已知轴向设计力 N，构件的计算长度 l_0，材料强度等级。设计构件的截面尺寸和配筋。

分析：为求构件的截面尺寸和配筋，必须用式(2.46)求解，但此时 A、A_s'、φ 等均为未知数，满足式(2.46)的解有很多组，故可用试算法求解，步骤如下。

①初步估算截面尺寸。假设 $\varphi=1$，$\rho'=1\%$(建议 ρ' 选在 0.5%～2%范围内)，估出 $A=\dfrac{N}{0.9\varphi(f_c+\rho' f_y')}$，求出截面尺寸。

②求稳定系数 φ。根据计算长度 l_0 与截面的短边尺寸之比值查表 2.2.2 确定。

③求纵筋面积 A_s'。代入式(2.46)求出。

④验算配筋率 ρ'，检查是否符合 $\rho'\in[\rho_{min}，\rho_{max}]$。如果计算出来的配筋率不符合 $\rho'\in[\rho_{min}，\rho_{max}]$，可调整截面尺寸后重新计算。

⑤选配钢筋。

［**例题 2.7**］ 已知某现浇楼盖的多层框架结构房屋，二层层高为 3.6 m，安全等级为二级，$\gamma_0=1$，通过内力计算得知二层中柱的轴向压力设计值 $N=2\ 420$ kN(包括自重)。混凝土强度等级采用 C25，HRB335 级钢筋，$f_c=11.9\ \text{N/mm}^2$，$f_y'=300\ \text{N/mm}^2$，试设计此柱的截面及配筋。

解 ①确定截面尺寸。

假设 $\varphi=1$，$\rho'=1.5\%$，则

$$A=\frac{N}{0.9\varphi(f_c+\rho' f_y')}=\frac{2\ 420\times10^3}{0.9\times1\times(11.9+1.5\%\times300)}=164\ 000(\text{mm}^2)$$

采用正方形截面 $A=b\times h=400\ \text{mm}\times400\ \text{mm}$。

②求稳定系数 φ。

$$l_0/b=1.25\times3.6/0.4=11.25$$

查表 2.2.2 插值得 $\varphi=0.961$。

③求纵筋面积 A_s'。

$$A_s'=\frac{\dfrac{\gamma_0 N}{0.9\varphi}-f_cA}{f_y'}=\frac{1.0\times2\ 420\times10^3\div(0.961\times0.9)-11.9\times400\times400}{300}=2\ 980(\text{mm}^2)$$

④选配钢筋。

纵筋：选用 8Φ22，实配 $A_s'=3\ 041\ \text{mm}^2$，$\rho'=\dfrac{A_s'}{A}=\dfrac{3\ 041}{160\ 000}=1.9\%<3\%$；

箍筋：按构造要求选用 Φ8@300。

⑤截面配筋图如图 2.2.7 所示。

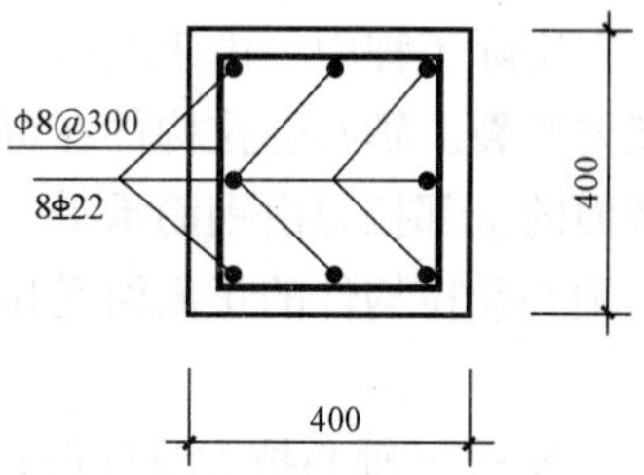

图 2.2.7 例题 2.7 截面配筋图

2)截面复核。

已知截面尺寸和配筋、构件的计算长度 l_0、材料强度等级。

求构件所能承担的轴向压力或验算截面在已知轴向力作用下是否安全。

分析：若求轴向压力设计值，则可代入式(2.46)。若验算截面在已知轴向力作用下是否安全，则把代入式(2.46)求出的 N 与已知轴向力比较，如果是求出的 N 大，则安全；反之，则不安全。

［**例题 2.8**］ 某现浇底层钢筋混凝土轴心受压柱，其截面尺寸 $b\times h=400\ \text{mm}\times500\ \text{mm}$，该柱承受的轴力设计值 $N=2\ 500$ kN，柱高为 4.4 m，采用强度等级为 C30 混凝土，HRB400 级受力钢筋，已知 $f_c=14.3\ \text{N/mm}^2$，$f_y'=360\ \text{N/mm}^2$，$a_s=35$ mm，配置有纵向受力钢筋面积 1 256 mm²，试验算截面是否安全。

解 ①确定稳定系数 φ。

$$l_0=1.0H=1\times4.4=4.4(\text{m})$$
$$l_0/b=4\ 400/400=11$$

查表 2.2.2 得 $\varphi=0.965$。

②确定柱截面承载力。

$$A=400\times500=200\ 000(\text{mm}^2)$$

$$A_s'=1\ 256\ \text{mm}^2,\ \rho'=\frac{A_s'}{A}=\frac{1\ 256}{200\ 000}=0.628\%<3\%$$

$$N_u=0.9\varphi(f_cA+A_s'f_y')=0.9\times0.965\times(14.3\times200\ 000+1\ 256\times360)$$

$$=2\ 876.6\times10^3(\text{N})=2\ 876.6\ \text{kN}>N=2\ 500\ \text{kN}$$

故此柱截面安全。

2.3 受拉构件、受扭构件

受拉构件根据轴向作用力的位置，可分为轴心受拉构件和偏心受拉构件。当纵向拉力作用点与截面形心重合时，称为轴心受拉构件；当纵向拉力作用点与截面形心不重合时，称为偏心受拉构件。

对于钢筋混凝土桁架、拱的拉杆等，当自重和节点位移引起的弯矩很小时，可近似地按轴心受拉构件计算。另外，承受内压力的圆管壁和圆形水池的池壁等，也常常按轴心受拉构件计算。而矩形水池壁、矩形剖面的料仓墙壁以及工业厂房中的双肢柱的肢杆等，则属于偏心受拉构件。

2.3.1 轴心受拉构件

在实际工程中，由于混凝土抗拉强度很低，所以当构件所能承受的拉力不大时，混凝土就要开裂。轴心受拉构件在混凝土开裂前，混凝土与钢筋共同承受拉力；开裂以后，裂缝截面的全部拉力由钢筋承受。当钢筋应力达到屈服强度时，构件达到其极限承载力。因此，轴心受拉构件的正截面受拉承载力计算公式为

$$N\leqslant f_yA_s \tag{2.47}$$

式中 N—— 轴心拉力设计值；

f_y——钢筋的抗拉强度设计值；

A_s——受拉钢筋的全部截面面积。

［**例题 2.9**］ 某钢筋混凝土屋架下弦，截面尺寸为 200 mm×140 mm，混凝土强度等级为 C30，纵向钢筋为 HRB335 级，承受轴向拉力设计值 $N=220$ kN。试求钢筋截面面积。

解 可直接按式(2.47)计算纵向钢筋截面面积 A_s，查得 $f_y=300\ \text{N/mm}^2$。

由式(2.47)得

$$A_s=\frac{N}{f_y}=\frac{220\times10^3}{300}=730(\text{mm}^2)$$

$$0.45\frac{f_t}{f_y}=\frac{0.45\times1.43}{300}=0.214\ 5\%>0.2\%$$

双侧全部钢筋的最小配筋率

$$0.214\ 5\%\times2=0.429\%$$

$$\rho_{\min}bh=0.429\%\times200\times140=120(\text{mm}^2)<A_s=733\ \text{mm}^2$$

满足最小配筋率要求。

则选用 4Φ16($A_s=806\ \text{mm}^2$)。

2.3.2 受扭构件

凡是在构件截面中有扭矩作用的构件，都称为受扭构件。扭转是结构承受的五种基本受力状态之一。受扭构件是钢筋混凝土结构中常见的构件形式，例如，钢筋混凝土雨篷梁、

钢筋混凝土框架的边梁，以及工业厂房中吊车梁等，均属受扭构件(图 2.3.1)。在这些构件中，承受纯扭矩作用的构件很少，大多数情况下都是同时承受扭矩、弯矩及剪力的作用，即一般都是扭转和弯曲同时发生。

钢筋混凝土结构构件的扭转，根据其扭转形成的原因，可以分为两种类型：一是平衡扭转；二是协调扭转或称为附加扭转。若构件中的扭转由荷载直接引起，其值可由平衡条件直接求出，此类扭转称为平衡扭转，如砌体结构中支撑悬臂板的雨篷梁[图 2.3.1(a)]。另一类是超静定结构中由于变形的协调使截面产生的扭转，称为协调扭转[图 2.3.1(b)、(c)]。对于前者，构件承受的扭矩大小可以由静力计算得出；对于后者，则较复杂，需要内力重分布，扭矩的计算必须考虑各受力阶段构件的刚度比不是一个定值。

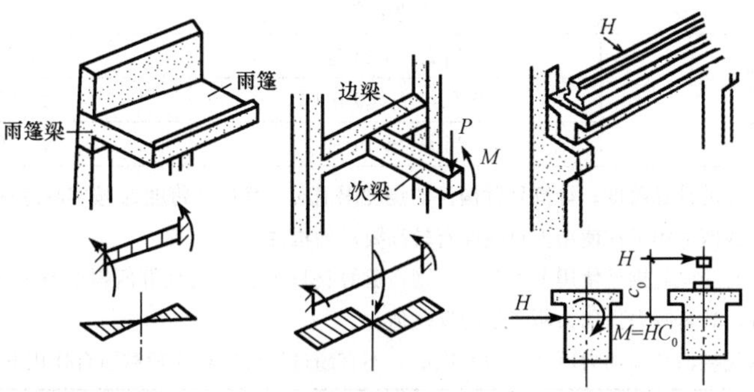

图 2.3.1　常见受扭构件的工程实例

(a)平衡扭转；(b)、(c)协调扭转

对属于协调扭转的钢筋混凝土构件，目前的《混凝土结构设计规范(2015 年版)》(GB 50010—2010)对设计方法明确了以下两点：

(1)支承梁(框架边梁)的扭矩值采用考虑内力重分布的分析方法。将支承梁按弹性分析所得的梁端扭矩内力设计值进行调整。

根据国内的试验研究：支承梁、柱为现浇的整体式结构，梁上板为预制板时，梁端扭矩调幅系数 β 不超过 0.4；支承梁、板柱为现浇整体式结构时，结构整体性较好，现浇板通过受弯、扭的形式承受支承梁的部分扭矩，故梁端扭矩调幅系数可适当增大。

(2)考虑内力重分布后的支承梁，仍应按弯剪扭构件进行承载力计算，其配置的纵向钢筋和箍筋尚应符合构造要求。

2.4　裂缝与变形、耐久性

2.4.1　概述

为保证钢筋混凝土构件能安全使用，必须对其进行承载力计算；除此以外，还应根据结构构件的工作环境和使用条件，对其进行正常使用极限状态的验算，即验算裂缝宽度和变形。因为构件裂缝过宽会影响观瞻并引起人们不安；在有侵蚀介质的环境下使钢筋锈蚀而影响其耐久性，而构件变形过大，将影响正常使用，故应通过验算使裂缝宽度和变形不超过规定限值。

《混凝土结构设计规范(2015 年版)》(GB 50010—2010)规定：

(1)受弯构件的挠度，应满足下列条件：

$$f_{max} \leqslant [f] \tag{2.48}$$

式中 f_{max}——受弯构件的最大挠度，应按荷载效应的准永久组合并考虑长期作用影响进行计算；

$[f]$——受弯构件的挠度限值，按表 2.4.1 采用。

表 2.4.1 受弯构件的挠度限值

构件类型		挠度限值
吊车梁	手动吊车	$l_0/500$
	电动吊车	$l_0/600$
屋盖、楼盖及楼梯构件	当 $l_0<7$ m 时	$l_0/200(l_0/250)$
	当 $7\text{m}\leqslant l_0\leqslant 9$ m 时	$l_0/250(l_0/300)$
	当 $l_0>9$ m 时	$l_0/300(l_0/400)$

注：1. 表中，l_0 为构件的计算跨度；计算悬臂构件的挠度限值时，其计算跨度 l_0 按实际悬臂长度的 2 倍取用。

2. 表中括号内的数值适用于在使用上对挠度有较高要求的构件。

3. 如果构件制作时预先起拱且使用上也允许，则在验算挠度时，可将计算所得的挠度值减去起拱值；对预应力混凝土构件，尚可减去预加力所产生的反拱值。

4. 构件制作时的起拱值和预加力所产生的反拱值，不宜超过构件在相应荷载组合作用下的计算挠度值。

(2)钢筋混凝土构件的裂缝宽度，应满足下列条件：

$$w_{max} \leqslant w_{lim} \tag{2.49}$$

式中 w_{max}——按荷载效应的准永久组合并考虑长期作用影响的最大裂缝宽度；

w_{lim}——裂缝宽度限值，按表 2.4.2 采用。

表 2.4.2 结构构件的裂缝控制等级及最大裂缝宽度限值 mm

环境类别	钢筋混凝土结构		预应力混凝土结构	
	裂缝控制等级	w_{lim}	裂缝控制等级	w_{lim}
一	三级	0.30(0.40)	三级	0.20
二 a		0.20		0.10
二 b			二级	—
三 a、三 b			一级	—

注：1. 对处于年平均相对湿度小于 60%地区一类环境下的受弯构件，其最大裂缝宽度限值可采用括号内的数值。

2. 在一类环境下，对钢筋混凝土屋架、托架及需作疲劳验算的吊车梁，其最大裂缝宽度限值应取为 0.20 mm；对钢筋混凝土屋面梁和托梁，其最大裂缝宽度限值应取 0.30 mm。

3. 在一类环境下，对预应力混凝土屋架、托架及双向板体系，应按二类裂缝控制等级进行验算；对一类环境下的预应力混凝土屋面梁、托梁、单向板，应按表中二 a 级环境的要求进行验算；在一类和二 a 类环境下需作疲劳验算的预应力混凝土吊车梁，应按裂缝控制等级不低于二级的构件进行验算。

4. 表中规定的预应力混凝土构件的裂缝控制等级和最大裂缝宽度限值仅适用于正截面的验算；预应力混凝土构件的斜截面裂缝控制验算应符合《混凝土结构设计规范(2015 年版)》(GB 50010—2010)第 7 章的有关规定。

5. 对于烟囱、筒仓和处于液体压力下的结构，其裂缝控制要求应符合专门标准的有关规定。

6. 对于处于四、五类环境下的结构构件，其裂缝控制要求应符合专门标准的有关规定。

7. 表中的最大裂缝宽度限值为用于验算荷载作用引起的最大裂缝宽度。

2.4.2 钢筋混凝土构件裂缝宽度验算

钢筋混凝土构件产生裂缝的原因主要有两个方面：一是直接作用引起的裂缝，如受弯、受拉等构件的垂直裂缝；二是间接作用引起的裂缝，如基础不均匀沉降、构件混凝土收缩、温度变化等引起的裂缝。对于后者主要是通过采用合理的结构方案和构造措施来控制。对于前者《混凝土结构设计规范(2015 年版)》(GB 50010—2010)给出了计算方法，下面着重介绍这种裂缝宽度的验算。

1. 裂缝的出现、分布和开展

现以受弯构件纯弯段为例，说明垂直裂缝的发生和分布特点。

未出现裂缝时，在纯弯段内，各截面受拉混凝土的拉应力、拉应变大致相同。由于这时钢筋和混凝土之间的粘结没有被破坏，因而钢筋拉应力、拉应变沿纯弯区段长度也大致相同。

当受拉区外边缘的混凝土达到其抗拉强度 f_t 时，由于混凝土的塑性变形，还不会马上开裂，但当受拉区外边缘混凝土在最薄弱的截面处达到其极限拉应变值后，就出现了第一批裂缝[图 2.4.1(a)]。

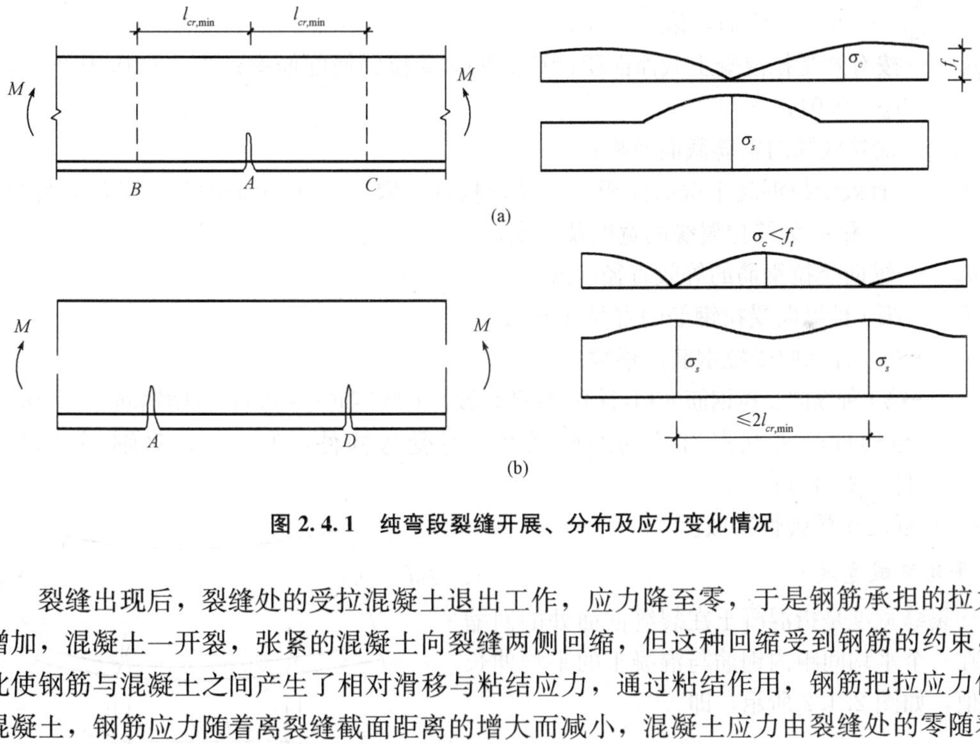

图 2.4.1 纯弯段裂缝开展、分布及应力变化情况

裂缝出现后，裂缝处的受拉混凝土退出工作，应力降至零，于是钢筋承担的拉力突然增加，混凝土一开裂，张紧的混凝土向裂缝两侧回缩，但这种回缩受到钢筋的约束，并因此使钢筋与混凝土之间产生了相对滑移与粘结应力，通过粘结作用，钢筋把拉应力传递给混凝土，钢筋应力随着离裂缝截面距离的增大而减小，混凝土应力由裂缝处的零随着离裂缝截面距离的增大而增大，当达到某一距离 $l_{cr,\min}$后，粘结应力消失，混凝土和钢筋又具有相同的拉伸应变，各自的应力又趋于均匀分布。

如图 2.4.1(b)所示，若 A、D 两点均为薄弱处，且同时出现裂缝，则 AD 段混凝土的拉应力将从 A、D 两截面处分别向中间回升，显然，在这两条裂缝之间，混凝土拉应力将小于实际混凝土抗拉强度，不足以产生新的裂缝。因此，从理论上讲，平均裂缝间距应在 $(1\sim2)l_{cr,\min}$范围内。

2. 平均裂缝间距 l_{cr}

由以上分析可知，平均裂缝间距 l_{cr} 的大小主要取决于钢筋和混凝土之间的粘结应力。它与钢筋表面积大小、钢筋表面形状、受拉区配筋率及混凝土保护层厚度等因素有关。钢筋面积相同时小直径钢筋的表面积大些，l_{cr} 就小些，钢筋表面粗糙，粘结力大，则 l_{cr} 就小些；低配筋率时 l_{cr} 较大，裂缝分布稀疏，混凝土保护层厚度越厚，和钢筋之间的相互作用力越大，l_{cr} 也越大。

《混凝土结构设计规范(2015 年版)》(GB 50010—2010)根据试验结果并参照经验，考虑不同的受力情况，采用式(2.50)计算构件的平均裂缝间距。

$$l_{cr}=\beta\left(1.9c_s+0.08\frac{d_{eq}}{\rho_{te}}\right)\nu \tag{2.50}$$

$$\rho_{te}=\frac{A_s}{A_{te}} \tag{2.51}$$

$$d_{eq}=\frac{\sum n_i d_i^2}{\sum n_i \nu_i d_i} \tag{2.52}$$

式中 c_s——最外层纵向受拉钢筋外边缘至受拉区底边的距离(mm)；当 $c_s<20$ 时，取 $c_s=20$；当 $c_s>65$ 时，取 $c_s=65$；

ρ_{te}——按有效受拉混凝土截面面积计算的纵向受拉钢筋配筋率；当 $\rho_{te}<0.01$ 时，取 $\rho_{te}=0.01$；

A_s——受拉区纵向钢筋截面面积；

A_{te}——有效受拉混凝土截面面积；对受弯构件，取 $A_{te}=0.5bh+(b_f-b)h_f$，此处，b_f 和 h_f 为受拉翼缘的宽度及高度；

d_{eq}——纵向受拉钢筋的等效直径(mm)；

d_i——第 i 种纵向受拉钢筋的直径(mm)；

n_i——第 i 种纵向受拉钢筋的根数；

ν_i——第 i 种纵向受拉钢筋的相对粘结特征系数，光圆钢筋 $\nu_i=0.7$；带肋钢筋 $\nu_i=1.0$；

β——与构件受力状态有关的经验系数，对受弯构件，$\beta=1.0$；对轴心受拉构件，$\beta=1.1$；

ν——混凝土的弹性系数。

3. 平均裂缝宽度 w

平均裂缝宽度是指混凝土在裂缝截面处的回缩量，是在一个平均间距内钢筋与混凝土的平均伸长量的差值，如图 2.4.2 所示，即

$$w=\bar{\varepsilon}_s l_{cr}-\bar{\varepsilon}_c l_{cr}=\bar{\varepsilon}_s l_{cr}\left(1-\frac{\bar{\varepsilon}_c}{\bar{\varepsilon}_s}\right) \tag{2.53}$$

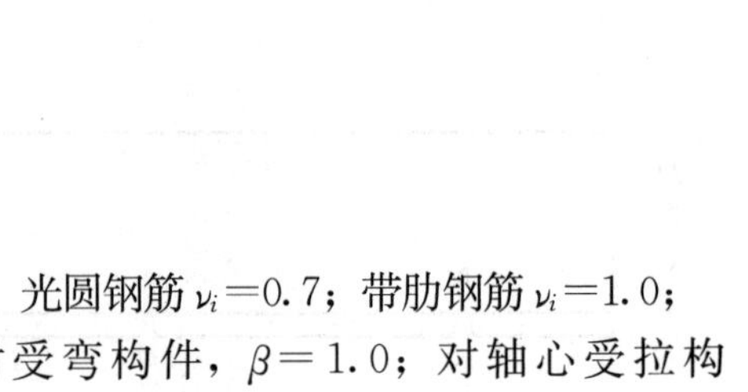

图 2.4.2 平均裂缝宽度

式中 $\bar{\varepsilon}_s$——纵向受拉钢筋的平均拉应变，考虑裂缝间纵向受拉钢筋应变的不均匀性，则 $\bar{\varepsilon}_s=\psi\frac{\sigma_s}{E_s}$；

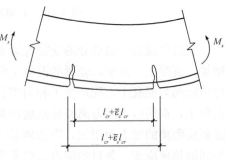

$\overline{\varepsilon_c}$——与纵向受拉钢筋相同高度处表面混凝土的平均拉应变；

ψ——裂缝间纵向受拉钢筋应变的不均匀系数，当 $\psi<0.2$ 时，取 $\psi=0.2$；当 $\psi>1$ 时，取 $\psi=1$；对直接承受重复荷载的构件，取 $\psi=1$。

受弯和轴心受拉构件按式(2.54)计算，即

$$\psi=1.1-\frac{0.65f_{tk}}{\rho_{te}\sigma_s} \tag{2.54}$$

《混凝土结构设计规范(2015 年版)》(GB 50010—2010)规定，当 $\rho_{te}<0.01$ 时，取 $\rho_{te}=0.01$。σ_s 为开裂截面钢筋应力，对轴心受拉构件，按式(2.55)计算；对受弯构件按式(2.56)计算，即

$$\sigma_s=\frac{N_q}{A_s} \tag{2.55}$$

$$\sigma_s=\frac{M_q}{0.87A_sh_0} \tag{2.56}$$

式中 N_q——按荷载准永久组合计算的轴向拉应力值；

M_q——按荷载准永久组合计算的弯矩，取计算区段内的最大弯矩；

A_s——受拉钢筋总截面面积。

令 $\alpha_c=1-\frac{\overline{\varepsilon_c}}{\overline{\varepsilon_s}}$，$\alpha_c$ 为考虑裂缝间混凝土伸长对裂缝宽度的影响系数，α_c 虽然与配筋率、截面形状和混凝土保护层厚度等因素有关，但在一般情况下，α_c 变化不大，且对裂缝开展宽度的影响也不大，为简化计算，对受弯、轴心受拉构件，均可近似取 $\alpha_c=0.85$，则

$$w=\alpha_c\psi\frac{\sigma_s}{E_s}l_{cr}=0.85\psi\frac{\sigma_s}{E_s}l_{cr} \tag{2.57}$$

4. 最大裂缝宽度 w_{max} 及其验算

最大裂缝宽度由平均裂缝宽度乘以“扩大系数”得到。“扩大系数”由试验结果的统计分析并参照使用经验确定。对“扩大系数”，主要考虑这样两种情况：一是荷载标准组合下裂缝宽度的不均匀性；二是在荷载长期作用的影响下，混凝土进一步收缩以及受拉混凝土的应力松弛和滑移徐变等导致裂缝间受拉混凝土不断退出工作，使平均裂缝宽度增大较多。

因此最大裂缝宽度 w_{max} 的计算公式为

$$w_{max}=\tau_l\tau_s w \tag{2.58}$$

式中 w——平均裂缝宽度；

τ_s——荷载标准组合下的扩大系数；

τ_l——荷载长期作用下的扩大系数。

《混凝土结构设计规范(2015 年版)》(GB 50010—2010)根据试验结果，归并相关系数后，按荷载效应的标准组合并考虑长期作用的影响，确定其最大裂缝宽度可按下列公式计算：

$$w_{max}=\alpha_{cr}\psi\frac{\sigma_s}{E_s}\left(1.9c_s+0.08\frac{d_{eq}}{\rho_{te}}\right) \tag{2.59}$$

式中，α_{cr} 为构件受力特征系数，对钢筋混凝土构件有：轴心受拉构件，$\alpha_{cr}=2.7$；偏心受拉构件，$\alpha_{cr}=2.4$；受弯和偏心受压构件，$\alpha_{cr}=1.9$。

由式(2.59)求得的最大裂缝宽度，不得超过裂缝限值(表 2.4.2)。

[**例题 2.10**] 处于室内正常环境下的钢筋混凝土矩形截面简支梁，截面尺寸 $b\times h=200\ \text{mm}\times 500\ \text{mm}$，配置 HRB335 级钢筋 4Φ16，混凝土强度等级为 C20，保护层厚度 $c=25\ \text{mm}$。跨中截面弯矩 $M_q=79.97\ \text{kN}\cdot\text{m}$，试验算梁的最大裂缝宽度。

解 $h_0=500-35=465(\text{mm})$

查表得 $f_{tk}=1.54\ \text{N/mm}^2$，$E_s=2.0\times10^5\ \text{N/mm}^2$。

由于该梁处于室内正常环境，查表 2.4.2，构件的使用环境类别为一类，其最大裂缝宽度限值 $w_{\lim}=0.3\ \text{mm}$。

$A_s=804\ \text{mm}^2$，$A_{te}=0.5bh=50\ 000\ \text{mm}^2$

$$\rho_{te}=\frac{A_s}{A_{te}}=\frac{804}{50\ 000}=0.016>0.01$$

$$\sigma_s=\frac{M_q}{0.87A_sh_0}=\frac{79.97\times10^6}{0.87\times804\times465}=245.9(\text{N/mm}^2)$$

按式(2.54)计算：

$$\psi=1.1-\frac{0.65f_{tk}}{\rho_{te}\sigma_s}=1.1-\frac{0.65\times1.54}{0.016\times245.9}=0.846>0.2，取\ \psi=0.846。$$

由于梁内只配置一种变形钢筋，钢筋的相对粘结特性系数 $\nu=1.0$，所以 $d_{eq}=d=16\ \text{mm}$。

$$\begin{aligned}w_{\max}&=\alpha_{cr}\psi\frac{\sigma_s}{E_s}\left(1.9c_s+0.08\frac{d_{eq}}{\rho_{te}}\right)\\&=2.1\times0.846\times\frac{244.8}{2.0\times10^5}\times(1.9\times25+0.08\times16\div0.016)\\&=0.28<w_{\lim}=0.3(\text{mm})\end{aligned}$$

说明该梁在正常使用阶段的最大裂缝宽度满足规范要求。

2.4.3 钢筋混凝土受弯构件挠度验算

1. 截面弯曲刚度

由力学可知，匀质弹性材料受弯构件的跨中挠度

$$f=S\frac{M}{EI}l_0^2\quad 或\quad f=S\phi l_0^2 \tag{2.60}$$

式中 f——梁中最大挠度；

S——与荷载形式、支承条件有关的挠度系数，如均布荷载时，$S=\frac{5}{48}$，集中荷载时，$S=\frac{1}{12}$；

l_0——梁的计算跨度；

EI——梁的截面抗弯刚度；

ϕ——截面曲率，即单位长度上的转角，$\phi=\frac{M}{EI}$。

由 $EI=M/\phi$ 可知，截面抗弯刚度的物理意义就是使截面产生单位曲率需要施加的弯矩值，它体现了截面抵抗弯曲变形的能力。

对于理想的均质弹性材料，当梁的截面形状、尺寸和材料确定时，梁的截面弯曲刚度

EI 是一个常数。因此，弯矩与挠度或者弯矩与曲率之间都是始终不变的正比例关系，如图 2.4.3 中虚线所示。

但由于钢筋混凝土不是匀质弹性材料，且钢筋混凝土受弯构件正常使用时是带裂缝工作的，在裂缝出现后弯矩与挠度的关系如图 2.4.3 中实线所示，截面抗弯刚度是随弯矩的增大而减小，所以，截面抗弯刚度是一个变量。

试验结果表明，钢筋混凝土受弯构件在长期荷载的作用下，由于混凝土徐变等因素，构件的刚度还将随着时间的增长而减小。

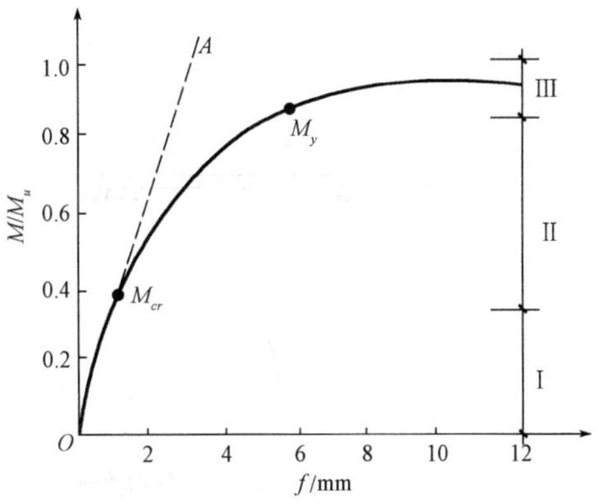

图 2.4.3　梁的 $M-f$ 关系

因此，钢筋混凝土受弯构件的挠度计算问题，关键在于截面抗弯刚度的取值。为了与匀质弹性材料的截面抗弯刚度 EI 相区别，《混凝土结构设计规范(2015 年版)》(GB 50010—2010)用 B 表示钢筋混凝土受弯构件的截面抗弯刚度，并用 B_s 表示在荷载效应标准组合短期作用下的抗弯刚度，简称“短期刚度”，用 B 表示考虑在荷载长期作用影响后的抗弯刚度，简称“长期刚度”。

2. 短期刚度 B_s

截面弯曲刚度不仅随荷载的增大而减小，而且还将随荷载作用时间的增长而减小。

(1)平均曲率 ϕ。图 2.4.4(a)所示为一承受两个对称集中荷载的简支梁的纯弯段。它在荷载短期效应组合作用下，受拉区产生裂缝，处于第Ⅱ工作阶段——带裂缝工作阶段，此时的钢筋和混凝土的应力—应变情况如下。

1)受拉钢筋的应变沿梁长分布不均匀，因为裂缝截面处混凝土退出工作，拉力全由钢筋承担[图 2.4.4(e)]，而裂缝间钢筋和混凝土一起工作[图 2.4.4(f)]，所以裂缝截面处最大，裂缝间为曲线变化。

$$\overline{\varepsilon_s}=\psi\varepsilon_s \tag{2.61}$$

式中　$\overline{\varepsilon_s}$——裂缝截面间钢筋的平均应变；

ε_s——裂缝截面处钢筋的应变；

ψ——裂缝间纵向受拉钢筋应变的不均匀系数，反映受拉区混凝土参加工作的程度，$\psi\leqslant1$。

2)受压区边缘混凝土的压应变沿梁长也呈不均匀分布。与受拉区相对应，裂缝截面处偏大，裂缝间略小，为曲线变化，但波动幅度比受拉区钢筋应变波动幅度小得多，在计算时只可取混凝土平均应变 $\overline{\varepsilon_c}=\varepsilon_c$。

3)沿梁长受压区高度 x 值是变化的，中和轴高度呈波浪形变化，裂缝截面处中和轴高度最小；为简便起见，计算时取受压区高度 x 的平均值 $\overline{x}$ 和平均中和轴。根据平均中和轴得到的截面称为“平均截面”。平均截面的应变即为 $\overline{\varepsilon_s}$ 和 $\overline{\varepsilon_c}$。

4)平均应变沿梁截面高度的变化符合平截面假定，如图 2.4.4(c)所示。

由于平均应变符合平截面的假定，由图 2.4.4(b)、(c)可得平均曲率

$$\phi=\frac{1}{r}=\frac{\overline{\varepsilon_s}}{h_0-\overline{x}}=\frac{\overline{\varepsilon_s}+\overline{\varepsilon_c}}{h_0} \tag{2.62}$$

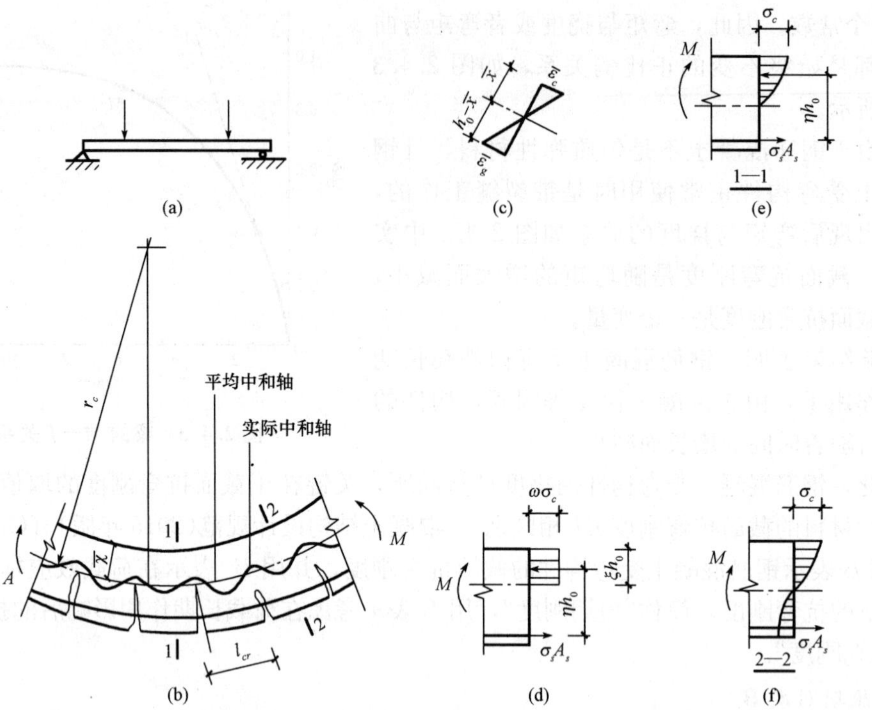

图 2.4.4　纯弯段裂缝出现后应力—应变分布

式中　r——与平均中和轴相应的平均曲率半径；

　　h_0——截面的有效高度。

因此，短期刚度

$$B_s=\frac{M_k}{\phi}=\frac{M_k h_0}{\bar{\varepsilon}_s+\bar{\varepsilon}_c} \tag{2.63}$$

式中，M_k 为按荷载效应标准组合计算的弯矩值。

(2)平均截面的应变$\bar{\varepsilon}_s$和$\bar{\varepsilon}_c$。在荷载效应的标准组合作用下，平均截面的纵向受拉钢筋重心处的拉应变$\bar{\varepsilon}_s$和受压区边缘混凝土的压应变$\bar{\varepsilon}_c$按下式计算：

$$\bar{\varepsilon}_s=\psi\varepsilon_s=\psi\frac{\sigma_s}{E_s} \tag{2.64}$$

$$\bar{\varepsilon}_c=\varepsilon_c=\frac{\sigma_c}{E_c'}=\frac{\sigma_c}{\nu E_c} \tag{2.65}$$

式中　σ_s，σ_c——按荷载效应的标准组合作用计算的裂缝截面处纵向受拉钢筋重心处的拉应力和受压区边缘混凝土的压应力；

　　E_c'，E_c——混凝土的变形模量和弹性模量；

　　ν——混凝土的弹性特征值。

(3)平均截面的弯矩和应力的关系。为简化计算，把图 2.4.4(e)等效于图 2.4.4(d)，等效混凝土的应力为 $\omega\sigma_c$，受压区高度为 ξh_0，内力臂为 ηh_0。

对受拉区合力点取矩，得

$$\sigma_c=\frac{M_k}{\xi\omega\eta b h_0^2} \tag{2.66}$$

对受压区合力点取矩，得 $$\sigma_s=\frac{M_k}{A_s\eta h_0} \tag{2.67}$$

式中 ω——压应力图形丰满程度系数；

η——裂缝截面处内力臂长度系数，取 $\eta=0.87$。

(4)短期刚度 B_s 的一般表达式。将式(2.64)至式(2.67)代入式(2.63)，得

$$B_s=\frac{1}{\frac{\psi}{A_s\eta h_0^2E_s}+\frac{1}{\xi\omega\eta\nu bh_0^3E_c}}$$

令 $\zeta=\xi\omega\eta\nu$，称为混凝土受压区边缘平均应变综合系数，又引入 $\alpha_E=\frac{E_s}{E_c}$，$\rho=\frac{A_s}{bh_0}$，并对分子分母同乘以 $E_sA_sh_0{}^2$，整理得

$$B_s=\frac{E_sA_sh_0{}^2}{\frac{\psi}{\eta}+\frac{\alpha_E\rho}{\zeta}} \tag{2.68}$$

根据试验分析表明，$\frac{\alpha_E\rho}{\zeta}$按下式计算：

$$\frac{\alpha_E\rho}{\zeta}=0.2+\frac{6\alpha_E\rho}{1+3.5\gamma_f'} \tag{2.69}$$

式中 γ_f'——受压区翼缘与腹板有效面积的比值，$\gamma_f'=\frac{(b_f'-b)h_f'}{bh_0}$，其中，$b_f'$、$h_f'$分别为受压区翼缘的宽度、高度。当 $h_f'>0.2h_0$ 时，取 $h_f'=0.2h_0$。

将式(2.69)及 $\eta=0.87$ 代入式(2.68)，则得钢筋混凝土受弯构件短期刚度 B_s 的计算公式

$$B_s=\frac{E_sA_sh_0{}^2}{1.15\psi+0.2+\frac{6\alpha_E\rho}{1+3.5\gamma_f'}} \tag{2.70}$$

3. 长期刚度 B

在实际工程中，总有部分荷载长期作用在构件上，在荷载长期作用下，构件截面抗弯刚度将会降低，致使构件的挠度增大。因此，计算挠度时必须采用按荷载效应的标准组合并考虑长期作用影响的刚度 B。

在荷载长期作用下，受压混凝土将产生徐变，即荷载不增加而变形却随时间增长。此外，混凝土的收缩和粘结滑移徐变也会使曲率增大。因此，随着时间的推移，构件的刚度将会降低，而挠度将会增大。

《混凝土结构设计规范(2015 年版)》(GB 50010—2010)采用挠度增大系数 θ 来表示荷载长期作用对构件挠度增大的影响，对钢筋混凝土构件，其值按式(2.71)计算：

$$\theta=2.0-0.4\frac{\rho'}{\rho} \tag{2.71}$$

式中 θ——荷载长期作用对挠度增大的影响系数；

ρ——纵向受拉钢筋的配筋率，其值为 $A_s/(bh_0)$；

ρ'——纵向受压钢筋的配筋率，其值为 $A_s'/(bh_0)$。

当 $\rho'=0$ 时，$\theta=2.0$，当 $\rho'=\rho$ 时，$\theta=1.6$；当 ρ' 为中间数值时，θ 按直线内插取用；对

翼缘位于受拉区的倒 T 形截面，θ 应增加 20%。

设梁在 M_q（按荷载效应的准永久组合计算的弯矩）作用下的短期挠度为 f_1，则在 M_q 的长期作用下梁的挠度增为 θf_1，当施加全部可变荷载后，在弯矩增量 (M_k-M_q) 作用下的短期刚度为 f_2，则梁在 M_k 作用下总的挠度为 θf_1+f_2。根据式(2.60)，则有

$$f=\theta f_1+f_2=\theta s\frac{M_q l_0^2}{B_s}+s\frac{(M_k-M_q)l_0^2}{B_s}=s\frac{[M_k+(\theta-1)M_q]l_0^2}{B_s}$$

如果上式仅用刚度 B 表达时，有

$$f=s\frac{M_k l_0^2}{B}$$

则刚度 B 的计算公式为

$$B=\frac{M_k}{M_q(\theta-1)+M_k}B_s \tag{2.72}$$

式中 M_k——按荷载效应的标准组合计算的弯矩，取计算区段内的最大弯矩值；

M_q——按荷载效应的准永久组合计算的弯矩，取计算区段内的最大弯矩值。

4. 受弯构件的挠度验算

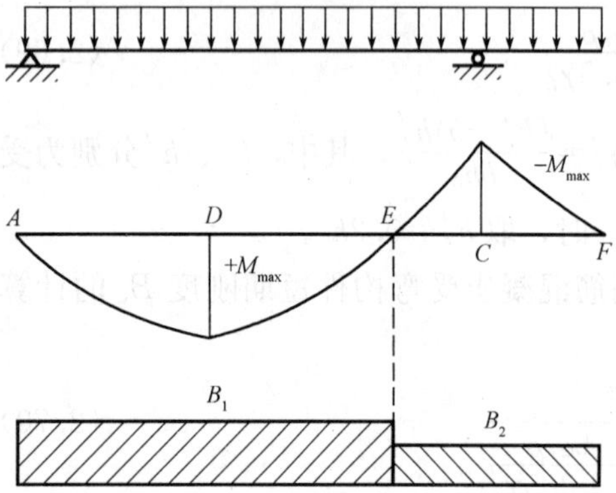

图 2.4.5 梁的弯矩及刚度取值

计算刚度的目的是计算变形，由于构件沿长度方向的配筋量和弯矩均为变值，因此沿长度方向的刚度也是变化的。为简化计算，采用“最小刚度原则”，即在同号区段内，按最大弯矩截面确定的刚度最小，并认为弯矩同号区段内的刚度相等。

如图 2.4.5 所示的外伸梁，AE 段为正弯矩，EF 段为负弯矩，计算变形时，AE 段应采用 D 截面的刚度 B_1，EF 段应采用 C 截面的刚度 B_2。

钢筋混凝土受弯构件的挠度计算可按一般的力学公式计算，但抗弯刚度用 B 来代替 EI，则有

$$f=s\frac{M_k l_0^2}{B}\leqslant[f] \tag{2.73}$$

式中 f——根据最小刚度原则采用的刚度 B 进行计算的挠度；

$[f]$——允许挠度值，按表 2.4.1 取用。

[例题 2.11] 某钢筋混凝土简支梁计算跨度 $l_0=6$ m，截面尺寸 $b\times h=200$ mm×400 mm，采用强度等级为 C25 的混凝土，承受均布荷载，恒荷载标准值 $g_k=8$ kN/m（含自重），短期活荷载标准值 $q_k=8$ kN/m，准永久值系数 $\psi_q=0.4$，经承载力计算选用 HRB335 级受拉钢筋 4Φ18，$A_s=1\ 017$ mm^2，$h_0=365$ mm。规范挠度限值为 $[f]=l_0/200$。试验算梁的挠度。

解 查表得 $f_{tk}=1.78$ N/mm^2，$E_c=2.8\times10^4$ N/mm^2，$E_s=2.0\times10^5$ N/mm^2。

(1)荷载效应标准组合。

$$M_q=\frac{1}{8}(g_k+\psi_q q_k)l_0^2=\frac{1}{8}\times(8+0.4\times8)\times6^2=50.4(\text{kN}\cdot\text{m})$$

(2)参数计算。

$$\rho_{te}=\frac{A_s}{A_{te}}=\frac{1\ 017}{0.5\times200\times400}=0.025\ 4$$

$$\sigma_s=\frac{M_q}{0.87A_sh_0}=\frac{50.4\times10^6}{0.87\times1\ 017\times365}=156.1(\mathrm{N/mm^2})$$

按式(2.54)计算。

$$\psi=1.1-\frac{0.65f_{tk}}{\rho_{te}\sigma_s}=1.1-\frac{0.65\times1.78}{0.025\ 4\times156.1}=0.808$$

$$\alpha_E=\frac{E_s}{E_c}=\frac{2\times10^5}{2.8\times10^4}=7.14,\ \rho=\frac{A_s}{bh_0}=\frac{1\ 017}{200\times365}=0.014$$

(3)短期刚度 B_s、长期刚度 B 的计算。

$$B_s=\frac{E_sA_sh_0{}^2}{1.15\psi+0.2+\frac{6\alpha_E\rho}{1+3.5\gamma_f'}}=\frac{2\times10^5\times1\ 017\times365^2}{1.15\times0.808+0.2+6\times7.14\times0.014}$$

$$=1.57\times10^{13}(\mathrm{N\cdot mm^2})$$

由于截面没有受压钢筋，即 $\rho'=0$，因此 $\theta=2.0$。

$$B=\frac{B_s}{2}=\frac{1.57\times10^{13}}{2}=7.85\times10^{12}(\mathrm{N\cdot mm^2})$$

(4)挠度验算。

$$f=s\frac{M_kl_0^2}{B}=\frac{5}{48}\times\frac{50.4\times10^6\times6\ 000^2}{7.85\times10^{12}}=24.1(\mathrm{mm})\leqslant[f]=\frac{l_0}{200}=30(\mathrm{mm})$$

满足要求。

2.5 预应力混凝土

2.5.1 预应力混凝土的概念

1. 预应力混凝土的基本原理

对大多数构件来说，提高材料强度可以减小截面尺寸，从而节约材料和减轻构件自重，这是降低工程造价的主要途径之一。但是，在普通钢筋混凝土构件中，提高钢筋的强度却收不到预期的效果。在普通钢筋混凝土中，高强度钢筋是不能充分发挥作用的，因而是不经济的。另一方面，提高混凝土强度等级对增加其极限拉应变的作用也是极其有限的。因此，在普通钢筋混凝土受弯和受拉构件中，采用高强度混凝土也是不合理的。

为了充分发挥高强度钢筋的作用，可以在构件承受荷载以前，预先对受拉区的混凝土施加压力，使其产生预压应力。当构件承受使用荷载而产生拉应力时，首先要抵消混凝土的预压应力，然后，随着荷载的不断增加，受拉区混凝土才开始受拉进而出现裂缝。设一简支梁(图 2.5.1)在荷载 q 作用下，截面的下边缘产生拉应力 σ，若在加载前预先在梁端施加偏心压力 N，使截面下边缘产生预压应力 $\sigma_c>\sigma$，则梁在预压力 N 和荷载 q 共同作用下，截面将不产生拉应力，梁不致出现裂缝。

因此，采用这种人为的预压应力方法可控制构件裂缝的出现和开展，以满足使用要求。这种在受荷载以前预先对受拉区混凝土施加预压应力的构件，称为预应力混凝土构件。

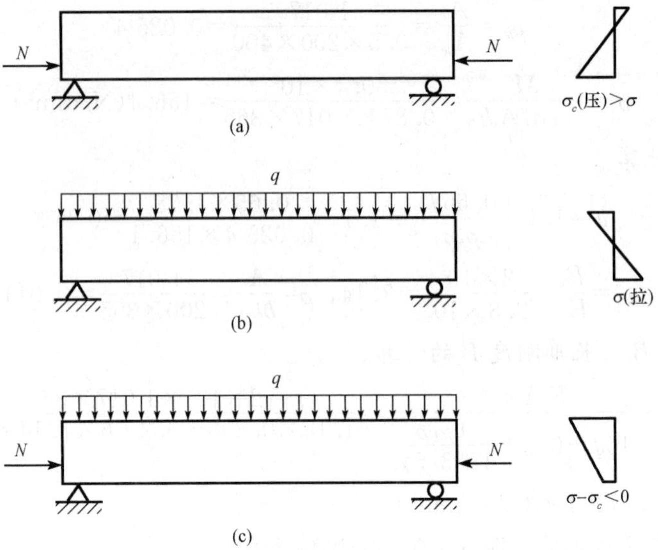

图 2.5.1　简支梁

(a)预压力作用下；(b)荷载作用下；(c)预压力与荷载共同作用下

2. 预应力混凝土结构的特点

(1)优点。与钢筋混凝土结构相比，预应力混凝土结构的主要优点归纳起来有以下几个方面：

1)能够充分利用高强度钢筋、高强度混凝土，减少钢筋用量；构件截面小，减轻了结构自重。

2)预应力能使构件受拉区推迟或避免开裂，提高构件的抗裂性能。由于抗裂性能的提高，在正常使用条件下，预应力混凝土一般不产生裂缝或裂缝极小，从而使构件的抗侵蚀能力和耐久性大大提高。

3)由于预应力混凝土构件在使用阶段不带裂缝工作或裂缝很小，所以构件的截面刚度较大；预应力使构件产生反拱，从而减小了外荷载作用下构件的挠度。

4)由于预应力提高了构件的抗裂性能和刚度，减小了构件的截面尺寸和自重，从而扩大了钢筋混凝土结构的应用范围，使之适用于较大荷载和较大跨度情况。

5)预应力技术的采用，对装配式钢筋混凝土结构的发展起到了重要的作用，通过施加预应力，可提高装配式结构的整体性；某些大型构件可以分段分块制造，然后用预应力的方法加以拼装，使施工制造及运输安装工作更加方便。

(2)缺点。预应力混凝土结构也存在着一些缺点。

1)工艺较复杂，对质量要求高，因而需要配备一支技术较熟练的专业队伍。

2)需要有一定的专门设备，如张拉机具、灌浆设备等。

3)预应力混凝土结构的开工费用较大，对于构件数量少的工程来说，工程成本较高。

3. 预应力混凝土结构的应用

目前，预应力技术已在我国的建筑结构中得到广泛应用，大型屋面板、屋架、托架、吊车架等构件均已有定型标准设计，并已被普遍采用，特别是对于在裂缝控制上要求较高的结构，如水池、油罐等及建造大跨度或承受重型荷载的结构构件。预应力混凝土结构由于具有轻质高强、刚度及抗裂性能好的特点，更易于满足使用要求并取得较好的经济效果。

2.5.2 预应力混凝土的施工工艺

1. 施加预应力的方法

对混凝土施加预应力一般是通过张拉钢筋，利用钢筋被拉伸后产生的回弹力挤压混凝土来实现的。根据张拉钢筋与浇筑混凝土的先后关系，预加应力的方法可分为先张法与后张法两大类。

(1)先张法。先张法的主要工序是先在台座或模板上张拉预应力钢筋至预定长度后将钢筋固定(图 2.5.2)，然后在钢筋周围浇筑混凝土，待混凝土达到一定强度(约为混凝土设计强度的 75%)后切断预应力钢筋，由于钢筋回缩使混凝土产生预压应力。

(2)后张法。后张法的主要工序如图 2.5.3 所示，先浇筑好混凝土构件，并在构件中预留孔道(直线形或曲线形)，待混凝土达到一定强度(一般不低于混凝土设计强度的 75%)后穿筋(也可在浇筑混凝土之前放置无粘结钢筋)，利用构件本身作为台座进行张拉，在孔道内张拉钢筋同时使混凝土受压。然后用锚具在构件两端固定钢筋，最后在孔道内灌浆使钢筋和混凝土形成一个整体，也可不灌浆，形成无粘结预应力结构。后张法构件的预应力主要是通过锚具来传递的。

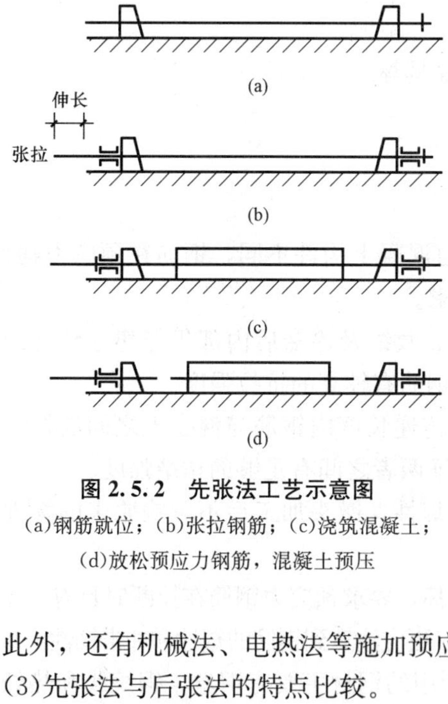

图 2.5.2 先张法工艺示意图

(a)钢筋就位；(b)张拉钢筋；(c)浇筑混凝土；(d)放松预应力钢筋，混凝土预压

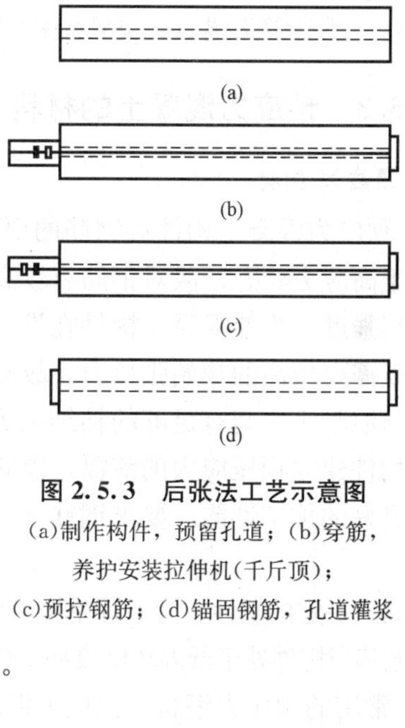

图 2.5.3 后张法工艺示意图

(a)制作构件，预留孔道；(b)穿筋，养护安装拉伸机(千斤顶)；(c)预拉钢筋；(d)锚固钢筋，孔道灌浆

此外，还有机械法、电热法等施加预应力的方法。

(3)先张法与后张法的特点比较。

1)先张法的特点。

①优点是张拉工序简单；不需在构件上放置永久性锚具；能成批生产，特别适宜于量大面广的中小型构件，如楼板、屋面板等。

②缺点是需要较大的台座或成批的钢模、养护池等固定设备，一次性投资较大；预应力筋布置呈直线型，曲线布置较困难。

2)后张法的特点。

①优点是张拉预应力筋可以直接在构件上或整个结构上进行，因而可根据不同荷载性

质合理布置各种形状的预应力筋；适用于运输不便，只能在现场施工的大型构件、特殊结构或可由块体拼接而成的特大构件。

②缺点是用于永久性的工作锚具耗钢量很大；张拉工序比先张法要复杂，施工周期长。

2. 锚具

锚具是在制造预应力构件时锚固预应力钢筋的附件。

(1)螺丝端杆锚具。在单根粗钢筋的两端各焊上一根螺丝端杆，并套以螺母及垫板。预应力是通过拧紧螺母来施加的。在钢筋端部焊上帮条代替螺母即形成帮条锚具。螺丝端杆锚具和帮条锚具用于锚固单根粗钢筋，钢筋直径一般为18～36 mm。

(2)JM系列锚具。JM系列锚具由锚环和夹片组成，夹片呈楔形。JM锚具可用来锚固钢筋束和多根钢筋，如图2.5.4所示。

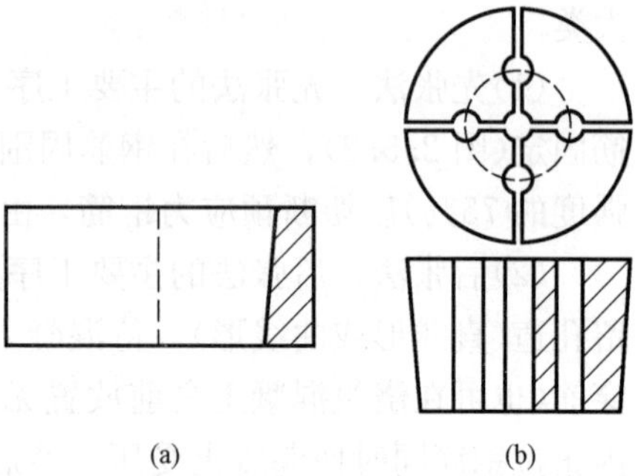

图2.5.4 JM锚具

(a)锚环；(b)夹片

(3)锥形锚具。锥形锚具也称为弗来西奈(Freyssinet)锚具，是由锚环及锚塞组成。这种锚具用于锚固平行钢筋束。

另外，还有镦头锚具、QM型锚具、XM型锚具等。

2.5.3 预应力混凝土的材料

1. 预应力钢材

(1)预应力混凝土构件对钢筋的要求。与普通混凝土构件不同，钢筋在预应力构件中，始终处于高应力状态，故对钢筋有较高的质量要求。

1)高强度。为使混凝土构件在发生弹性回缩、收缩及徐变后内部仍能建立较高的预压应力，就需要较高的初始张拉力，故要求预应力钢筋有较高的抗拉强度。

2)与混凝土之间有足够的粘结强度。在受力传递长度内钢筋与混凝土之间的粘结力是先张法构件建立预压应力的前提，因此，必须保证两者之间有足够的粘结强度。

3)良好的加工性能。要求钢筋具有良好的可焊性，镦头加工后不影响原来的物理力学性能。

4)具有一定的塑性。为了避免构件发生脆性破坏，要求预应力钢筋在拉断时具有一定的延伸率。尤其当构件处于低温环境或冲击荷载作用下，更应注意到钢筋的塑性和冲击韧性。

(2)常用的预应力钢材。预应力混凝土结构所用的钢材主要有钢丝、钢绞线和热处理钢筋等。预应力钢材的发展趋势是高强度、大直径、低松弛和耐腐蚀。

1)钢丝。钢丝是由优质的高碳钢经过回火处理、冷拔而成，有光圆钢丝、螺旋肋钢丝、刻痕钢丝等，直径通常为4～9 mm，抗拉强度标准值有1 570 MPa、1 670 MPa、1 770 MPa三个等级。

2)钢绞线。钢绞线是由2根、3根、7根或19根高强度钢丝用绞盘绞在一起而成的一种高强度预应力钢材。使用最多的是由6根钢丝围绕着一根芯丝顺一个方向扭结而成的7股钢绞线。钢绞线的抗拉强度标准值有1 570 MPa、1 720 MPa、1 860 MPa三个等级。

3)热处理钢筋。热处理钢筋是由热轧中碳低合金钢筋经淬火和回火处理而成。其直径通常为 6～10 mm，抗拉强度标准值为 1 470 MPa。热处理钢筋多用于先张法预应力混凝土构件。

2. 混凝土

(1)预应力混凝土构件对混凝土的性能要求。

1)强度高。预应力混凝土必须具有较高的抗压强度，才能建立起较高的预压应力，并可减小构件截面尺寸，减轻结构自重，节约材料。对于先张法构件，高强度混凝土还应具有较高的粘结强度。

2)收缩、徐变小。混凝土收缩、徐变小可减少收缩、徐变引起的预应力损失。

3)快硬、早强。对于快硬、早强混凝土可以尽早施加预应力，以提高台座、锚具、夹具的周转率，加快施工进度，降低间接费用。

4)弹性模量高。混凝土的弹性模量高可使构件的刚度增大，变形缩小，以减小因变形而引起的预应力损失。

(2)混凝土强度等级的选用。在选择混凝土强度等级时应综合考虑各种因素，如施工方法、构件跨度、钢筋种类等。与普通钢筋混凝土结构相比，预应力混凝土结构要求采用强度更高的混凝土。《混凝土结构设计规范(2015 年版)》(GB 50010—2010)规定，预应力混凝土结构的混凝土强度等级不应低于 C30；当采用钢绞线、钢丝、热处理钢筋作预应力钢筋时，混凝土强度等级不宜低于 C40。

3. 孔道灌浆材料

孔道灌浆材料为纯水泥浆，有时也加细砂，宜采用强度等级不低于 42.5 级的普通硅酸盐水泥或矿渣硅酸盐水泥。

2.5.4 张拉控制应力与预应力损失

1. 张拉控制应力

张拉控制应力是指预应力筋张拉时需要达到的应力，即张拉钢筋时，张拉设备所指示出的总张拉力除以预应力钢筋截面面积得出的应力值，以 σ_{con} 表示。为充分利用预应力钢筋，σ_{con} 应定得高一些，这样可对混凝土产生较大的预压应力，以达到节约材料的目的。但如果 σ_{con} 过高会使构件产生脆性破坏，预应力筋也可能拉断或产生塑性变形，所以应合理确定预应力张拉控制应力值。张拉控制应力与钢材种类和张拉方法有关。热处理钢筋的强度低于预应力钢丝、钢绞线，因此热处理钢筋的 σ_{con} 定得低些。对热处理钢筋来说，先张法的 σ_{con} 高于后张法。

《混凝土结构设计规范(2015 年版)》(GB 50010—2010)规定，预应力钢筋的张拉控制应力值不宜超过表 2.5.1 的数值。符合下列情况之一时，表 2.5.1 中的张拉控制应力限值可提高 $0.05f_{ptk}$。

(1)要求提高构件在施工阶段的抗裂性能，而在使用阶段受压区内设置的预应力钢筋。

(2)要求部分抵消由于应力松弛、摩擦、钢筋分批张拉以及预应力钢筋与张拉台座之间的温差因素产生的预应力损失。

表 2.5.1 张拉控制应力限值

钢筋种类	张拉方法	
	先张法	后张法
消除预应力钢丝、钢绞线	$0.75f_{ptk}$	$0.75f_{ptk}$
热处理钢筋	$0.70f_{ptk}$	$0.65f_{ptk}$
注：1. 预应力钢筋强度标准值 f_{ptk} 按规范取值； 2. 预应力钢丝、钢绞线、热处理钢筋的张拉控制应力不应小于 $0.40f_{ptk}$。		

2. 预应力损失

预应力混凝土构件在制作、运输、安装、使用的过程中，由于张拉工艺和材料特性等原因，钢筋中的张拉应力逐渐降低的现象被称为预应力损失。预应力损失导致混凝土的预压应力降低，对构件的受力性能将产生影响，因此，正确认识和计算预应力损失是十分重要的。

2.5.5 预应力混凝土构件主要构造要求

预应力混凝土构件，除满足承载力、变形和抗裂要求外，还须符合构造要求，这是保证构件设计付诸实施的重要措施。

1. 先张法构件

(1)钢筋净间距。预应力钢筋之间的净间距应根据浇灌混凝土、施加预应力及钢筋锚固等要求确定，且应符合下列规定：

1)预应力钢筋净间距不应小于其公称直径或等效直径的 1.5 倍，且应符合下列规定：对热处理钢筋及钢丝不应小于 15 mm；3 股钢绞线不应小于 20 mm；7 股钢绞线不应小于 25 mm。

2)当先张法预应力钢丝按单根方式布置困难时，可采用相同直径钢丝并筋的配筋方式。并筋的等效直径，对双并筋应取为单筋直径的 1.4 倍；对三并筋取为单筋直径的 1.7 倍。

(2)钢筋保护层。为保证钢筋与外围的粘结锚固，防止放松预应力筋时沿钢筋出现纵向劈裂裂缝，要求具有足够厚的保护层。其保护层厚度不应小于钢筋的公称直径，且应符合下列规定：一类环境下，对于强度等级≥C25 的混凝土，其保护层厚度可取为板 15 mm，梁 25 mm。

(3)端部加强措施。为防止放松钢筋时外围混凝土的劈裂裂缝，端部应设附加钢筋。

1)单根预应力钢筋端部宜设置长度不小于 150 mm，且不少于 4 圈的螺旋筋。当有经验时，也可利用支座垫板上的插筋代替螺旋筋，但插筋数量不应少于 4 根，其长度不应小于 20 mm。

2)对分散布置的多根预应力钢筋，在构件端部 $10d$(d 为预应力钢筋的公称直径或等效直径)范围内，应设置 3～5 片与预应力筋垂直的钢筋网。

3)对采用预应力钢丝或配筋的薄板，在板端 100 mm 范围内应适当加密横向钢筋。

4)对槽形板类构件，为防止板面端部产生纵向裂缝，宜在构件端部 100 mm 范围内沿构件板面设置足够的附加横向钢筋，其数量不应少于 2 根。对预制肋形板，宜设置加强其整体性和横向刚度的横肋。

5)对预应力钢筋在构件端部全部弯起的受弯构件或直线配筋的先张法构件，当构件端部与下部支承结构焊接时，应考虑混凝土收缩、徐变及温度变化所产生的不利影响，宜在构件端部可能产生裂缝的部位设置足够的非预应力纵向构造钢筋。

2. 后张法构件

(1)选用可靠的锚具。其形式及质量要求应符合现行有关标准。

(2)预留孔道布置。后张法预应力钢丝束(包括钢绞线束)的预留孔道宜符合下列规定：

1)预制构件，孔道之间的横向净间距不宜小于 50 mm；孔道至构件边缘的净距不宜小于 30 mm，且不宜小于孔道直径的一半。

2)在框架梁中，曲线预留孔道在竖直方向的净距不应小于孔道外径；水平方向的净距不应小于 1.5 倍孔道外径；从孔壁算起的混凝土保护层厚度，梁底不宜小于 50 mm，梁侧不宜小于 40 mm。

3)预留孔道的内径应比预应力钢丝束或钢绞线束外径及需穿过孔道的连接器外径大 10～15 mm。

4)在构件两端及跨中应设置灌浆孔或排气孔，其孔距不宜大于 12 m。

5)凡制作时需预先起拱的构件，预留孔道宜随构件同时起拱。

(3)预应力筋的曲率半径。后张法预应力混凝土构件的曲线预应力钢丝束、钢绞线束的曲率半径，不宜小于 4 m。对折线配筋的构件，在折线预应力钢筋弯折处的曲率半径可适当减小。

(4)端部构造要求。

1)构件端部尺寸应考虑锚具的布置、张拉设备的尺寸和局部受压的要求，必要时适当加大。

2)为防止施加预应力时在构件端部产生沿截面中部的纵向水平裂缝，宜将一部分预应力钢筋靠近支座区段弯起，并使预应力钢筋尽可能沿构件端部均匀布置。如预应力钢筋在构件端部不能均匀布置而需集中布置在端部截面的下部或集中布置在上部和下部时，应在构件端部 $1.2h$(h 为构件端部截面高度)范围内设置附加竖向焊接钢筋网、封闭式箍筋或其他形式的构造钢筋，附加竖向钢筋宜采用带肋钢筋。其中，附加竖向钢筋的截面面积应符合下列规定：

当 $e \leqslant 0.1h$ 时，

$$A_{sv} \geqslant \frac{0.3N_p}{f_{yv}} \tag{2.74}$$

当 $0.1h < e \leqslant 0.2h$ 时，

$$A_{sv} \geqslant \frac{0.15N_p}{f_{yv}} \tag{2.75}$$

当 $e > 0.2h$ 时，可根据实际情况适当配置构造钢筋。

式中 N_p——作用在构件端部截面重心线上部或下部预应力筋的合力，此时，仅考虑混凝土预压前的预应力损失值；

e——截面重心线上部或下部预应力钢筋的合力点至邻近边缘的距离；

f_{yv}——竖向附加钢筋的抗拉强度设计值。

当端部截面上部和下部均有预应力钢筋时，竖向附加钢筋的总截面面积按上部和下部的 N_p 分别计算的数值叠加采用。

3)当构件在端部有局部凹进时，为防止在施加预应力过程中端部转折处产生裂缝，应增设折线构造钢筋(图 2.5.5)或其他有效的构造钢筋。

4)为防止沿孔道产生劈裂，在构件端部不小于 $3e$ 且不大于 $1.2h$ 的长度范围内与间接钢筋配置区以外，应在高度 $2e$ 范围内均匀布置附加箍筋或网片，其体积配筋率不应小于 0.5%(图 2.5.6)，e 为截面重心线上部或下部预应力钢筋的合力点至邻近边缘的距离。

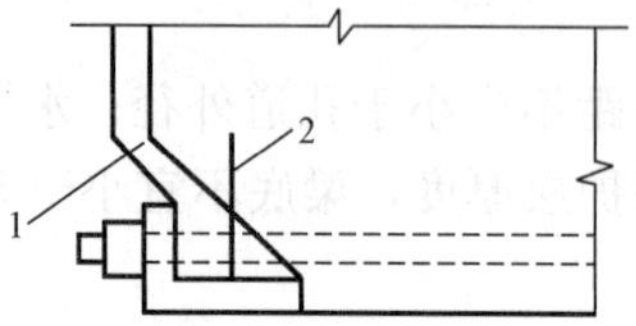

图 2.5.5　端部转折处构造钢筋

1—折线构造钢筋；2—竖向构造钢筋

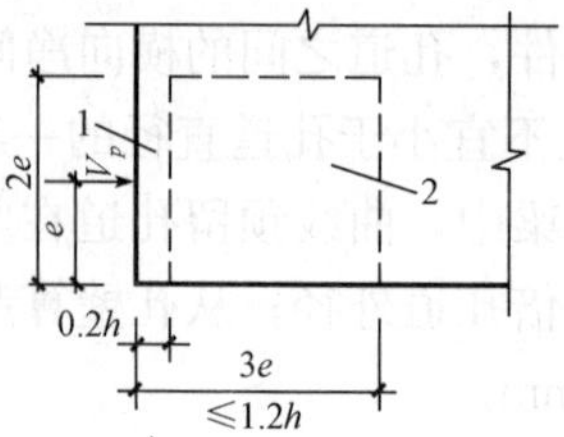

图 2.5.6　端部的间接钢筋

1—间接钢筋配置区；2—端部锚固区

5)在预应力钢筋锚具下及张拉设备的支承处，应采用预埋钢垫板并附加横向钢筋网片。

(5)灌浆要求。孔道灌浆要求密实，水泥浆强度不应低于 M20，其水胶比宜为 0.4～0.45，为减少收缩，宜掺入 0.01%水泥用量的铝粉。

(6)非预应力构造筋。在后张法构件的预拉区和预压区中，应适当设置纵向非预应力构造钢筋。在预应力筋弯折处，应加密箍筋或沿弯折处内侧设置钢筋网片。

(7)块体拼装要求。采用块体拼装的构件，其接缝平面应垂直于构件的纵向轴线。当接头承受内力时，缝隙间应灌注不低于块体强度等级的细石混凝土(缝宽大于 20 mm)或水泥砂浆(缝宽不大于 20 mm)，并根据需要在接头处及其附近区段内用加大截面或增设焊接网方式进行局部加强，必要时可设置钢板焊接接头；当接头不承受内力时，缝隙间应灌注不低于 C15 的细石混凝土或 M15 的水泥砂浆。

2.5.6　部分预应力混凝土和无粘结预应力混凝土

随着预应力混凝土结构的应用和发展，预应力混凝土设计理论及施工方法也得到了不断地完善和发展，并不断涌现出一些新型的预应力混凝土，如部分预应力混凝土和无粘结预应力混凝土等。这些新型预应力混凝土的应用，进一步扩大了预应力混凝土的应用领域及适用范围。下面就对部分预应力混凝土和无粘结预应力混凝土予以介绍。

1. 部分预应力混凝土

(1)预应力混凝土的分类。预应力混凝土具有许多优点，因而，在工程中得到了广泛的应用。但在应用过程中，人们也发现采用预应力混凝土也有缺陷或需要加以解决的问题，例如，施工工序多，技术要求高，锚具和张拉设备以及预应力筋等材料较贵；完全采用预应力筋的构件，由于预加应力过大而使构件的开裂荷载与破坏荷载过于接近，破坏前无明显预兆。某些结构构件(如大跨度桥梁结构)施加预压力时产生的过大反拱，在预压力的长期作用下还会增大，以致影响正常使用。

为了克服采用过多预应力钢筋的构件所带来的问题，国内外通过大量的试验研究和工程实践，对预应力混凝土早期的设计准则——“预应力构件在使用阶段不允许出现拉应力”

进行了修正和补充，提出可根据不同功能的要求，分成不同的类别进行预应力构件设计。目前，对预应力混凝土构件，根据截面应力状态或预应力大小对构件截面裂缝控制程度的不同，可划分为以下几种：

1)全预应力混凝土。构件在使用荷载作用下，按荷载效应的短期组合考虑，截面上混凝土不出现拉应力，即构件全截面受压。大致相当于《混凝土结构设计规范(2015 年版)》(GB 50010—2010)中严格要求不出现裂缝的一级(裂缝控制等级)构件。

2)有限预应力混凝土。构件在使用荷载作用下，按荷载效应的短期组合考虑时，截面拉应力不超过混凝土规定的抗拉强度；按荷载效应的长期组合考虑时，构件受拉边缘混凝土不产生拉应力。大致相当于《混凝土结构设计规范(2015 年版)》(GB 50010—2010)中一般要求不出现裂缝的二级构件。

3)部分预应力混凝土。构件在使用荷载作用下允许出现裂缝，但最大裂缝宽度不超过《混凝土结构设计规范(2015 年版)》(GB 50010—2010)规定的允许值。大致相当于《混凝土结构设计规范(2015 年版)》(GB 50010—2010)中允许出现裂缝的三级构件。

4)钢筋混凝土。预压应力为零的混凝土构件。

由以上分析可知，部分预应力混凝土是介于全预应力混凝土和钢筋混凝土之间的一种新型的预应力混凝土，它克服了全预应力混凝土的一些缺点，从而改善了构件的受力性能，降低了造价，扩大了其应用范围。

(2)全预应力混凝土与部分预应力混凝土的比较。

1)全预应力混凝土的特点。

①抗裂性能好。由于全预应力混凝土结构构件所施加的预应力大，混凝土不开裂，因而其抗裂性能好、构件的刚度大，常用于对抗裂或抗腐蚀性能要求较高的结构，如吊车梁、核电站安全壳及储液罐等。

②抗疲劳性能好。预应力筋从张拉就绪至使用阶段的整个过程中，其应力值的变化幅度小，因而，在重复荷载作用下抗疲劳性能好。

③反拱值常常很大。由于预应力过高，引起结构的反拱过大，会使混凝土在垂直于张拉方向产生裂缝，并且由于混凝土的徐变会使反拱值随时间的增长而发展，影响上部结构构件的正常使用。

④延性较差。由于全预应力混凝土结构构件的开裂荷载与极限荷载较为接近，致使构件延性较差，对结构抗震不利。

2)部分预应力混凝土的特点。

①可合理控制裂缝，节约钢材。由于可根据结构构件的不同使用要求、可变荷载的作用情况及环境条件等对裂缝进行控制，降低了预加应力值，从而节约预应力筋及锚具用量，适量减少费用。

②控制反拱值不致过大。由于预加应力值相对较小，构件的初始反拱值小，徐变变形亦减小。

③延性较好。部分预应力混凝土构件由于配置了非预应力钢筋，可提高构件延性，有利于结构抗震，并可改善裂缝分布，减小裂缝宽度。

④与全预应力混凝土相比，可简化张拉、锚固等工艺，其综合经济效果好。对于抗裂要求不高的结构构件，部分预应力混凝土是有应用发展前途的。

⑤计算较为复杂。计算过程中，除计算由外荷载引起的内力外，需考虑预应力作用的

影响及结构在预应力作用下的轴向压缩变形引起的内力。此外，在超静定结构中还需考虑预应力次弯矩与次剪力的影响，并需计算配置非预应力筋。

3)部分预应力混凝土在工程中的应用。由上述分析可知，部分预应力混凝土可节约钢材、降低造价，可减少构件的反拱值，且可提高构件的抗震性能，因此，近年来受到普遍重视，在工程中也得到广泛应用。

2. 无粘结预应力混凝土

(1)无粘结预应力混凝土的概念和做法。对后张法施工的预应力混凝土构件，通常做法是在构件中预留孔道，待预应力钢筋的应力张拉至控制应力后，用压力灌浆，将预留孔道孔隙填实。这种沿预应力钢筋全长均与混凝土接触表面之间存在粘结作用的预应力混凝土叫作有粘结预应力混凝土。如果预应力钢筋沿其全长与混凝土接触表面之间不存在粘结作用，两者产生相对滑移，这种预应力混凝土称为无粘结预应力混凝土，其中的预应力筋称为无粘结预应力筋。

无粘结预应力筋的做法：将预应力筋的外表面涂以沥青、油脂或其他润滑防锈材料，以减小摩擦力防止锈蚀，然后用纸或塑料全裹或套以塑料管，以防止在施工过程中碰坏涂料层，并使预应力筋与混凝土隔离，最后将预应力筋按配置的位置放入构件模板中并浇捣混凝土，待混凝土达到规定强度后即可进行张拉。但应注意，预应力筋外面的涂料应具有防腐蚀性能，并要求在预期使用温度范围内不致开裂发脆，也不致液化流淌，并具有化学稳定性。

(2)无粘结预应力混凝土的受力性能及特点。

1)无粘结预应力混凝土的受力性能。

①无粘结预应力筋与混凝土之间能发生纵向的相对滑动，而有粘结预应力筋则不能。

②无粘结预应力筋中的应力沿构件长度在忽略摩擦力的情况下，可认为是相等的，而有粘结预应力筋的应力沿构件长度是变化的。

③无粘结预应力筋的应变增量等于沿无粘结预应力筋全长与周围混凝土应变变化的平均值。

试验表明，结构设计时，为了综合考虑对其结构性能的要求，必须配置一定数量的有粘结的非预应力钢筋，即无粘结预应力钢筋更适合于采用混合配筋的部分预应力混凝土。

2)无粘结预应力混凝土的特点。

①无粘结预应力混凝土施工时，采用的无粘结预应力筋不需留孔、穿筋和灌浆，只要将它如同普通钢筋一样放入模板内即可浇筑混凝土，大大简化了施工工艺。

②无粘结预应力筋可在工厂制作，可大大减少现场施工工序，且张拉时，张拉工序简单，施工非常方便，从而使后张预应力混凝土易于推广应用。

③无粘结预应力混凝土构件的开裂荷载相对较低，裂缝疏而宽，挠度较大，需设置一定数量的非预应力筋以改善构件的受力性能。

④无粘结预应力筋对锚具的质量及防腐蚀要求较高，在工程中主要用于预应力筋分散配置、锚具区易于封口处理(用混凝土或环氧树脂水泥浆封口，防止潮气入侵)的结构构件。

(3)无粘结预应力混凝土的应用。无粘结预应力混凝土现浇平板结构是近年来迅速发展起来的一种新型楼盖体系，该体系整体性能好，可降低层高。预应力混凝土结构是当今世界上很有发展潜力的结构之一，随着我国建设事业的蓬勃发展，必将推动和促进预应力混凝土材料、工艺设备及新结构体系等方面的更大发展。

项目3　混凝土结构整体结构设计及施工图识读

大构件，我也能做啦

▶ 任务介绍

任务8　楼盖的设计

(一)任务名称

楼盖的设计

(二)教学目的

通过本任务的学习，能够进行楼盖的设计。

(三)工作条件

(1)建筑平面尺寸如图3.0.1所示。外墙为240 mm厚，主梁下另设370 mm×370 mm壁柱。柱截面尺寸为400 mm×400 mm。

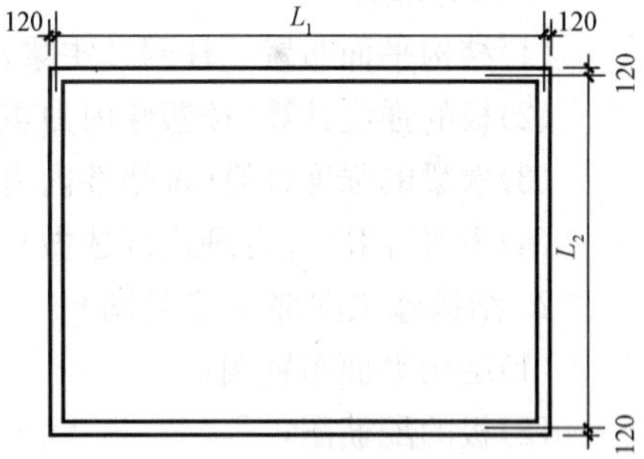

图3.0.1

(2)楼面及板底顶棚做法。

1)楼面面层做法如下。

①15 mm厚1∶2白水泥白石子磨光打蜡；

②20 mm厚1∶3水泥砂浆找平层；

③捣制钢筋混凝土板。

2)板底顶棚做法如下。

①刷平顶涂料；

②捣制钢筋混凝土板；

③楼面活荷载：见表3.0.1；

④材料。

a. 混凝土强度等级：见表3.0.1；

b. 钢筋：梁中受力纵筋采用HRB335级，其他钢筋采用HPB300级。

表 3.0.1

$L_1 \times L_2$	混凝土强度等级	活载/kN							备 注
		3.0	3.5	4.0	4.5	5.0	5.5	6.0	
32.8×28.60	C20	A01	B47	A02	B46	A03	B45	A04	(1)表格中为学号；(2)假定梁柱线刚度比都是大于4；(3)活载不小于4时分项系数取1.3
	C25	B41	A07	B42	A06	B43	A05	B44	
30.60×26.80	C20	A08	B40	A09	B39	A10	B38	AA	
	C25	B34	A14	B35	AB	B36	A12	B37	
32.20×28.20	C20	A15	B33	A16	B32	A17	B31	A18	
	C25	B27	A21	B28	A20	B29	A19	B30	
30.80×28.40	C20	A22	B24	A23	B25	A24	B26	A25	
	C25	B23	A28	B22	A27	B21	A26	B20	
29.60×26.20	C20	A29	B17	A30	B18	A31	B19	A32	
	C25	B16	A35	B15	A34	B14	A33	BB	
31.60×28.60	C20	A36	B10	A37	BA	A38	B12	A39	
	C25	B09	A427	B08	A41	B07	A40	B06	
31.20×29.80	C20	A43	B03	A44	B04	A45	B05	B02	
	C25	B014	A46	B48	A47	B49	A48	B50	

注：表格内为学号，例如，B28 含义为 B 班 28 学号同学，所做的题目条件分别看纵向和横向表头，即 $L_1 \times L_2=$ 32.20×28.20，混凝土强度等级为 C25，活荷载为 4.0 kN/ m^2。

(四)任务内容

1. 计算部分

(1)结构平面布置：柱网、主梁、次梁及板的区格布置；

(2)板的强度计算(按塑性内力重分布理论计算)；

(3)次梁的强度计算(按塑性内力重分布理论计算)；

(4)主梁计算(弹性理论)(选做)。

2. 结构施工图部分(2 号图)

(1)结构平面布置图；

(2)板的配筋图；

(3)次梁配筋图；

(4)主梁的配筋图(选做)；

(5)钢筋表及必要的说明(选做)。

(五)工作要求

(1)写出完整的计算书，包括荷载计算、配筋计算；

(2)施工图应符合计算书的要求，构造力求合理、便于施工，制图应符合制图标准。

(六)上交材料

(1)计算书 1 份；

(2)图纸 2 或 3 张(2 号图)。

(七)参考资料

(1)《混凝土结构及其施工图识读》教材；

(2)《建筑制图》教材。

(八)时间安排

序号	教学内容(步骤)	学生主导/课时	教师主导/课时	工作情况		备注
1	楼盖介绍		1	教师讲解		
2	楼盖计算原理		5	教师讲解		
3	楼盖设计	7			设计绘图	

任务9　板式楼梯的设计

(一)任务名称

板式楼梯的设计

(二)教学目的

通过本任务的学习，掌握现浇板式楼梯的计算与施工图绘制方法。

(三)任务内容

对图3.0.2所示的现浇板式楼梯梁进行计算、设计，并绘制施工图。

(1)计算斜板，确定板厚，计算配筋；

(2)计算平台梁，确定梁截面尺寸，计算纵筋与箍筋；

(3)计算平台板，确定板厚，计算配筋；

(4)绘制斜板、梁、平台板施工图。

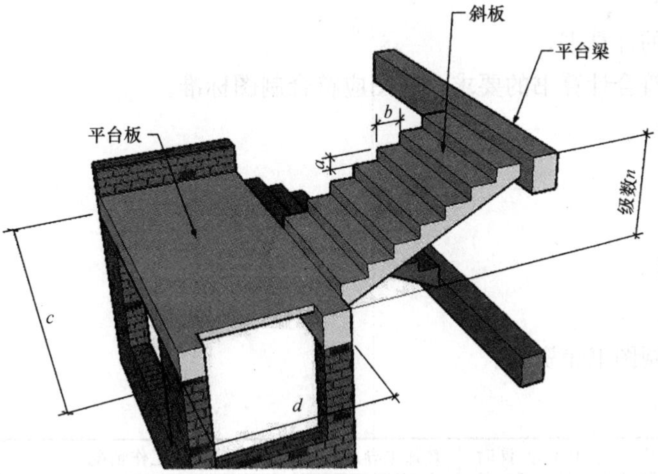

图3.0.2

(四)工作条件

(1)每位学生的设计条件各不相同，具体见表3.0.2。

(2)楼梯面层做法：30 mm厚水泥砂浆；板底：15 mm厚石灰砂浆抹面。

表 3.0.2

混凝土强度等级	级数 n	踏步尺寸 a、b，平台尺寸 c、d/mm											
		c	d	c	d	c	d	c	d	c	d	c	d
		3 840	1 600	4 040	1 700	3 840	1 600	4 040	1 700	3 840	1 600	4 040	1 700
		a	b	a	b	a	b	a	b	a	b	a	b
		150	300	155	295	160	290	165	285	170	280	175	275
C20	7	A01		B01		A02		B02		A03		B03	
	8	B04		A04		B05		A05		B06		A06	
	9	A07		B07		A08		B08		A09		B09	
	10	B10		A10		B11		A11		B12		A12	
	11	A13		B13		A14		B14		A15		B15	
C25	7	B16		A16		B17		A17		B18		A18	
	8	A19		B19		A20		B20		A21		B21	
	9	B22		A22		B23		A23		B24		A24	
	10	A25		B25		A26		B26		A27		B27	
	11	B28		A28		B29		A29		B30		A30	
	6	B46		A46		B47		A47		B48		A48	
	12	B49		A49		B50		A50		B51		A51	
C30	7	A31		B31		A32		B32		A33		B33	
	8	B34		A34		B35		A35		B36		A36	
	9	A37		B37		A38		B38		A39		B39	
	10	B40		A40		B41		A41		B42		A42	
	11	A43		B43		A44		B44		A45		B45	
	12	B52		A53		B54		A55		B56		A57	

注：表格内为学号，例如，B09 含义为 B 班 09 学号同学，所做的题目条件分别看纵向和横向表头，即 a=175 mm，b=275 mm，踏步为 9 级，混凝土强度等级为 C20。

(五)工作要求

(1)写出完整的计算书；

(2)施工图应符合计算书的要求，制图应符合制图标准。

(六)上交材料

(1)计算书；

(2)配筋图。

(七)参考资料

(1)教材；

(2)可自行查阅图书馆资料。

(八)时间安排

序号	教学内容(步骤)	学生主导/课时	教师主导/课时	工作情况		备注
1	任务介绍		0.5	教师讲解		
2	计算方法		1.5	教师讲解		互动
3	荷载计算	1			学生计算	教师指导
4	斜板计算	1			学生计算	教师指导
5	平台梁板	1			学生计算	教师指导
6	绘图整理	1			绘图整理	教师指导

任务 10　雨篷的设计

(一)任务名称

雨篷的设计

(二)教学目的

通过本任务的学习，掌握现浇雨篷的计算与施工图绘制方法。

(三)任务内容

对图 3.0.3 所示的现浇雨篷，进行计算、设计，并绘制施工图。

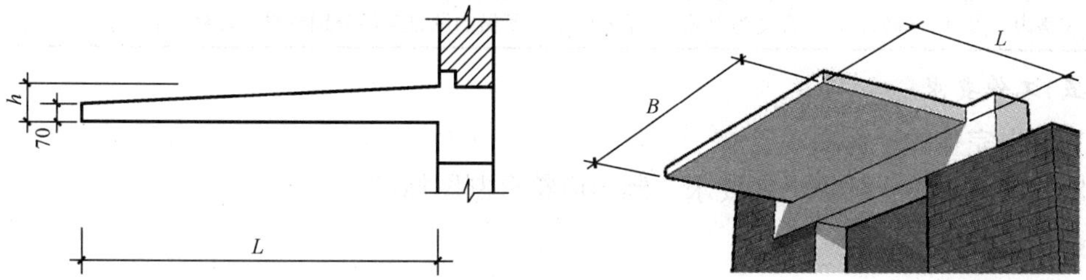

图 3.0.3

(1)计算斜板，确定板厚 h，计算配筋；

(2)将该雨篷设计成带 400 mm 高翻边的雨篷(选做)。

(四)工作条件

(1)每位学生的设计条件各不相同，具体见表 3.0.3。

(2)楼梯面层做法：30 mm 厚水泥砂浆；板底：15 mm 厚石灰砂浆抹面。

表 3.0.3(对应图 3.0.3)

混凝土强度等级	纵向长 B/m	悬挑长 L/m					
		1 000	1 100	1 200	1 300	1 400	1 500
C20	1.5	A01	B01	A02	B02	A03	B03
	1.8	B04	A04	B05	A05	B06	A06
	2.1	A07	B07	A08	B08	A09	B09
	2.4	B10	A10	B11	A11	B12	A12
	2.7	A13	B13	A14	B14	A15	B15
	3.0	B49	A49	B50	A50	B51	A51
C25	1.5	B16	A16	B17	A17	B18	A18
	1.8	A19	B19	A20	B20	A21	B21
	2.1	B22	A22	B23	A23	B24	A24
	2.4	A25	B25	A26	B26	A27	B27
	2.7	B28	A28	B29	A29	B30	A30
	3.0	B52	A52	B53	A53	B54	A54

续表

混凝土强度等级	纵向长 B/m	悬挑长 L/m					
		1 000	1 100	1 200	1 300	1 400	1 500
C30	1.5	A31	B31	A32	B32	A33	B33
	1.8	B34	A34	B35	A35	B36	A36
	2.1	A37	B37	A38	B38	A39	B39
	2.4	B40	A40	B41	A41	B42	A42
	2.7	A43	B43	A44	B44	A45	B45
	3.0	A46	B46	A47	B47	A48	B48
注：表格内为学号，例如，B09 含义为 B 班 09 学号同学，所做的题目条件分别看纵向和横向表头。							

（五）工作要求

（1）写出完整的计算书；

（2）施工图应符合计算书的要求，制图应符合制图标准。

（六）上交材料

（1）计算书；

（2）配筋图。

（七）参考资料

（1）教材；

（2）可自行查阅图书馆资料。

（八）时间安排

序号	教学内容（步骤）	学生主导/课时	教师主导/课时	工作情况		备注
1	任务介绍		0.5	教师讲解		
2	计算方法		1.5	教师讲解		互动
3	计算设计	1.5			学生计算	教师指导
4	绘图整理	1.5			绘图整理	教师指导

任务 11　楼层结构平面图设计（某宿舍楼）

（一）项目名称

楼层结构平面图设计（某宿舍楼）

（二）教学目的

通过本任务的学习，学会楼层平面图的设计。

（三）工作条件

（1）某宿舍楼二层建筑平面图如图 3.0.4 所示。

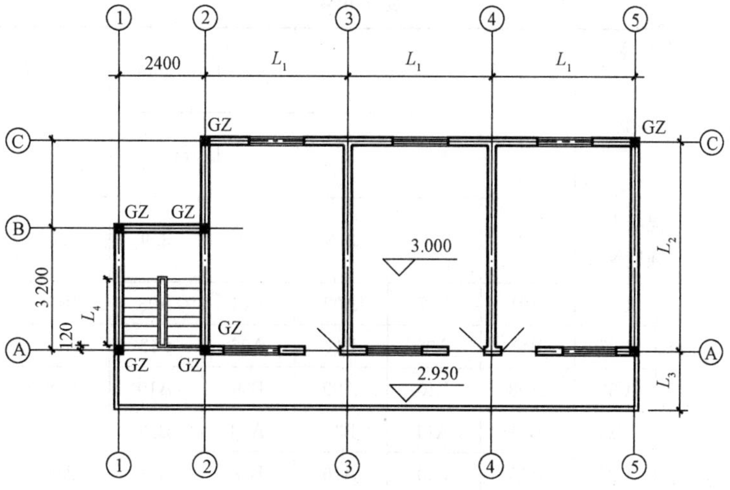

二层平面图 1∶100

图 3.0.4

注：图中 L_1、L_2、L_3、L_4 参数详见表 3.0.4。

(2)楼面及板底顶棚做法。

1)楼面面层做法如下。

①10 mm 厚地砖；

②30 mm 厚 1∶3 水泥砂浆；

③捣制钢筋混凝土板。

2)板底顶棚做法如下。

①刷平顶涂料；

②3 mm 厚纸筋石灰粉面；

③8 mm 厚 1∶0.3∶3 水泥石灰膏砂浆；

④刷水泥素浆一道(内掺 108 胶)；

⑤捣制钢筋混凝土板。

(3)楼面活荷载。房间、走道、楼梯活荷载标准值均为 2.0 kN/m^2。

(4)楼板、阳台挑梁及阳台板、楼梯均采用现浇钢筋混凝土结构。

(5)设计参数见图 3.0.4。

(四)任务内容

1. 计算部分

(1)计算阳台板(按单向板计算)、挑梁、封梁；

(2)计算房间板配筋(按双向板计算)；

(3)计算楼梯(选做)。

2. 绘制施工图部分

绘制二层结构平面布置图，梁、板等配筋图；绘制楼梯结构图(选做)。

(五)工作要求

(1)写出完整的计算书：包括荷载计算、配筋计算；

表 3.0.4

楼梯段	房间进深	阳台宽 / 房间宽 / 混凝土强度等级	L_3=1 320 mm			L_3=1 420 mm		L_3=1 520 mm		
			L_1/m							
			2.7	3.0	3.3	3.6	3.9	4.0	4.2	4.3
L_4=260 mm×7	L_2=4.8 m	C20	A01	B47	A02	B46	A03	B45	A04	
		C25	B41	A07	B42	A06	B43	A05	B44	
		C30	A08	B40	A09	B39	A10	B38	A11	
	L_2=5.1 m	C20	B34	A14	B35	A13	B36	A12	B37	
		C25	A15	B33	A16	B32	A17	B31	A18	
		C30	B27	A21	B28	A20	B29	A19	B30	
L_4=270 mm×7	L_2=5.4 m	C20	A22	B24	A23	B25	A24	B26	A25	
		C25	B23	A28	B22	A27	B21	A26	B20	
		C30	A29	B17	A30	B18	A31	B19	A32	
	L_2=5.7 m	C20	B16	A35	B15	A34	B14	A33	B13	
		C25	A36	B10	A37	B11	A38	B12	A39	B55
		C30	B09	A42	B08	A41	B07	A40	B06	A55
	L_2=6.0 m	C20	A43	B03	A44	B04	A45	B05	B02	B54
		C25	B01	A46	B48	A47	B49	A48	A49	A54
		C30	A50	B50	A51	B51	A52	B52	A53	B53
注：表格内为学号，如B28表示为B班28学号同学，所做的题目条件上分别看纵向和横向所对应的 L_1、L_2、L_3、L_4 及混凝土强度等级。										

(2)施工图应符合计算书的要求，构造力求合理、便于施工，制图应符合制图标准；

(3)上交资料：计算书1份；图纸1张(2号图)。

(六)参考资料

(1)《混凝土结构及其施工图识读》教材；

(2)《建筑制图》教材。

(七)时间安排

序号	教学内容(步骤)	学生主导/课时	教师主导/课时	工作情况	备注
1	楼层结构图设计(预制)		2	教师讲解	
2	楼层结构图设计(现浇)		2	教师讲解	
3	楼层结构识图、绘图(预制)	2		学生识绘图	
4	楼层结构识图、绘图(现浇)	2		学生识绘图	课后继续

任务12 基础施工图绘制(钢筋混凝土条基)

(一)项目名称

基础施工图绘制(钢筋混凝土条基)

(二)教学目的

通过本任务的学习，熟悉基础的配筋表示方法。

(三)任务准备

1. 主要仪器设备

卷尺(学生做量取尺寸时使用)。

2. 训练场所

钢筋工程基础模型实训室。

(四)分组办法

以某班为例，分组办法如下表，每组第一名男生、第一名女生分别为组长、副组长(表中打√号者)。小组人员必须协调工作，共同完成任务。

第一组	第二组	第三组	第四组	第五组	第六组	第七组	第八组	第九组
√ 1	√ 2	√ 3	√ 4	√ 5	√ 6	√ 7	√ 8	√ 9
10	11	12	13	14	15	16	17	18
19	√ 20	√ 21	√ 22	√ 23	√ 24	√ 25	√ 26	√ 27
√ 28	29	30	31	32	33	34	35	36
37	38	39	40	41	42	43	44	45
46	47	48	49	50	51	52	53	54

(五)任务内容

在参观钢筋工程实训室基础模型(条基、独基础、桩基承台的钢筋)并量取相关尺寸的基础上绘制某宿舍楼条形基础：室内外高差为450 mm，基础埋深为1.2 m，另设240 mm×240 mm的地圈梁。试绘制条形基础的断面图。

提示：注意素混凝土垫层及按构造配地圈梁钢筋，不要忘记标基础的分布筋，图形绘制要规范，尺寸应标全。

(六)上交材料

每人上交基础配筋图一份。

(七)考核办法

小组评价30%，个人自评30%，教师评价40%。

(八)参考资料

(1)教材；

(2)可自行查阅图书馆资料。

(九)时间安排

序号	教学内容(步骤)	学生主导/课时	教师主导/课时	工作情况		备注
1	基础结构介绍		0.5	教师讲解		

续表

序号	教学内容(步骤)	学生主导/课时	教师主导/课时	工作情况		备注
2	刚性基础结构		0.5	教师讲解		
3	钢混凝土条形基础结构		0.5		设计绘图	
4	其他基础		0.5			
5	砖基础识图、绘图	1			识图、绘图	手绘
6	钢混凝土基础识图、绘图	1			识图、绘图	课余 CAD 绘制

▶ 相关知识

3.1 楼盖、楼梯、雨篷

钢筋混凝土梁板结构是建筑工程中应用最广泛的一种结构，例如，房屋中的楼盖、筏形基础、楼梯、阳台、雨篷等。

3.1.1 楼盖

钢筋混凝土楼盖是建筑结构中最重要的组成部分，在建筑总造价中占有较大的比例，正确选择钢筋混凝土楼盖结构类型与合理进行结构设计，对保证建筑的安全性、耐久性以及降低造价具有十分重要的意义。

钢筋混凝土楼盖，按其施工工艺的不同，可分为现浇整体式、装配式、装配整体式三种形式。

1. 现浇整体式楼盖

现浇整体式楼盖是目前应用最为广泛的钢筋混凝土楼盖形式。现浇整体式混凝土楼盖具有整体性好、防水性好、对不规则房屋平面适应性强等优点。现浇整体式楼盖的缺点主要是劳动量大、模板用量多、工期长等。随着施工技术不断革新，以上缺点也逐渐被克服。

现浇整体式楼盖按照梁板的结构布置情况，又分为肋梁楼盖、井式楼盖、无梁楼盖三种形式，如图 3.1.1～图 3.1.4 所示。

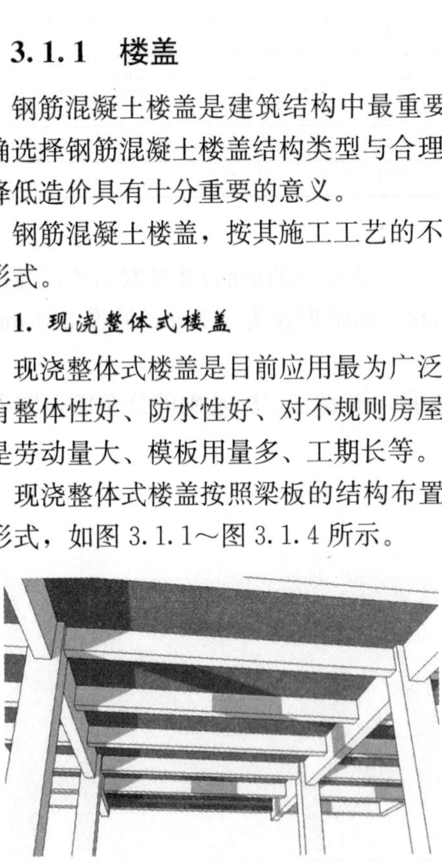

图 3.1.1　肋梁楼盖(单向板)

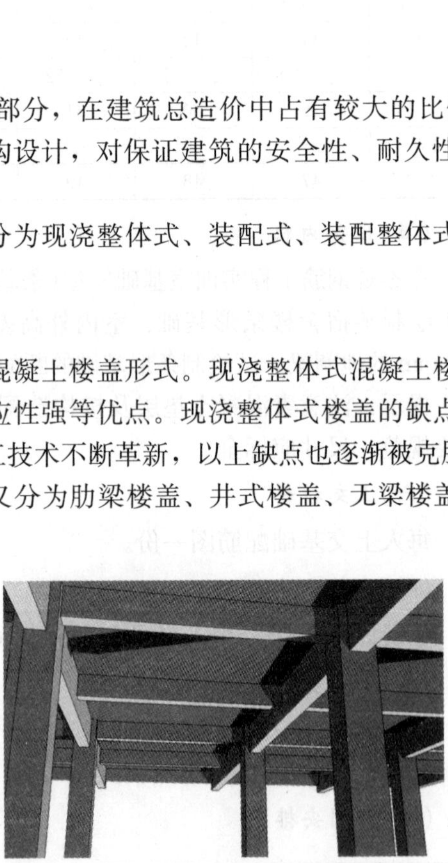

图 3.1.2　肋梁楼盖(双向板)

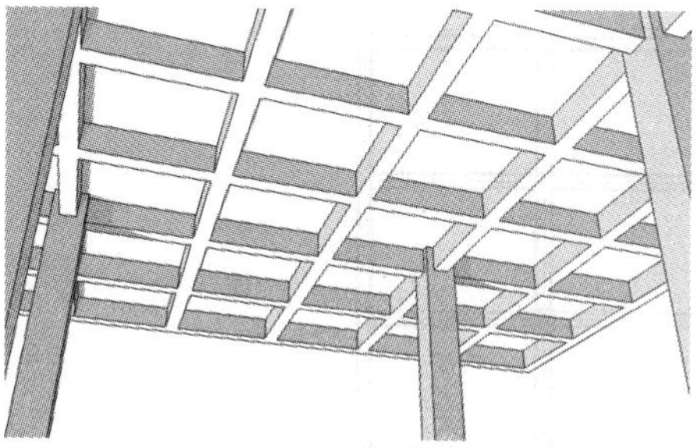

图 3.1.3　井式楼盖

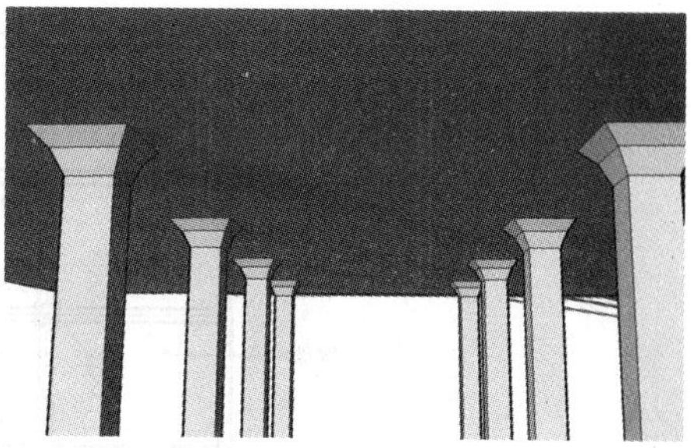

图 3.1.4　无梁楼盖

现浇楼盖中较常见的为肋梁楼盖，本章中将重点介绍。肋梁楼盖由板与主、次梁组成。楼板、主梁和次梁将板分割成若干个区格，设每个区格的长边为 l_2、短边为 l_1，则当 l_2/l_1 较大时，称为单向板，相应的楼盖称为单向板肋梁楼盖，如图 3.1.1 所示。单向板楼盖的特点是：板上的荷载主要是沿短边方向将荷载传给次梁，次梁再将荷载传给主梁或柱。沿长边方向直接传给主梁的荷载很小，为了简化计算，可以忽略该方向上的传递，如图 3.1.5 所示。所以，板的受力筋沿短边方向布置，沿长边方向上的受力通过构造配筋满足。

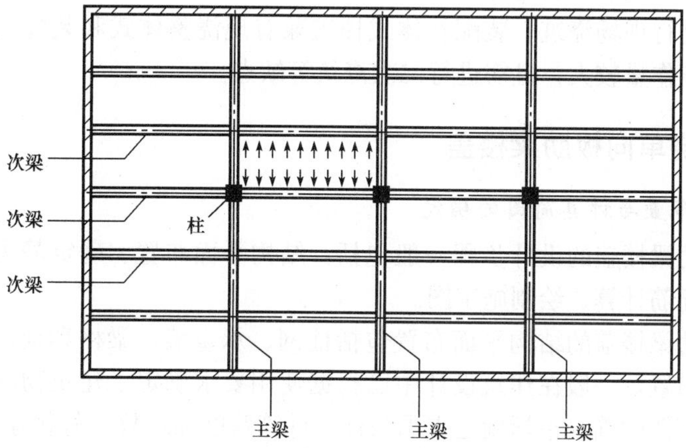

图 3.1.5　单向板楼盖

当 l_2/l_1 比较小时，称为双向板，相应的楼盖称为双向板肋梁楼盖，如图 3.1.2 所示。双向板楼盖，板上的荷载分别沿短边和长边方向传递给次梁和主梁，沿长边方向传递给主梁的荷载不可以忽略，如图 3.1.6 所示。所以，板在两个方向上均应布置受力钢筋。

在实际工程中，将 $l_2/l_1 \geqslant 3$ 的板按单向板计算；将 $l_2/l_1 \leqslant 2$ 的板按双向板计算；而当 $2 < l_2/l_1 < 3$ 时宜按双向板计算，若按单向板计算时应沿长边方向布置足够数量的构造钢筋。应当注意的是，单边嵌固的悬臂板和两边支承的板均属于单向板，因为无论其长短边尺寸的关系如何，都只在一个方向受弯。对于三边支承板或相邻两边支承的板，则将沿两个方向受弯，均属于双向板。

2. 装配式楼盖

装配式楼盖采用预制板，在现浇梁或预制梁上，吊装结合而成。装配式楼盖具有便于机械

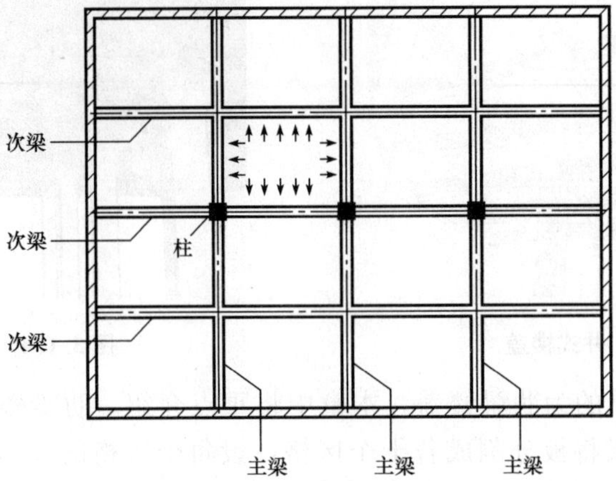

图 3.1.6　双向板楼盖

化施工、施工工期短、模板消耗量少等优点；但存在整体性差、刚度小、防水性能差等缺点。

3. 装配整体式楼盖

装配整体式楼盖是在预制构件的搭接部位预留现浇构造，将预制构件在现场吊装就位后，对搭接部位进行现场浇筑。装配整体式楼盖兼有现浇整体式和装配式的优点；但存在搭接部位的焊接工作量较大，且需进行二次浇筑等缺点。

3.1.2　现浇单向板肋梁楼盖

1. 结构平面布置与计算简图的确定

现浇单向板肋梁楼盖的设计步骤一般包括：结构平面布置、确定静力计算简图、构件内力计算、截面配筋计算、绘制施工图。

现浇单向板肋梁楼盖的结构平面布置包括柱网、承重墙、梁格和板的布置。其中主要是主梁与次梁的布置，一般在建筑设计中已根据使用要求确定了建筑物的柱网尺寸和承重墙的布置。计算简图的确定包括确定支承条件、计算跨度和跨数、荷载分布及其大小。

(1)结构平面布置。结构布置应经济适用、受力合理、安全可靠，具体布置应注意以下几点：

1)柱网决定主梁与次梁的跨度，所以，间距在满足使用要求的前提下不宜过大，主梁跨度一般为 5～8 m，次梁跨度一般为 4～6 m。

2)主梁一般宜布置在整个结构刚度较弱的方向(横向)，以加强结构承受水平力的侧向刚度。但当柱的横向间距大于纵向间距时，主梁沿纵向布置可以减小主梁的截面高度，增大室内净高。单向板楼盖的几种布置如图 3.1.7 所示。

3)梁格布置力求规整，梁系尽可能连续贯通，板厚和梁的截面尺寸尽可能统一。

4)应避免楼板直接承重集中荷载，在较大洞口的四周、非轻质隔墙下和较重的设备下应设置梁。

5)单向板的跨度通常取 1.7～2.5 m，不宜超过 3 m。

6)在满足承载力和刚度条件下，应使板厚尽可能接近构造要求的最小板厚，因为板的混凝土用量占整个楼盖的 50%～70% 。减小板厚可减轻楼盖自重，节约混凝土用量。

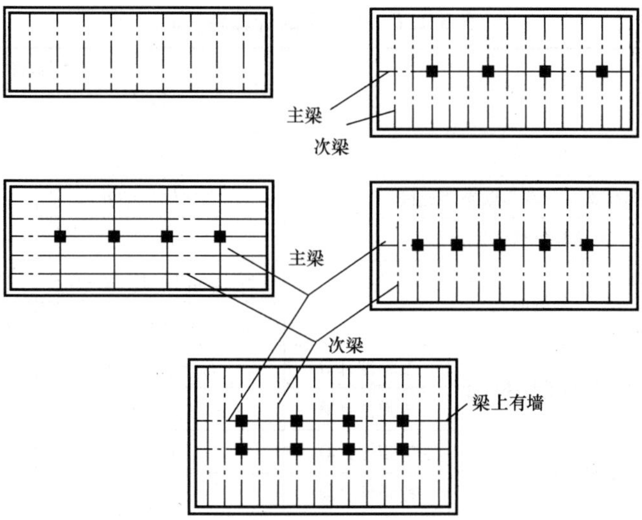

图 3.1.7　单向板楼盖的布置示意图

(2)支承简化与修正。梁、板支承在砖墙或砖柱上时，砖墙或砖柱可视为梁板的铰支座；当梁、板与柱整体浇筑时，为简化计算，板可简化为支承在次梁上的多跨连续板；主梁则简化为以柱或墙为支座的多跨连续板。需要注意的是，主梁支承在柱子上时，当结点两侧梁的线刚度之和与结点上下刚度之和的比值大于 3 时，才可将柱作为主梁的不动铰支座。否则，应按框架进行内力分析。

上述支座的简化忽略了整体现浇支座对梁(板)的约束作用。这种简化对于等跨连续梁(板)，当沿各跨满布活荷载时是可行的，按简支计算与实际相差很小。但是，当活荷载隔跨布置时则相差较大，由于支承构件的抗扭刚度使被支承构件跨中弯矩相对于按铰支计算有所减少，且使支座负弯矩有所增加，但不会超过满布活荷载时的负弯矩值。为考虑这种差别，在设计中一般是采用增大恒荷载和减小活荷载的办法来考虑，即用调整后的折算恒荷载 g' 和折算活荷载 q' 代替实际的恒荷载 g 和实际活荷载 q。

对于板：
$$\begin{cases} g'=g+\dfrac{q}{2} \\ q'=\dfrac{q}{2} \end{cases} \tag{3.1}$$

对于次梁：
$$\begin{cases} g'=g+\dfrac{q}{4} \\ q'=\dfrac{3q}{4} \end{cases} \tag{3.2}$$

(3)跨度与跨数计算。连续梁(板)各跨的计算跨度与支座的构造形式、构件的截面尺寸以及内力计算方法有关，一般可按表 3.1.1 确定。需要注意的是，计算跨度用于计算弯矩，计算剪力时应用净跨。若连续梁(板)的各跨跨度不等，当计算各跨跨中弯矩时，应按各自的跨度计算；当计算支座截面负弯矩时，则应按相邻两跨计算跨度的平均值计算。

表 3.1.1　板和梁的计算跨度 l_0

<table>
<tr><th rowspan="2">跨数</th><th rowspan="2" colspan="2">支座情况</th><th colspan="2">计算跨度</th></tr>
<tr><th>板</th><th>梁</th></tr>
<tr><td rowspan="3">单跨</td><td colspan="2">两端简支</td><td>$l_0=l_n+h$</td><td rowspan="3">$l_0=l_n+a\leqslant 1.05l_n$</td></tr>
<tr><td colspan="2">一端简支、一端与梁整体连接</td><td>$l_0=l_n+0.5h$</td></tr>
<tr><td colspan="2">两端与梁整体连接</td><td>$l_0=l_n$</td></tr>
<tr><td rowspan="6">多跨</td><td colspan="2" rowspan="2">两端简支</td><td>当 $a\leqslant 0.1l_c$ 时，$l_0=l_c$</td><td>当 $a\leqslant 0.05l_c$ 时，$l_0=l_c$</td></tr>
<tr><td>当 $a>0.1l_c$ 时，$l_0=1.1l_n$</td><td>当 $a>0.05l_c$ 时，$l_0=1.05l_n$</td></tr>
<tr><td rowspan="2">一端入墙内，另一端与梁整体连接</td><td>按塑性计算</td><td>$l_0=l_n+0.5h$</td><td>$l_0=l_n+0.5a\leqslant 1.025l_n$</td></tr>
<tr><td>按弹性计算</td><td>$l_0=l_n+0.5(h+b)$</td><td>$l_0=l_c\leqslant 1.025l_n+0.5b$</td></tr>
<tr><td rowspan="2">两端均与梁整体连接</td><td>按塑性计算</td><td>$l_0=l_n$</td><td>$l_0=l_n$</td></tr>
<tr><td>按弹性计算</td><td>$l_0=l_c$</td><td>$l_0=l_c$</td></tr>
<tr><td>说明</td><td colspan="4">l_n 为支座间净跨；l_c 为支座中心间的距离；h 为板的厚度；a 为边支座宽度；b 为中间支座宽度</td></tr>
</table>

对于跨度相等或相差不超过 10%的多跨连续梁、板，若跨数超过五跨时，可按五跨来计算：除两边的第一、第二跨外，其余的中间各跨跨中和中间支座的内力值均按五跨连续梁、板的中间跨跨中和中间支座采用。当然，如果跨数不超过五跨时，就按实际跨数来考虑。

确定计算跨度时需要用到构件的截面尺寸，对于板，应尽可能接近构造要求的现浇钢筋混凝土板的最小厚度并满足刚度要求的最小板厚范围 $l_0/30\sim l_0/35$；对于梁，可根据荷载大小按下列方法初估(此处估算可取 $l_0=l_c$)：

次梁：截面高度 $h=\dfrac{l_0}{18}\sim\dfrac{l_0}{12}$，截面宽度 $b=\dfrac{h}{3}\sim\dfrac{h}{2}$

主梁：截面高度 $h=\dfrac{l_0}{14}\sim\dfrac{l_0}{8}$，截面宽度 $b=\dfrac{h}{3}\sim\dfrac{h}{2}$

(4)荷载计算。作用于楼盖上的恒荷载和活荷载通常按均布荷载考虑。对于板，通常取宽度为 1 m 的板带作为计算单元。作用于板上的恒载为板带自重、面层及粉刷等；其上的活荷载取值按《建筑结构荷载规范》(GB 50009—2012)采用。此处应注意：对于活荷载标准值大于 4 kN/m^2 的工业房屋楼面结构的活荷载的分项系数应取 1.3 而不是 1.4。

次梁除自重(含粉刷等)外，还承受板传来的均布荷载。主梁除自重(含粉刷等)外，还承受次梁传给主梁的集中力。但由于主梁自重与次梁传来的荷载相比较小，因此，为了简化计算，一般可将主梁均布自重转化为相应的集中荷载，与次梁传来的集中力合并计算。

当计算板传递给次梁、次梁传递给主梁以及主梁传递给墙、柱的荷载时，一般可忽略结构的连续性，按简支计算。

荷载计算单元及计算简图如图 3.1.8 所示。

2. 钢筋混凝土连续梁按弹性理论计算

按弹性理论计算内力即按选取的计算图用结构力学的原理进行计算，常用力矩分配法来求解。为方便计算，对于常用荷载作用下的等跨度(含相差不超过 10%)、等截面的连续梁板均可查用现成计算表格，参见附录中附表 12。

(1)活荷载的最不利组合。恒载是保持不变的，而活载是随机的，对于连续梁，并不像

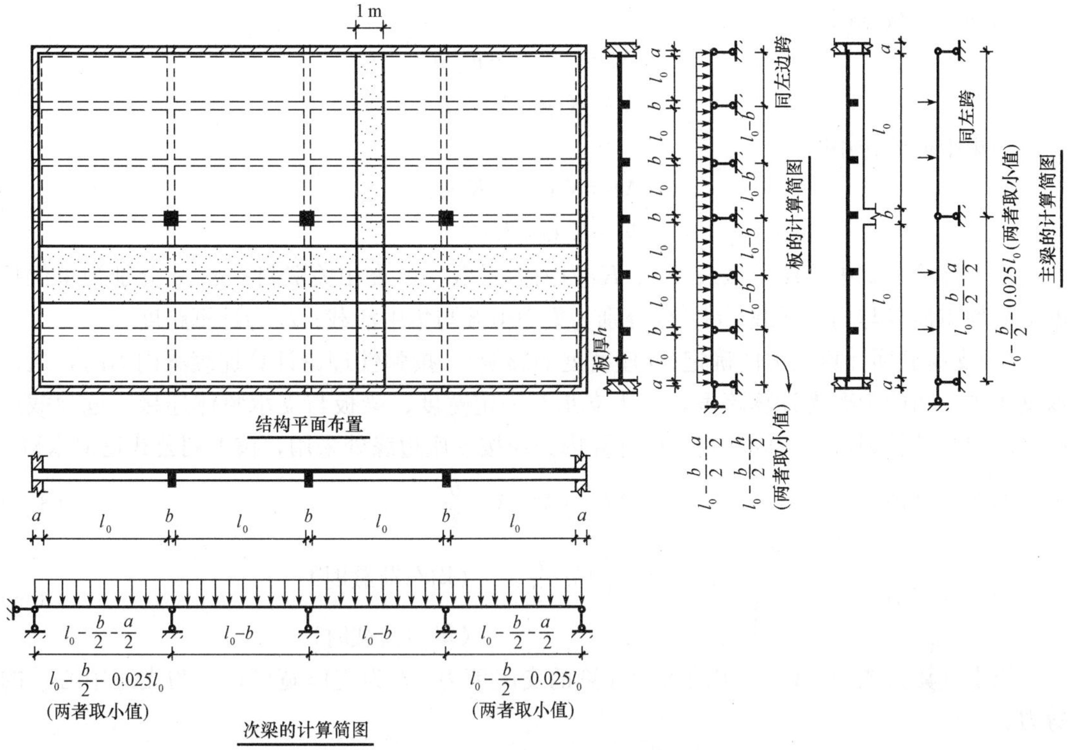

图 3.1.8 单向板楼盖的计算简图

简支梁那样，恒载、活载均为满载时内力最大。由于活荷载的可变性，需要求出各截面上的最不利内力，因此，需要考虑活荷载的最不利组合。

通过分析，可得出确定截面最不利活荷载布置的原则有以下几点：

1)求某跨跨中最大正弯矩时，应在该跨布置活荷载，然后向其左右每隔一跨布置活荷载[图 3.1.9(a)、(b)]。

2)求某跨跨中最大负弯矩(最小弯矩)时，应在该跨不布置活荷载，而在两相邻跨布置活荷载，然后每隔一跨布置。

3)求某支座最大负弯矩(绝对值最大)时，应在该支座左右两跨布置活荷载，然后每隔一跨布置[图 3.1.9(c)]。

4)求某内支座截面最大剪力时，其活荷载布置与求该跨支座最大负弯矩的布置相同[图 3.1.9(c)]。求边支座截面最大剪力时，其活荷载布置与该跨跨中最大正弯矩的布置相同。

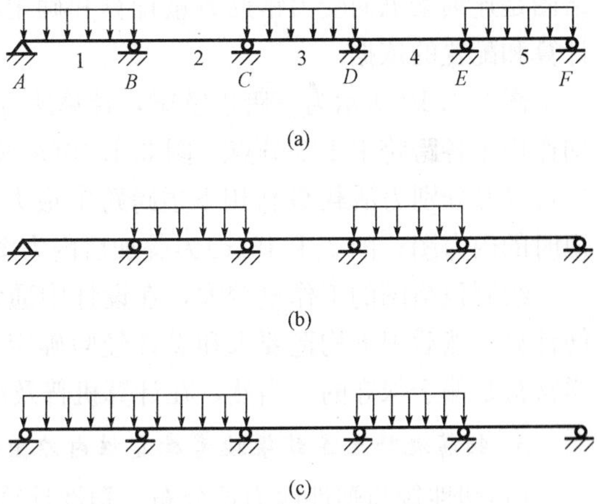

图 3.1.9 活荷载最不利布置图

(a)M_{1max}，M_{3max}，M_{5max}的活荷载布置；

(b)M_{2max}，M_{4max}的活荷载布置；

(c)M_{Bmax}，V_{Bmax}的活荷载布置

(2)应用查表法求内力。对于常用荷载作用下的等跨度(含相差不超过10%)、等截面的连续梁板，可查附录中附表12，得到最不利荷载下的内力系数后按以下公式计算：

当均布荷载作用时：

$$\begin{cases}M=K_1gl_0^2+K_2ql_0^2\\V=K_3gl_0+K_4ql_0\end{cases}\tag{3.3}$$

当集中荷载作用时：

$$\begin{cases}M=K_1Gl_0+K_2Ql_0\\V=K_3G+K_4Q\end{cases}\tag{3.4}$$

以上计算公式中，K_1、K_2、K_3、K_4 为内力系数，可查相关资料；g、q 分别为单位长度上的均布恒载与均布活载；G、Q 分别为集中恒载与集中活载；l_0 为计算跨度。

(3)支座截面计算内力的确定(支座宽度的影响)。按弹性理论计算连续梁内力时，通常取支承中心间的距离为计算跨度，由于支承有一定宽度、梁板与支承整体连接，危险截面由支座中心转移到边缘。因此，支座计算内力应按支座边缘处采用，按下列公式近似求得：

弯矩计算值：

$$M_{cal}=M-V_0\ \frac{b}{2}\tag{3.5}$$

剪力计算值：

$$\begin{cases}V_{cal}=V-(g+q)\dfrac{b}{2} & \text{(均布荷载时)}\\V_{cal}=V & \text{(集中荷载时)}\end{cases}\tag{3.6}$$

以上计算公式中，V_0 为按简支梁计算的支座剪力；b 为支座宽度；V 为支座中心处的剪力。

(4)内力包络图。将所有可变荷载最不利布置时的各个同类内力图形(弯矩图或剪力图)，按同一比例画在同一基线上，所得的图形称为内力叠合图，内力叠合图的外包线即为内力包络图。不论可变荷载处于何处，截面上的内力都不会超过内力包络图范围。弯矩包络图是连续梁纵向受力钢筋数量计算和确定纵筋截断位置的依据，剪力包络图是箍筋数量计算和配置的依据。

图 3.1.10 所示为三跨连续梁，计算跨度为 $l_0=4$ m，恒载 $G=10$ kN，活载 $Q=10$ kN，均作用于各跨跨中 1/3 分点。图 3.1.10(a)所示为恒载 G 作用下的弯矩图；图 3.1.10(b)、(c)、(d)分别为活载 Q 作用下边跨跨中最大正弯矩、中跨跨内最大正弯矩及支座最大负弯矩时的内力图；图 3.1.10(e)为叠加后内力图。其外包线就是内力包络图。

绘制包络图的工作量较大，在设计中通常根据若干控制截面的最不利内力进行截面配筋计算，然后根据构造要求和设计经验确定在负弯矩区间内纵向受力钢筋的截断位置，这样常常是偏于保守的。当然，在计算机普及的今天，做到按内力包络图配筋已不难。

3. 钢筋混凝土连续梁按考虑塑性内力重分布的计算

(1)塑性铰与塑性内力重分布。塑性计算法是考虑塑性变形引起结构内力重分布的实际情况计算连续梁内力的方法。

对配筋适量的受弯构件，当受拉钢筋在某个弯矩较大的截面达到屈服后，再增加很小弯矩，形成塑性变形集中区域，截面相对转角剧增，整个截面绕着受压区转动，犹如一个能够转动的“铰”，称为“塑性铰”。对于超静定结构，由于存在多余的约束，构件某一截面出现塑性铰，并不能成为几何可变体系，仍能继续承受增加的荷载，直到不断增加的塑性铰使结构成为几何可变体系。

塑性铰与普通铰相比，有以下特点：塑性铰能承受弯矩；塑性铰是单向铰，只沿弯矩

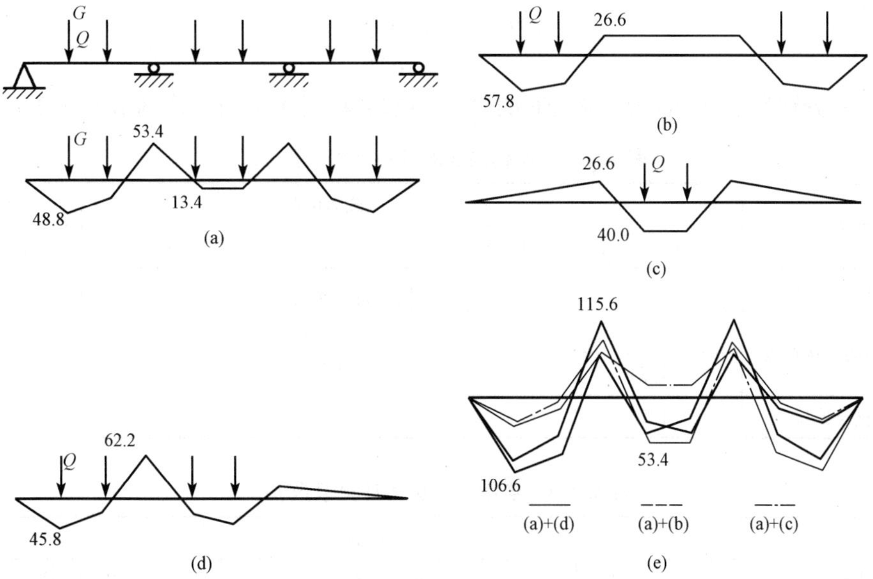

图 3.1.10　三跨连续梁应力分析图

作用方向旋转；塑性铰转动有限度：从钢筋屈服到混凝土压坏。

钢筋混凝土连续梁是超静定结构，在加载的全过程中，由于构件裂缝的出现、塑性变形的发展、构件刚度的不断降低，各截面之间的内力分布不断变化，这种情况称为“内力重分布现象”。特别是塑性铰的出现使结构的传力性能得以改变，引起内力分布的显著改变，这时的内力重分布的过程称为“塑性内力重分布”。

塑性理论方法是以塑性铰为前提的，因此，通常在以下情况下并不适用：

①直接承受动力和重复荷载的结构；

②在使用阶段不允许出现裂缝或对裂缝开展有较严格限制的结构；

③处于重要部位，要求有较大强度储备的结构，如肋梁楼盖中的主梁。

(2)弯矩调幅法计算。在设计普通楼盖的连续板和次梁时，可考虑连续梁板具有的塑性内力重分布特性，采用弯矩调幅法将某些截面的弯矩调整(一般将支座弯矩调低)后配筋。

弯矩调幅法是指在按弹性方法计算所得的弯矩包络图的基础上，对首先出现的塑性铰截面的弯矩值进行调幅；将调幅后的弯矩值加于相应的塑性铰截面，再用一般力学方法分析对结构其他部分内力的影响；经过综合分析研究选取连续梁中各截面的内力值，然后进行配筋计算。

根据理论和试验研究结果及工程实践，对弯矩进行调幅时应遵循以下原则：

1)必须保证塑性铰有足够的转动能力。受力钢筋宜采用 HRB335 级、HRB440 级热轧钢筋；混凝土强度等级宜为 C20～C45；截面的相对受压高度 ξ 不应超过 0.35，也不宜小于 0.10。

2)弯矩调低的幅度不能太大，目的是使结构满足正常使用条件。对热轧钢筋宜不大于 20%，且应不大于 25%。

3)调幅后的弯矩应满足静力平衡条件，每跨两端支座负弯矩绝对值的平均值与跨中弯矩之和应不小于简支梁的跨中弯矩。

(3)简化的弯矩调幅法计算连续梁板。为计算方便，对工程中常见的承受均布荷载的等跨连续梁板的控制截面内力，可用简化的弯矩调幅法，即按下列公式计算：

$$
\begin{cases}M=\alpha_M(g+q)l_0^2 \\ V=\beta_V(g+q)l_{\mathrm{n}}\end{cases} \tag{3.7}
$$

式中，α_M、β_V 分别为考虑塑性内力重分布的弯矩系数和剪力系数，详见表 3.1.2 与表 3.1.3。

表 3.1.2　连续梁板的弯矩计算系数 α_M

<table>
<tr><th colspan="2" rowspan="2">端支承情况</th><th colspan="5">截面位置</th></tr>
<tr><th>端支座</th><th>边跨跨中</th><th>离端第二支座</th><th>中间跨跨中</th><th>中间支座</th></tr>
<tr><td colspan="2">梁、板搁在墙上</td><td>0</td><td>1/11</td><td rowspan="4">两跨连续：
−1/10
三跨以上连续：
−1/11</td><td rowspan="4">1/16</td><td rowspan="4">−1/14</td></tr>
<tr><td>板</td><td rowspan="2">与梁整浇连接</td><td>−1/16</td><td rowspan="2">1/14</td></tr>
<tr><td>梁</td><td>−1/24</td></tr>
<tr><td colspan="2">梁与柱整浇连接</td><td>−1/16</td><td>1/14</td></tr>
</table>

表 3.1.3　连续梁的剪力计算系数 β_V

<table>
<tr><th rowspan="3">端支承情况</th><th colspan="5">截面位置</th></tr>
<tr><th rowspan="2">端支座内侧</th><th colspan="2">离端第二支座</th><th colspan="2">中间支座</th></tr>
<tr><th>外侧</th><th>内侧</th><th>外侧</th><th>内侧</th></tr>
<tr><td>梁、板搁在墙上</td><td>0.45</td><td>0.60</td><td rowspan="2">0.55</td><td rowspan="2">0.55</td><td rowspan="2">0.55</td></tr>
<tr><td>与梁或柱整体连接</td><td>0.50</td><td>0.55</td></tr>
</table>

对于跨度相差不超过 10％的不等跨连续梁板，也可近似按式(3.7)计算，在计算支座弯矩时可取支座左右跨度的较大值作为计算跨度。

应注意，上述的弯矩系数是根据调幅法有关规定，将支座弯矩调低约 25％的结果，适用于$\frac{q}{g}>0.3$ 的结构。对$\frac{q}{g}\leqslant 0.3$ 的结构，调幅应不超过 15％，支座弯矩系数需适当增大。

4. 现浇单向板肋梁楼盖的计算与构造要求

(1)配筋计算。连续板在四周与梁整体连接时，支座截面负弯矩使板上部开裂，而跨中正弯矩使板下部开裂，这样便使板的实际轴线形成跨中比支座高的拱形，在竖向荷载作用下，周边梁将对板产生水平推力，对板的承载力有利，该推力可减少板中各计算截面的弯矩，其减少程度视板的长宽比及边界条件而异。对四周与梁整体连接的单向板，其中间跨板带的跨中截面及中间支座截面的计算弯矩可折减 20％，边跨跨中及第一个内支座截面弯矩不折减。板一般能满足斜截面抗剪承载力要求，设计时可不进行抗剪承载力计算。

对于次梁，由于其与板是整体连接的，板作为梁的翼缘参加工作，因此，在次梁的正截面承载力计算中，对跨中按 T 形截面计算，而对支座则按矩形截面计算，因为翼缘位于受拉区而非受压区。在斜截面承载力计算中，当荷载、跨度较小时，一般只利用箍筋抗剪，当荷载、跨度较大时，宜在支座附近设置弯起钢筋，以减少箍筋用量。

对于主梁，正截面承载力计算与次梁相同，对跨中正弯矩按 T 形截面计算，对支座负弯矩按矩形计算，如果跨中出现负弯矩也按矩形计算。主梁的截面有效高度在支座处比正常有所减少。当钢筋单排布置时，$h_0=h-(50\sim60)$；当双排布置时，$h_0=h-(70\sim80)$。这是由于支座处板、次梁、主梁的钢筋重叠交错，且主梁负筋位于次梁和板的负筋之下。

对于次梁和主梁，当满足前述各自的高跨比与宽高比要求，且最大裂缝宽度限值为

0.3 mm 时，一般不需要进行使用阶段挠度与裂缝宽度验算。

根据弯矩计算出各控制截面的钢筋面积后，为使跨数较多的内跨钢筋与计算值尽可能一致，同时，使支座截面尽可能利用跨中弯起的钢筋，应按先内跨后外跨，先跨中后支座的顺序选择钢筋。

(2)板的构造要求。板的一般构造要求可参见相关知识。

板的支承长度应满足其受力钢筋在支座内锚固的要求，且一般不小于板厚，当搁置在砖墙上时，不小于 120 mm。

连续板受力钢筋的布置形式有弯起式和分离式两种(图 3.1.11)。弯起式配筋在支座附近将跨中钢筋按需要弯起 1/2(隔一弯一)，但最多隔一弯二。其整体性好，且可节约钢筋、锚固可靠，有利于承受振动荷载，但施工较复杂，目前，工程上已较少采用。分离式配筋整体性稍差，用钢量稍高，但构造简单、施工方便，因此，已成为建筑工程中主要采用的配筋方式。

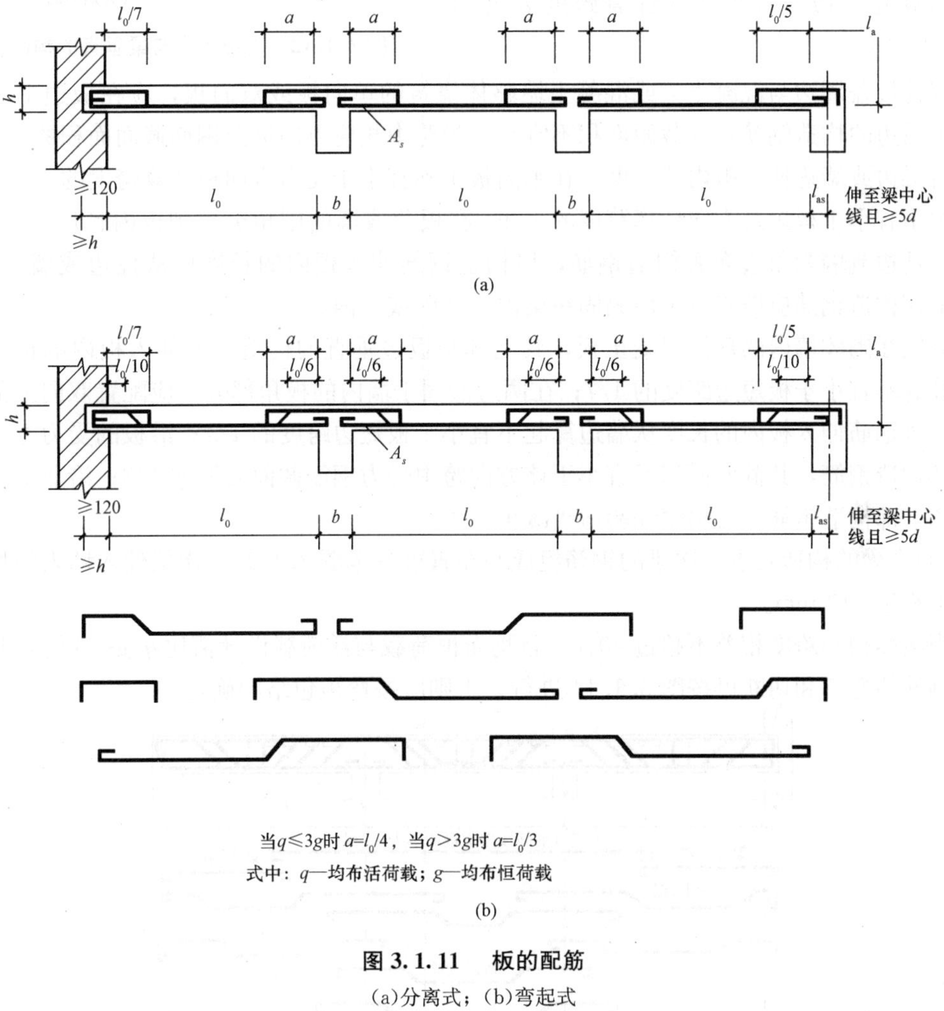

图 3.1.11　板的配筋

(a)分离式；(b)弯起式

为了保证锚固，当采用 HPB300 级钢筋作为板下部受力钢筋时应采用半圆弯钩。简支板或连续板下部纵向受力钢筋伸入支座的锚固长度不应小于 5d，d 为下部纵向受力钢筋的直径。当连续板内温度、收缩应力较大时，伸入支座的锚固长度宜适当增加。支座负弯矩钢筋向跨内的延伸长度应覆盖负弯矩图并满足钢筋锚固的要求，并将末端做成直钩，以便施工时搁在模板上。等跨或相邻跨差不大于20%的多跨连续板可按图3.1.11所示的方法确定切断位置。

在温度、收缩应力较大的现浇板区域内，钢筋间距宜取为150～200 mm，并应在板的未配筋表面布置温度收缩钢筋。板的上、下表面沿纵、横两个方向的配筋率均不宜小于0.1%。温度收缩钢筋可利用原有钢筋贯通布置，也可另行设置构造钢筋网，并与原有钢筋按受拉钢筋的要求搭接或在周边构件中锚固。

当现浇板的受力钢筋与梁平行时，应沿梁长度方向配置间距不大于200 mm且与梁垂直的上部构造钢筋，其直径不宜小于8 mm，且单位长度内的总截面面积不宜小于板中单位宽度内受力钢筋截面面积的1/3。该构造钢筋伸入板内的长度从梁边算起每边不宜小于板计算跨度 l_0 的1/4（图3.1.12）。

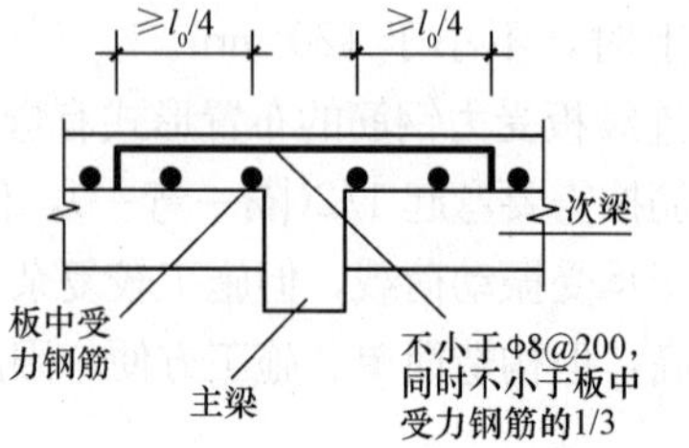

图3.1.12　现浇板中与梁垂直的构造钢筋

现浇楼盖周边与混凝土梁或混凝土墙整体浇筑的单向板或双向板，应在板边上部设置垂直于板边的构造钢筋，其截面面积不宜小于板跨中相应方向纵向钢筋截面面积的1/3；该钢筋自梁边或墙边伸入板内的长度，在单向板中不宜小于受力方向板计算跨度的1/5，在双向板中不宜小于板短跨方向计算跨度的1/4；在板角或墙的阳角突出到板内且尺寸较大时，亦应沿柱边或墙阳角边布置构造钢筋，该构造钢筋伸入板内的长度应从柱边或墙边算起。上述上部构造钢筋应按受拉钢筋锚固在梁内、墙内或柱内。

嵌固在砌体墙内的现浇混凝土板，其上部与板边垂直的构造钢筋伸入板内的长度，从墙边算起不宜小于板短边跨度的1/7；在两边嵌固于墙内的板角部分，应配置双向上部构造钢筋，该钢筋伸入板内的长度从墙边算起不宜小于板短边跨度的1/4；沿板的受力方向配置的上部构造钢筋，其截面面积不宜小于该方向跨中受力钢筋截面面积的1/3；沿非受力方向配置的上部构造钢筋，可根据经验适当减少。

(3)次梁的构造要求。次梁的钢筋组成与布置可参考图3.1.13。次梁伸入墙内的长度一般应不小于240 mm。

当次梁相邻跨度相差不超过20%，且均布恒荷载与活荷载设计值比 $q/g<3$ 时，其纵向受力钢筋的弯起和切断可按图3.1.14进行，否则应按弯矩包络图确定。

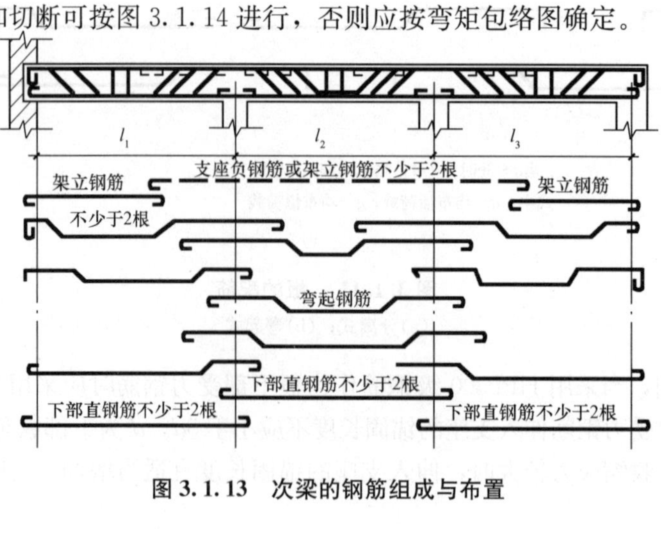

图3.1.13　次梁的钢筋组成与布置

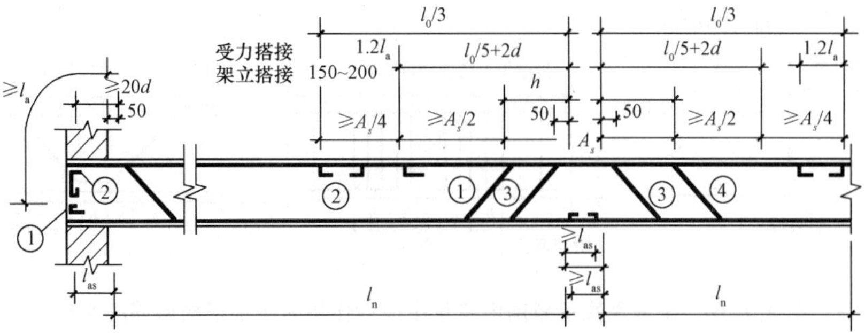

图 3.1.14　次梁的配筋构造

(4)主梁的构造要求。主梁的钢筋组成与布置可参考图 3.1.15。主梁伸入墙内的长度一般应不小于 370 mm。

主梁纵向受力钢筋的弯起和截断应根据弯矩包络图进行布置。

主梁主要承受集中荷载，剪力图呈矩形。如果在斜截面抗剪计算中，要利用弯起钢筋抵抗剪力，则应考虑跨中有足够的钢筋可供弯起，以便使抗剪承载力图完全覆盖剪力包络图。若跨中钢筋可供弯起根数不够，则应在支座设置专门抗剪的鸭筋。

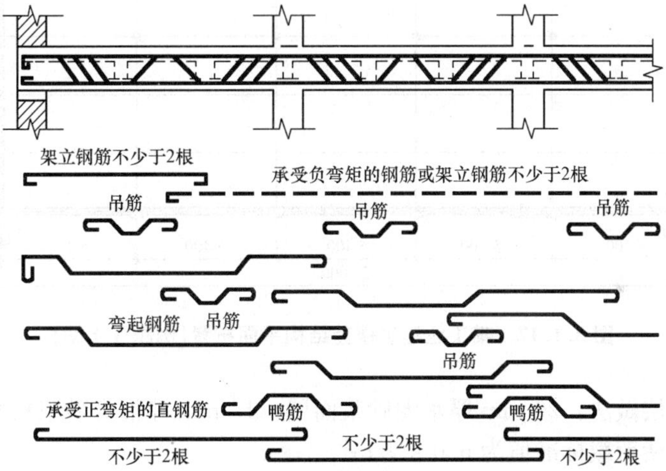

图 3.1.15　主梁的钢筋组成与布置

在次梁和主梁相交处，由于主梁承受由次梁传来的集中荷载，其腹部可能出现斜裂缝，并引起局部破坏，如图 3.1.16 所示。因此，《混凝土结构设计规范(2015 年版)》(GB 50010—2010)作了相关规定。位于梁下部或梁截面高度范围内的集中荷载，应全部由附加横向钢筋(箍筋、吊筋)承担，附加横向钢筋宜采用箍筋。箍筋应布置在长度为 $s=2h_1+3b$ (图 3.1.16)的范围内。当采用吊筋时，其弯起段伸至梁上边缘，且末端水平段长度不应小于相关规定。附加横向钢筋所需的总截面面积应接下式计算：

$$A_{sv} \geqslant \frac{F}{f_{yv}\sin\alpha} \tag{3.8}$$

式中，A_{sv} 为承受集中荷载所需的附加横向钢筋总截面面积，当采用附加吊筋时其应为左、右弯起段截面面积之和；F 为作用在梁的下部或梁截面高度范围内的集中荷载设计值；α 为附加横向钢筋与梁轴线间的夹角。

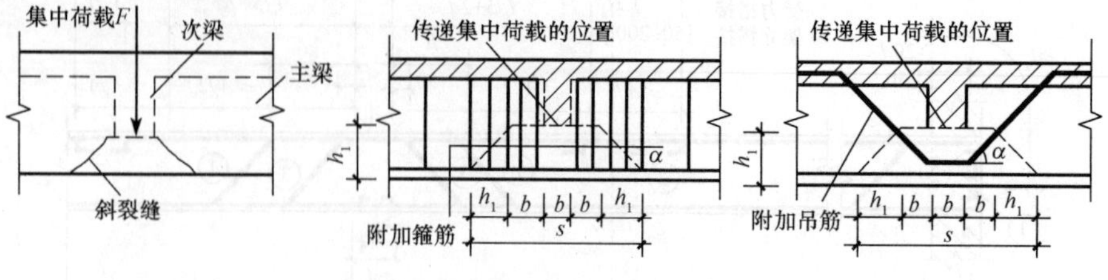

图 3.1.16　梁截面高度范围内有集中荷载作用时附加横向钢筋的布置

5. 现浇单向板肋梁楼盖的计算示例

[**例题 3.1**]　某工业建筑楼盖结构平面布置如图 3.1.17 所示(楼梯与电梯井另设，图中未画出)，拟设计为钢筋混凝土肋梁楼盖，相关设计资料如下：

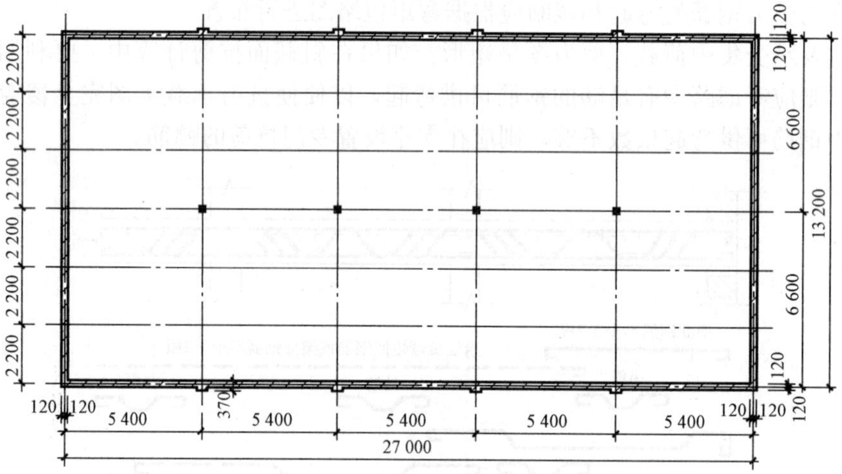

图 3.1.17　某工业建筑楼盖结构平面布置(例题 3.1 图)

(1)楼面构造层做法：20 mm 厚水泥砂浆面层，15 mm 厚混合砂浆粉底。

(2)楼面使用活荷载标准值为 6.0 kN/m^2。

(3)永久荷载分项系数为 1.2，可变荷载分项系数为 1.3(因为楼面活载标准值 ≥4.0 kN/m^2)。

(4)板和次梁的混凝土采用的强度等级为 C20 级，主梁的混凝土采用的强度等级为 C25 级。

(5)梁中受力主筋采用 HRB335 级钢筋，其余采用 HPB300 级钢筋。

板、次梁内力按塑性重分布计算，主梁内力按弹性理论计算。试设计此楼盖并绘制施工图。

解　1. 结构布置

结构布置应尽可能经济适用、受力合理。选择主梁方向为整个结构刚度较弱的横向。按肋梁楼盖的板、梁合理跨度要求，选定主梁跨度为 6 600 mm，次梁跨度为 6 000 m，单向板跨底取 7 500÷3＝2 500(mm)。

板厚：考虑刚度要求，板厚≥(1/35～1/40)×2 200＝63～55(mm)，考虑工业建筑楼板最小板厚为 70 mm，另外楼面活荷载较大，因此板厚确定为 80 mm。

次梁：梁高 $h=(1/18\sim1/12)l=(1/18\sim1/12)\times5\ 400=300\sim450(\text{mm})$ 取 $h=400$ mm；次梁宽取 $b=200$ mm。

主梁：梁高 $h=(1/14\sim1/8)l=(1/14\sim1/8)\times6\ 600=471\sim825(\text{mm})$，考虑其为重要构件，取 $h=600$ mm，梁宽 $b=250$ mm。

柱截面尺寸拟定为 300 mm×300 mm。

楼盖的梁、板结构平面布置及构件尺寸如图 3.1.18 所示。

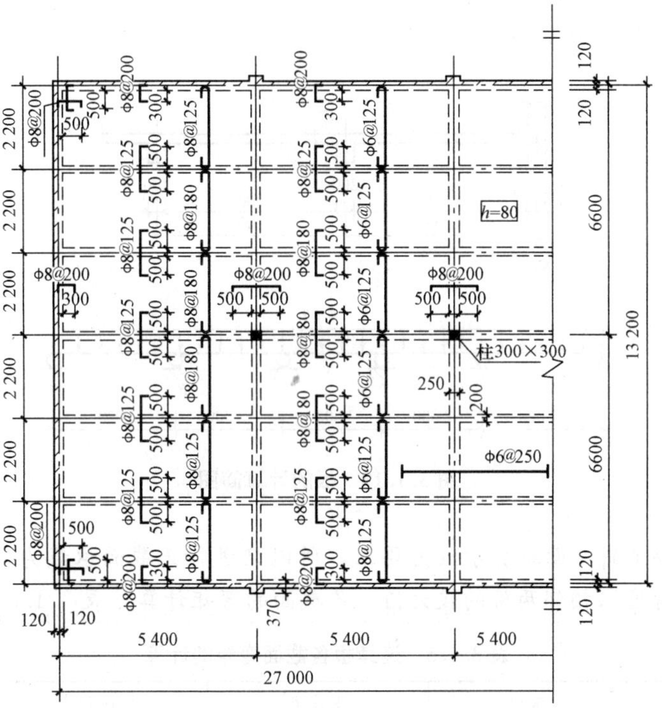

图 3.1.18　楼盖结构平面布置及板配筋图

2. 板的设计

本设计采用单向板整浇楼盖，按塑性内力重分布方法计算内力。对多跨连续板沿板的长边方向取 1 m 宽的板带作为板的计算单元。

(1)板的荷载计算(表 3.1.4)。

表 3.1.4　板的荷载计算

荷载种类		荷载标准值/(kN·mm^{-2})	荷载分项系数	荷载设计值/(kN·mm^{-2})
永久荷载	20 mm 厚水泥砂浆面层 80 mm 厚现浇板自重 15 mm 厚混合砂浆粉底	0.02×20=0.4 0.08×25=2.0 0.015×17=0.255		
恒载小计(g)		2.655	1.2	3.186
可变荷载(q)		6.0	1.3	7.8
总荷载($g+q$)				10.986

(2)内力计算。

计算跨度：边跨　$l_{01}=l_n+0.5h=(2.2-0.2\div2-0.24\div2)+0.5\times0.08=2.02(\text{m})$

中间跨　$l_{02}=l_{03}=l_n=2.2-0.2=2.0(\text{m})$

跨度差　$\dfrac{2.02-2.0}{2.0}\times100\%=1.0\%<10\%$

边跨与中间跨计算跨度相差若不超过10%，可按等跨连续板计算内力。本设计为六跨连续板，超过五跨按五跨计算内力。

计算简图如图3.1.19所示。

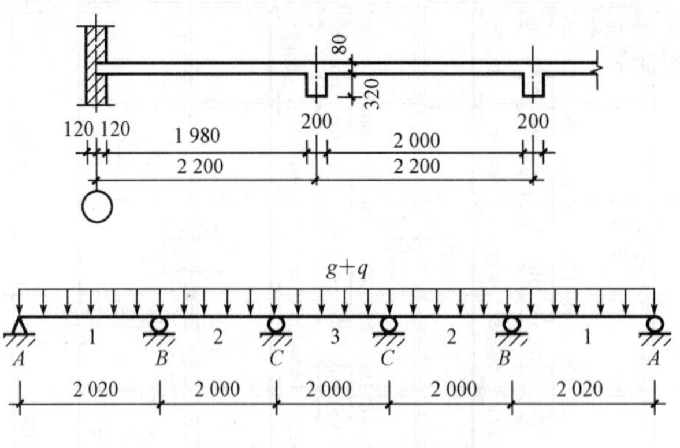

图 3.1.19　板的计算简图

板一般均能满足斜截面抗剪承载力要求，所以只进行正截面承载力计算。计算B支座负弯矩时，计算跨度取相邻两跨的较大值。各截面的弯矩计算见表3.1.5。

表 3.1.5　连续板各截面弯矩的计算

截面	边跨中	支座B	中间跨中	中间支座
弯矩系数α_M	1/11	−1/11	1/16	−1/14
$M=\alpha_M(g+q)l_0^2$ /(kN·m)	$\frac{1}{11}\times10.986\times2.02^2=4.08$	$-\frac{1}{11}\times10.986\times2.02^2=-4.08$	$\frac{1}{16}\times10.986\times2.0^2=2.75$	$-\frac{1}{14}\times10.986\times2.0^2=-3.14$

(3)配筋计算。$b=1\ 000$ mm，$h_0=80-25=55$(mm)。各截面配筋计算过程见表3.1.6，中间板带内区格四周与梁整体连接，故M_2、M_3及M_C应降低20%。

表 3.1.6　板正截面承载力计算表

截面	边跨跨中(1)	第一内支座(B)	中间跨中(2)、(3)		中间支座(C)	
			边板带	中间板带	边板带	中间板带
$M/(\times10^6\ \text{N}\cdot\text{mm})$	4.08	−4.08	2.75	0.8×2.75	−3.14	−0.8×3.14
$x=h_0-\sqrt{h_0^2-\dfrac{2M}{\alpha_1 f_c b}}$/mm	8.363	8.363	5.481	4.338	6.309	4.983
$x\leqslant0.35h_0$	满足	满足	满足	满足	满足	满足
$A_s=\dfrac{\alpha_1 f_c bx}{f_y}$/mm²	297	297	195	154	224	177

续表

截面	边跨跨中(1)	第一内支座(B)	中间跨中(2)、(3)		中间支座(C)	
			边板带	中间板带	边板带	中间板带
选配钢筋	Φ8@125	Φ8@125	Φ8@180	Φ6@125	Φ6/8@125	Φ8@180
A_s /mm²	402	402	279	226	324	279
验算配筋率	$\rho_{min}=\max\{0.20\%, 0.45f_t/f_y\}=0.20\%$ 均满足					

(4)板的配筋图绘制。板的配筋图如图 3.1.18 所示，在板的配筋图中，除按计算配置受力钢筋外，还应设置下列构造钢筋：

①分布钢筋：按规定选用 Φ6@250；

②板边构造钢筋：按规定选用 Φ8@200，设在板四周边的上部；

③板角构造钢筋：按规定选用 Φ8@200，双向配置在板四角的上部；

④与主梁垂直的上部构造钢筋按规定选用 Φ8@200。

3. 次梁的设计

次梁按塑性内力重分布方法计算。次梁有关尺寸及支承情况如图 3.1.20 所示。

(1)荷载计算(表 3.1.7)。

表 3.1.7 次梁的荷载计算

荷载种类		荷载设计值/(kN·m⁻¹)
永久荷载	由板传来	3.186×2.2=7.01
	次梁自重	1.2×0.2×(0.4−0.08)×25=1.92
	梁侧抹灰	1.2×0.015×(0.4−0.08)×2×17=0.196
小计(g)		9.126
可变荷载(q)		1.3×6.0×2.2=17.16
总荷载($g+q$)		26.29

(2)内力计算。

计算跨度：边跨 $l_n+0.5a=(5.4-0.25/2-0.24/2)+0.5\times0.24=5.275(\text{m})$

$1.025l_n=1.025\times5.155=5.284(\text{m})$

l_{01}取二者中较小值，即 $l_{01}=5.275$ m。

中间跨 $l_{02}=l_{03}=l_n=5.4-0.25=5.15(\text{m})$

跨度差 $\frac{5.275-5.15}{5.15}\times100\%=2.43\%<10\%$，故允许采用等跨连续次梁的内力系数计算。计算简图如图 3.1.20 所示。

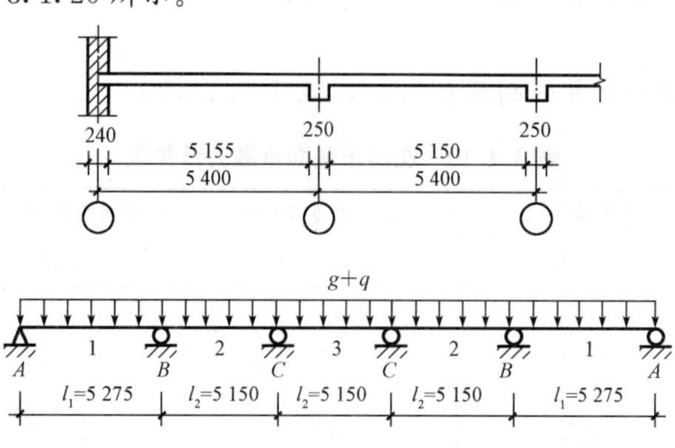

图 3.1.20 次梁的计算简图

次梁内力计算见表 3.1.8 与表 3.1.9。

表 3.1.8 次梁弯矩计算表

截面	边跨中	支座 B	中间跨中	中间支座
弯矩系数 α_M	1/11	−1/11	1/16	−1/14
$M=\alpha_M(g+q)l_0^2$ /(kN·m)	$\frac{1}{11}\times26.29\times5.275^2=66.50$	$-\frac{1}{11}\times26.29\times5.275^2=-66.50$	$\frac{1}{16}\times26.29\times5.15^2=43.58$	$-\frac{1}{14}\times26.29\times5.15^2=49.81$

表 3.1.9 次梁剪力计算表

截面	边支座	支座 B 左	支座 B 右	中间支座
剪力系数 β_V	0.45	0.60	0.55	0.55
$V=\beta_V(g+q)l_n$ /kN	$0.45\times26.29\times5.155=60.99$	$0.60\times26.29\times5.155=81.31$	$0.55\times26.29\times5.15=74.47$	$0.55\times26.29\times5.15=74.47$

(3)截面承载力计算。次梁跨中按 T 形截面计算，其翼缘宽度为

边跨 $l_0/3=\frac{1}{3}\times5\ 275=1\ 758(\text{mm})$

$b+s_n=200+2\ 000=2\ 200(\text{mm})$

取较小值 $b_f'=1\ 758$ mm。

中跨 $b_f'=l_0/3=\frac{1}{3}\times5\ 150=1\ 717(\text{mm})$

梁高 $h=400$ mm，$h_0=400-40=360(\text{mm})$

翼缘厚 $h_f'=80$ mm

$$\alpha_1 f_c b_f' h_f'\left(h_0-\frac{h_f'}{2}\right)=1.0\times9.6\times1717\times80\times\left(360-\frac{80}{2}\right)=422\times10^6(\text{N}\cdot\text{mm})$$

$$=422(\text{kN}\cdot\text{m})>66.50(\text{kN}\cdot\text{m})(\text{边跨中})$$

$$\text{且}\qquad>43.58(\text{kN}\cdot\text{m})(\text{中间跨中})$$

故各跨中截面均属于第一类 T 形截面。

支座截面按矩形截面计算，第一支座和中间支座均按布置一排纵向钢筋考虑，取 $h_0=400-40=360(\text{mm})$。

次梁正截面及斜截面计算分别见表 3.1.10 及表 3.1.11 。

表 3.1.10 次梁正截面承载力计算表

截面	边跨跨中(1)	第一内支座(B)	中间跨跨中(2)	中间支座(C)
$M/(\times10^6\ \text{N}\cdot\text{mm})$	66.50	−66.50	43.58	−49.81
$x=h_0-\sqrt{h_0^2-\frac{2M}{\alpha_1 f_c b}}$ /mm	11.12	114.38	7.42	81.23
$x\leqslant0.35h_0$	满足	满足	满足	满足

续表

截面	边跨跨中(1)	第一内支座(B)	中间跨跨中(2)	中间支座(C)
$A_s=\dfrac{\alpha_1 f_c b x}{f_y}$/mm^2	626	732	408	520
选配钢筋 A_s/mm^2	2Φ16+1Φ18 657	4Φ16 804	3Φ14 462	3Φ16 603
验算配筋率	ρ_{min}=max{0.20%，0.45f_t/f_y}=0.20%　均满足			

表 3.1.11　次梁斜截面承载力计算表

截面	边跨跨中(1)	第一内支座(B)	中间跨跨中(2)	中间支座(C)
$M/(\times10^6\ \mathrm{N\cdot mm})$	66.50	−66.50	43.58	−49.81
$\xi=1-\sqrt{1-\dfrac{2M}{\alpha_1 f_c b h_0^2}}$	0.030 56	0.322 2	0.019 4	0.227 8
$\xi\leqslant\xi_b=0.35$	满足	满足	满足	满足
$A_s=\dfrac{\alpha_1 f_c b h_0 \xi}{f_y}$/mm^2	625	736	408	520
选配钢筋 A_s/mm^2	2Φ16+1Φ18 657	4Φ16 804	3Φ14 462	3Φ16 603
验算配筋率	ρ_{min}=Max{0.20%，0.45f_t/f_y}=0.20%　均满足			

(4)绘制次梁的配筋图。由于次梁的各跨跨度相差不超过 20%，且 $q/g\leqslant3$，次梁纵筋的截断可直接按次梁配筋构造要求图布置钢筋。次梁配筋详见图 3.1.21。

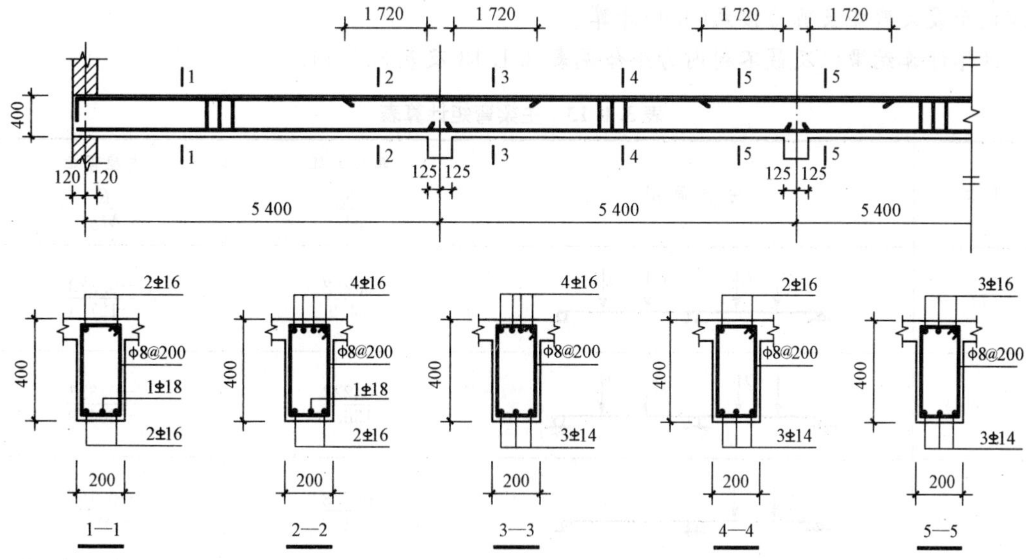

图 3.1.21　次梁配筋图

4. 主梁设计

(1)荷载计算见表 3.1.12。

表 3.1.12　主梁的荷载计算

荷载种类		荷载设计值/($kN \cdot m^{-1}$)
永久荷载	由次梁传来的集中荷载	9.126×(5.4−0.25)=47.00
	主梁自重(折算为集中荷载)	1.2×0.25×0.6×2.2×25=9.9
	梁侧抹灰(折算为集中荷载)	1.2×0.015×(0.6−0.08)×2.2×2×17=0.70
恒载小计(G)		57.60
可变荷载(Q)		1.3×6.0×2.2×5.4=92.66
总荷载($G+Q$)		150.26

(2)内力计算。

计算跨度：$l_c=6.6-0.12+0.37/2=6.67(m)$

$$1.025l_n+0.5b=1.025\times(60.6-0.12-0.3/2)+0.3/2=6.64(m)$$

取二者中较小值 $l_0=6.64$ m。上式中的 0.37 m 为主梁搁置于墙上的支承长度。

主梁的计算简图如图 3.1.22 所示。

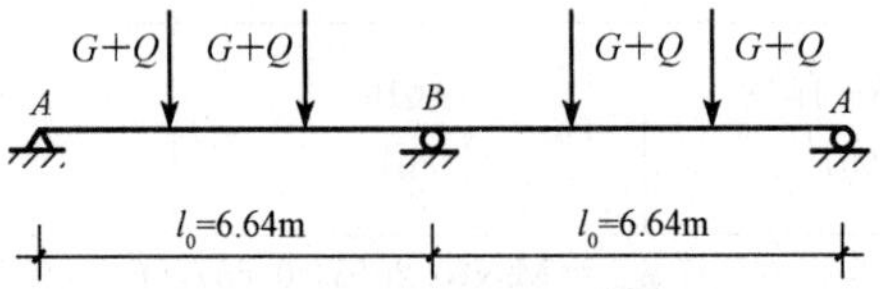

图 3.1.22　主梁的计算简图

在各种不同的分布荷载作用下的内力计算可采用等跨连续梁的内力系数进行，跨中和支座截面最大弯矩及剪力按式(3.4)计算。

具体计算结果以及最不利内力组合见表 3.1.13 及表 3.1.14。

表 3.1.13　主梁弯矩计算表

项 次	荷 载 简 图	跨中弯矩 $\dfrac{K}{M_1}$	支座弯矩 $\dfrac{K}{M_B}$
(1)	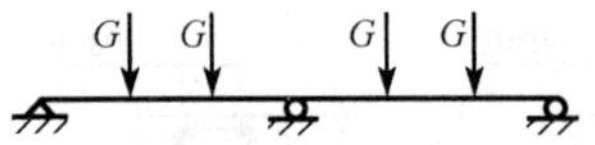	$\dfrac{0.222}{84.9}$	$\dfrac{-0.333}{-127.4}$
(2)	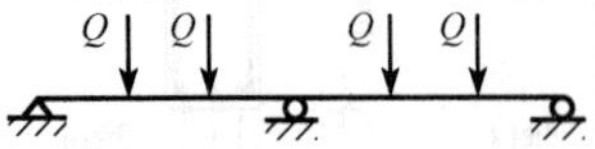	$\dfrac{0.222}{136.6}$	$\dfrac{-0.333}{-204.9}$
(3)	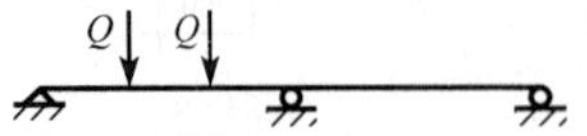	$\dfrac{0.278}{171.0}$	$\dfrac{-0.167}{-102.7}$
组合项	弯矩(1)+(2)	221.5	−332.3
	弯矩(1)+(3)	255.9	−230.1

表 3.1.14　主梁剪力计算表

项 次	荷 载 简 图	边支座 $\frac{K}{V_A}$	中间支座 $\frac{K}{V_B}$
(1)	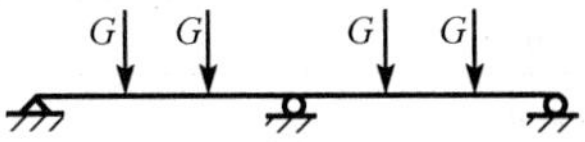	$\frac{0.667}{38.42}$	$\frac{\mp 1.333}{\mp 76.78}$
(2)	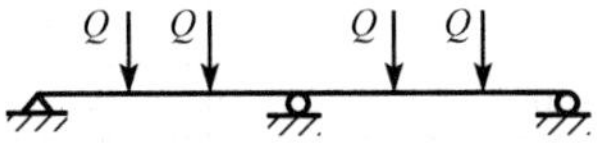	$\frac{0.667}{61.80}$	$\frac{\mp 1.333}{\mp 123.52}$
(3)	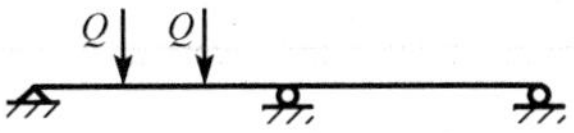	$\frac{0.833}{77.19}$	$\frac{\mp 1.167}{\mp 108.13}$
组合项	剪力(1)+(2)	100.22	∓200.30
	剪力(1)+(3)	115.61	∓184.91

(3)截面承载力计算。主梁跨中按T形截面计算，其翼缘宽度为

$$b_f'=l_0/3=\frac{1}{3}\times 6\ 640=2\ 213(\text{mm})<b+s_n=5\ 400(\text{mm})$$

取较小值 $b_f'=2\ 213\ \text{mm}$。

梁高　$h=600\ \text{mm}$，$h_0=600-40=560(\text{mm})$

翼缘厚　$h_f'=80\ \text{mm}$

$$\alpha_1 f_c b_f' h_f'\left(h_0-\frac{h_f'}{2}\right)=1.0\times 11.9\times 2\ 213\times 80\times\left(560-\frac{80}{2}\right)=1\ 095.5\times 10^6(\text{N}\cdot\text{mm})$$

$$=1\ 095.5\ \text{kN}\cdot\text{m}>M_1=255.9\ \text{kN}\cdot\text{m}$$

故跨中截面属于第一类T形截面。

支座截面按矩形截面计算，取 $h_0=600-80=520(\text{mm})$，因支座弯矩较大，考虑布置两排纵向钢筋，并布置在次梁主筋下面。

主梁正截面及斜截面计算分别见表 3.1.15 及表 3.1.16。

表 3.1.15　主梁正截面承载力计算表

截面	跨中	支座
$M(\times 10^6\ \text{N}\cdot\text{mm})$	255.9	$-(332.3-150.26\times 0.3/2)=-309.76$
$\xi=1-\sqrt{1-\frac{2M}{\alpha_1 f_c bh_0^2}}$	0.039 3	0.517 3
$\xi\leqslant\xi_b=0.55$	满足	满足
$A_s=\frac{\alpha_1 f_c bh_0\xi}{f_y}/\text{mm}^2$	1 554	2 679
选配钢筋 A_s/mm^2	2Φ22+2Φ25 1 742	4Φ25+2Φ22 2 723
验算配筋率	$\rho_{\min}=\text{Max}\{0.20\%, 0.45f_t/f_y\}=0.20\%$　均满足	

表 3.1.16 主梁斜截面承载力计算表

截面	边支座	中间支座
V/kN	115.61	200.30
$0.25\beta_c f_c bh_0$/kN	386.75>V	386.75>V
$0.7f_t bh_0$/kN	115.57<V	115.57<V
选配箍筋肢数、直径	2Φ6	2Φ8
$A_{sv}=n\cdot A_{sv1}$/mm^2	100.5	100.5
$s=\dfrac{f_{yv}A_{sv}h_0}{V-0.7f_t bh_0}$/mm	342 956	162
实配钢筋间距 S/mm	200	150
$\rho_{sv}=\dfrac{nA_{sv1}}{bs}\geqslant\rho_{sv,\min}=0.24\dfrac{f_t}{f_{yv}}$	$\dfrac{100.5}{250\times200}=0.002\ 01>0.24\dfrac{f_t}{f_{yv}}=0.24\times\dfrac{1.1}{210}=0.001\ 26$	

(4) 附加钢筋配置。主梁承受由次梁传来的集中荷载：$G_{次梁传来}+Q=47+92.66=139.66$(kN)，设次梁两侧各加 4Φ8 附加箍筋，则在 $s=2h_1+3b=2\times(600-400)+3\times200=1\ 000$(mm)范围内共设有 8 个 Φ8 双肢箍，其需要的长度范围为 200+50×2+50×6=600(mm)<1 000 mm，其截面面积 $A_{sv}=8\times50.3\times2=804.8$(mm^2)，附加箍筋可以承受的集中荷载为：$F=A_{sv}f_{yv}=804.8\times210=169\ 008(N)=169.008$ kN>139.66 kN，满足要求。

(5)绘制主梁配筋图。主梁配筋详图如图 3.1.23 所示。

纵向受力钢筋的弯起和切断位置，应根据弯矩包络图及材料图来确定，这些图的绘制方法前已述及，现直接绘于主梁配筋图上。

在主梁配筋图中，除按计算配置纵向受力钢筋与横向附加钢筋外，还应设置下列构造钢筋：架立钢筋；板与主梁连接的构造钢筋，详见板配筋图中；梁侧面沿高度的构造钢筋。

3.1.3 双向板楼盖设计

1. 双向板的弹性计算法

双向板的内力计算同样有两种计算方法：一种是按弹性理论计算；另一种是按塑性理论计算。本处仅介绍按弹性理论计算的实用计算方法。

(1)单区格双向板的计算。为计算方便，根据双向板两个跨度比值和支承条件制成计算用表，参见附录附表 13，附录中列出了多种不同边界条件下的矩形板在均布荷载作用下的弯矩系数。单位宽度内的弯矩为

$$m=\text{表中系数}\times(g+q)l_0^2$$

式中，g 与 q 分别为楼面恒载与活载；l_0 为板的较小跨度方向的计算跨度。

需要注意的是，表中系数是根据材料的泊松比 $\nu=0$ 编制的。对于其他泊松比不为 0 的材料，如钢筋混凝土 $\nu=1/6$，则可按下式计算：

$$\begin{cases}m_x^{(\nu)}=m_x+\nu m_y\\ m_y^{(\nu)}=m_y+\nu m_x\end{cases}\tag{3.9}$$

(2)多跨连续双向板的计算。对于多跨连续双向板最大弯矩的计算，需要考虑活荷载的不利位置。为了简化计算，当两个方向为等跨或在同一方向格的跨度相差不超过 20%的不等跨时，可采用通过荷载分解将多跨连续双向板化为单跨板来计算的实用方法。

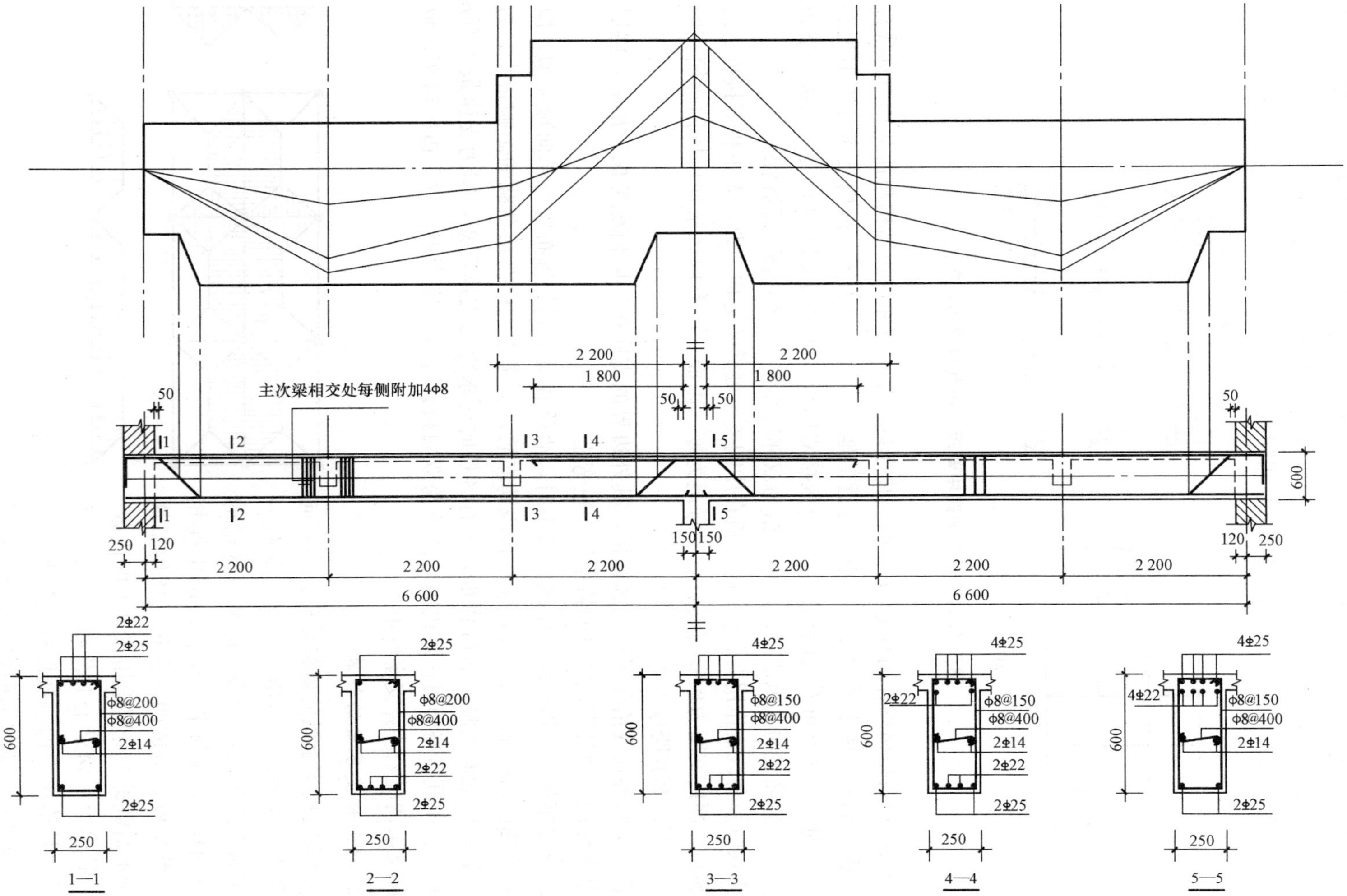

2 200
1 800
50
主次梁相交处每侧附加4Φ8
1
2
3
4
5
600
250
120
150
2 200
6 600
2Φ22
2Φ25
Φ8@200
Φ8@400
2Φ14
4Φ25
Φ8@150
2Φ22
4Φ22
1—1
2—2
3—3
4—4
5—5

图3.1.23　主梁配筋图

1)求跨中最大弯矩。当求连续区格跨中最大弯矩时，其活荷载最不利位置布置如图 3.1.24 所示，即在某区格及前后左右每隔一区格布置活荷载(棋盘式布置)，则可使该区格跨中弯矩为最大。为了求此弯矩，可将恒荷载 g 与活荷载 q 分解为 $g+q/2$ 与 $\pm q/2$ 两部分，分别作用于相应的区格，其作用效果是相同的。

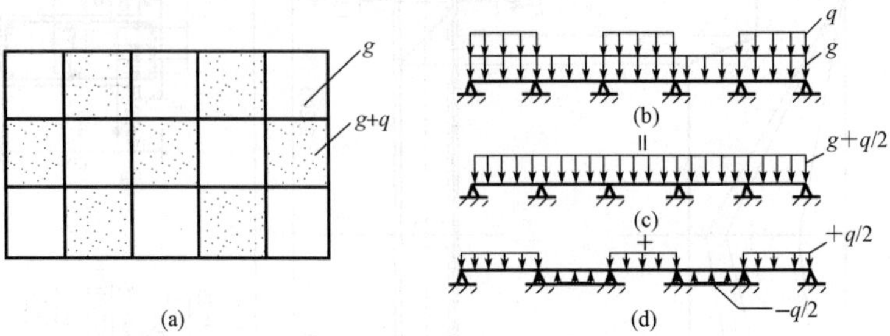

图 3.1.24　双向板跨中弯矩最不利位置活载布置

当双向板各区格均作用有 $g\pm q/2$ 时，由于内区格板支座两边结构与荷载均对称或接近对称，则板的各内座上转动变形很小，可近似地认为转动角为零，故内支座可近似地看作嵌固边。因此内区格可看成四周固定的单区格双向板。如果边支座为简支，则边区格为三边固定、一边简支的支承情况；而角区格为双邻边固定、两邻边简支的情况。

当双向板各区格作用有 $\pm q/2$ 时，板在中间支座处转角方向一致，大小相等接近于简支板的转角，即内支座为板带的反弯点，弯矩为零。因而，所有内区格均可按四边简支的单跨双向板来计算其跨中弯矩。

在上述两种荷载情况下的边区格板，其外边界的支座按实际情况考虑。最后，将以上两种结果叠加，即可得该区格的跨中最大正弯矩。

2)求支座最大弯矩。求支座最大弯矩时，活荷载最不利位置布置与单向板相似，应在该支座两侧区格内布置活荷载，然后再隔跨布置。但考虑到隔跨活荷载的影响很小，为了简化计算，可近似地假定活荷载布满所有区格时所求得的支座弯矩，即为支座最大弯矩。这样，对各中间区格即可按四边固定的单跨双向板计算其支座弯矩，对于边区格按该板四周实际支承情况来计算支座弯矩。

2. 双向板支承梁的计算

(1)双向板支承梁的荷载计算。当双向板承受均布荷载时，传给支承梁的荷载一般可按如下近似方法处理，即从每区格的四角分别作 45°线与平行于长边的中线相交，将整个板块分成四块面积，作用每块面积上的荷载即为分配给相邻梁上的荷载。因此，传递给短跨梁上的荷载形式是三角形，传给长跨梁上的荷载形式是梯形，如图 3.1.25 所示。如果双向板为正方形，则两个方向支承梁上的荷载形式都为三角形。

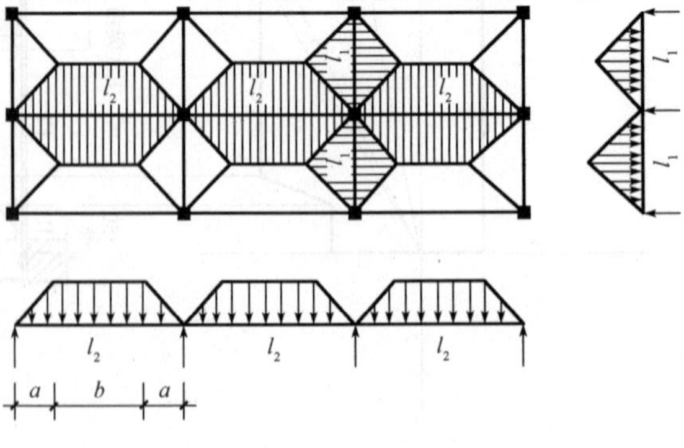

图 3.1.25　双向板支承梁所承受的荷载

(2)双向板支承梁的内力计算。梁的荷载确定以后，梁的内力不难求得。当梁为单跨简支时，可按实际荷载直接计算梁的内力。当梁为连续的，并且跨度相等或相差不超过 10% 时，可将梁上的三角形或梯形荷载根据固定端弯矩相等的条件折算成等效均布荷载 p_{eq}，然后利用附表查得支座系数求出支座弯矩。对于跨中弯矩，仍应按实际荷载(三角形或梯形)计算而得。

等效均布荷载 p_{eq} 按下列方法计算：当为三角形荷载时，$p_{eq}=\frac{5}{8}p$；当为梯形荷载时，

$p_{eq}=\left[1-2\left(\frac{a}{l_0}\right)^2+\left(\frac{a}{l_0}\right)^3\right]p$ 。

式中，p 为三角形或梯形的最大荷载值，a 代表的意义如图 3.1.25 所示，l_0 为板长向计算跨度。

3. 双向板截面配筋计算及构造要求

(1)双向板的配筋计算。由于短向钢筋放在长向钢筋的下面，双向板若短跨方向跨中截面的有效高度为 h_{01}，则长跨方向截面的有效高度为 $h_{02}=h_{01}-d$，d 为板中钢筋直径。

对于四边与梁整体连接的板，分析内力时应考虑周边支承的被动水平推力对板承载力的有利影响，折减办法如下。

1)中间区格：中间跨的跨中截面及中间支座截面，计算弯矩可减少 20% 。

2)边区格：边跨的跨中截面及离板边缘的第二支座截面，当 $l_b/l<1.5$ 时，计算弯矩可减少 20%；当 $1.5\leqslant l_b/l\leqslant 2$ 时，计算弯矩可减少 10% 。其中，l_b 为沿板边缘方向的计算跨度，l 为垂直于板边缘方向的计算跨度。

3)角区格：计算弯矩不应减少。

(2)双向板的构造。双向板的厚度应满足板的最小厚度要求，并应满足刚度要求，通常取 80～160 mm。

按弹性理论分析时，由于板的跨中弯矩比板的周边弯矩大，因此，当 $l_1\geqslant 2\,500$ mm 时，配筋采取分带布置的方法，即将板的两个方向都分为三带，边带宽度均为 $l_1/4$，其余则为中间带。在中间带按计算结果配筋，而边带内的配筋则为相应中间带的一半，且每米宽度内不少于三根(图 3.1.26)。支座负钢筋按计算结果配置，边带中减少。当 $l_1<2\,500$ mm 时，则不分板带，全部按计算结果配筋。

配筋方式常用分离式。支座负筋一般伸出支座边 $l_n/4$，l_n 为短向净跨。

嵌固在承重墙内板上部的构造钢筋的要求同整体式单向板肋梁楼盖。

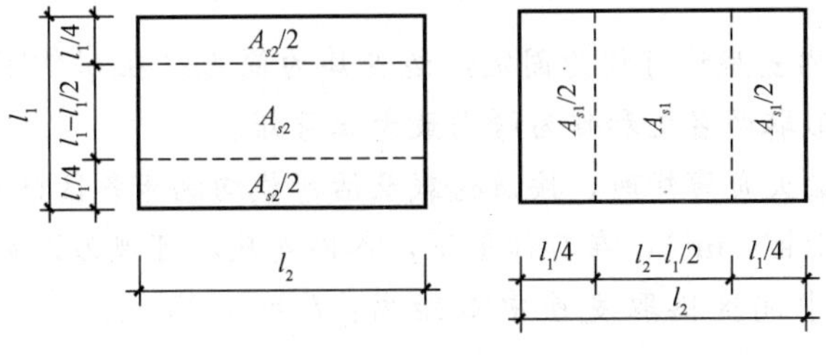

图 3.1.26　按弹性理论计算正弯矩配筋板带示意

4. 双向板按弹性理论计算示例

［**例题 3.2**］ 某建筑楼盖结构平面布置如图 3.1.27 所示。楼板厚度为 120 mm，楼面恒载(含面层、粉刷)设计值为 6.0 kN/m²，楼面活载设计值为 2.8 kN/m²。混凝土强度等级为 C25，钢筋采用 HPB300 级。要求采用弹性理论计算各区格的弯矩，进行截面设计，并绘出配筋图。

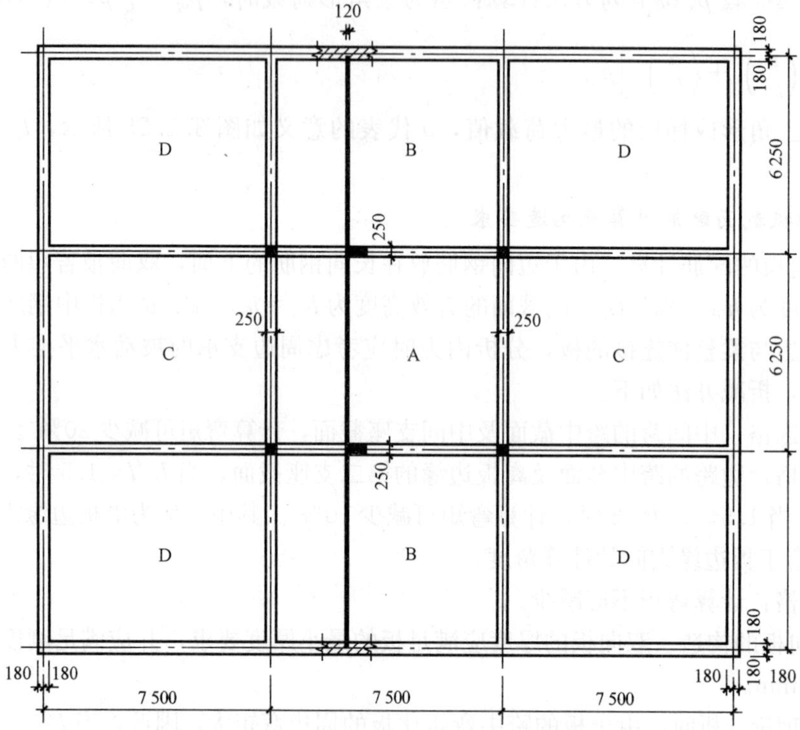

图 3.1.27 某建筑楼盖结构平面布置图(例题 3.2 图)

解 (1)内力计算。将楼盖划分为 A、B、C、D 四种区格。在求各区格板跨内正弯矩时，按恒荷载满布及活荷载棋盘式布置计算，取荷载：

$$g'=g+\frac{q}{2}=6.0+\frac{2.8}{2}=7.4(\text{kN/m}^2)$$

$$q'=\frac{q}{2}=\frac{2.8}{2}=1.4(\text{kN/m}^2)$$

在 g' 作用下，各内支座均可视为固定，边支座为简支。在 q' 作用下，各区格四边可视为简支，计算时可近似取两者之和作为跨内最大正弯矩。

在求各中间支座最大负弯矩时，按恒荷载及活荷载均满布各区格板计算，取荷载：$p=g+q=6.0+2.8=8.8(\text{kN/m}^2)$，在其作用下，各内支座均可视为固定，边支座为简支。

关于计算跨度，中间区格取支座中心距离：$l_x=6.25$ m、$l_y=7.5$ m，区格 D 计算如下：

$$l_x=l_n+0.5(b+h)=(6.25-0.25\div2-0.18)+0.5\times(0.25+0.12)=6.13(\text{m})$$

$$l_y=l_n+0.5(b+h)=(7.5-0.25\div2-0.18)+0.5\times(0.25+0.12)=7.38(\text{m})$$

查附录附表13进行内力计算，计算结果见表3.1.17。由表3.1.17可见板间支座弯矩是不平衡的，实际应用时可近似取相邻两区格板支座弯矩的平均值。

表3.1.17　弯矩计算

区格	A(中间区格板)	B(边区格板)
l_x/l_y	$l_x/l_y=6.25/7.5=0.833$	$l_x/l_y=6.13/7.5=0.817$
跨中	$M_x=0.028g'l_x^2+0.0584q'l_x^2$ $=(0.028\times7.4+0.0584\times1.4)\times6.25^2$ $=11.288$	$M_x=0.0334g'l_x^2+0.0599q'l_x^2$ $=(0.0334\times7.4+0.0599\times1.4)\times6.13^2$ $=12.439$
	$M_y=0.0184g'l_x^2+0.043q'l_x^2$ $=(0.0184\times7.4+0.043\times1.4)\times6.25^2$ $=7.670$	$M_y=0.0276g'l_x^2+0.0429q'l_x^2$ $=(0.0276\times7.4+0.0429\times1.4)\times6.13^2$ $=9.932$
支座	$M_x^0=-0.0633pl_x^2$ $=-0.0633\times8.8\times6.25^2$ $=-21.759$	$M_x^0=-0.0751pl_x^2$ $=-0.0751\times8.8\times6.13^2$ $=-24.834$
	$M_y^0=-0.0553pl_x^2$ $=-0.0553\times8.8\times6.25^2$ $=-19.009$	$M_y^0=-0.0698pl_x^2$ $=-0.0698\times8.8\times6.13^2$ $=-23.081$
区格	C(边区格板)	D(角区格板)
l_x/l_y	$l_x/l_y=6.25/7.38=0.85$	$l_x/l_y=6.13/7.38=0.83$
跨中	$M_x=0.0319g'l_x^2+0.0564q'l_x^2$ $=(0.0319\times7.4+0.0564\times1.4)\times6.25^2$ $=12.305$	$M_x=0.0378g'l_x^2+0.0585q'l_x^2$ $=(0.0378\times7.4+0.0585\times1.4)\times6.13^2$ $=13.589$
	$M_y=0.0204g'l_x^2+0.0432q'l_x^2$ $=(0.0204\times7.4+0.0432\times1.4)\times6.25^2$ $=8.259$	$M_y=0.0286g'l_x^2+0.043q'l_x^2$ $=(0.0286\times7.4+0.043\times1.4)\times6.13^2$ $=10.215$
支座	$M_x^0=-0.0693pl_x^2$ $=-0.0693\times8.8\times6.25^2$ $=-23.822$	$M_x^0=-0.0829pl_x^2$ $=-0.0829\times8.8\times6.13^2$ $=-27.413$
	$M_y^0=-0.0567pl_x^2$ $=-0.0567\times8.8\times6.25^2$ $=-19.491$	$M_y^0=-0.0733pl_x^2$ $=-0.0733\times8.8\times6.13^2$ $=-24.239$

(2)截面配筋计算。确定截面有效高度：短跨方向的跨中及支座截面，$h_{0x}=120-20=100$(mm)，长跨方向的跨中及支座截面，$h_{0y}=120-30=90$(mm)。

截面的弯矩设计值按前述的折减原则进行折减，然后近似按 $A_s=\dfrac{M}{0.9h_0f_y}$ 计算受拉钢筋，并验算最小配筋率均满足要求。计算结果见表 3.1.18。

表 3.1.18　截面配筋计算

		截面	h_0/mm	M/(kN·m)	A_s/mm²	配筋	实配/mm²
跨中	A 区格	短向	100	0.8×11.288=9.030	371	Φ10@160	491
		长向	90	0.8×7.670=6.136	280	Φ8@120	419
	B 区格	短向	100	0.8×12.439=9.951	410	Φ10@140	561
		长向	90	0.8×9.932=7.945	363	Φ10@160	491
	C 区格	短向	100	0.8×12.305=9.844	405	Φ10@140	561
		长向	90	0.8×8.259=6.608	302	Φ8@120	419
	D 区格	短向	100	1.0×13.589=13.589	559	Φ10@100	785
		长向	90	1.0×10.215=10.215	467	Φ10@120	654
支座		A—B	100	0.8×(21.759+24.834)/2 =18.637	767	Φ14@150	1 026
		A—C	90	0.8×(19.009+19.491)/2 =15.400	704	Φ14@160	962
		B—D	90	1.0×(23.081+24.239)/2 =23.660	1 082	Φ14@100	1 539
		C—D	100	1.0×(23.822+27.413)/2 =25.618	1 054	Φ14@100	1 539

(3)绘制配筋图。整个板的配筋如图 3.1.28 所示。

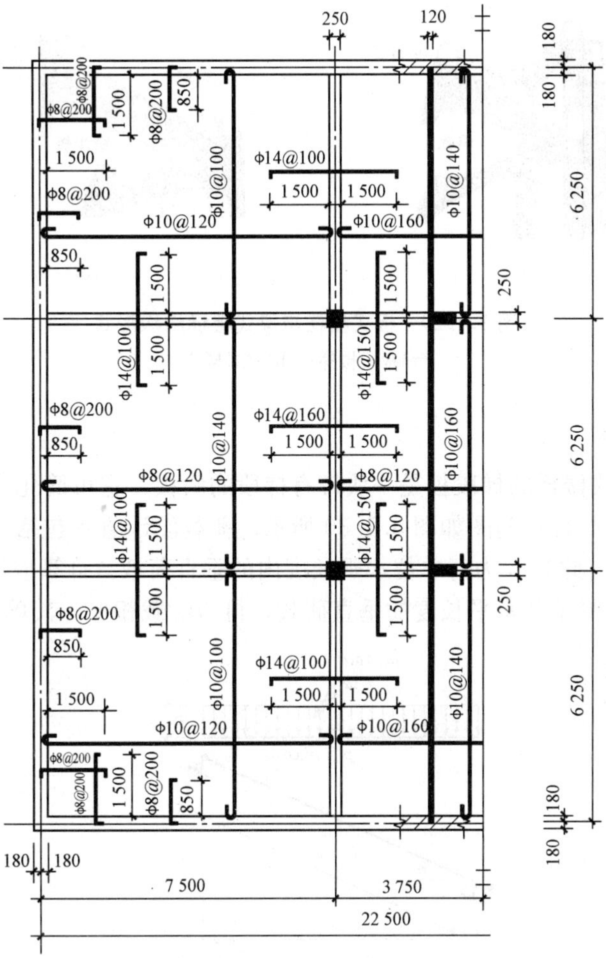

图 3.1.28 板配筋图

3.1.4 楼梯、雨篷

楼梯是多层、高层房屋的重要垂直交通工具之一，也是房屋的重要组成部分。钢筋混凝土楼梯由于经济耐用、防火性能好，在一般的工业民用建筑中，得到了广泛的应用。

楼梯的平面布置、踏步尺寸和栏杆形式由建筑设计确定。目前，在建筑物中采用的楼梯类型很多。钢筋混凝土楼梯按照施工方式的不同，可分为整体式和装配式；按照梯段结构形式的不同又可分为板式楼梯、梁式楼梯、螺旋式楼梯等。

选择楼梯结构形式，应根据楼梯的使用要求、材料的供应、施工条件等因素，本着安全、适用、经济、美观的原则确定。一般当楼梯使用荷载不大，且梯段的水平投影长度小于 3 m 时，宜选用板式楼梯[图 3.1.29(a)]；当使用荷载较大，且梯段的水平投影长度不小于 3 m 时，则宜采用梁式楼梯[图 3.1.29(b)]。有时为了满足平台梁下面的净高要求，板式及梁式楼梯均可做成折线形楼梯。

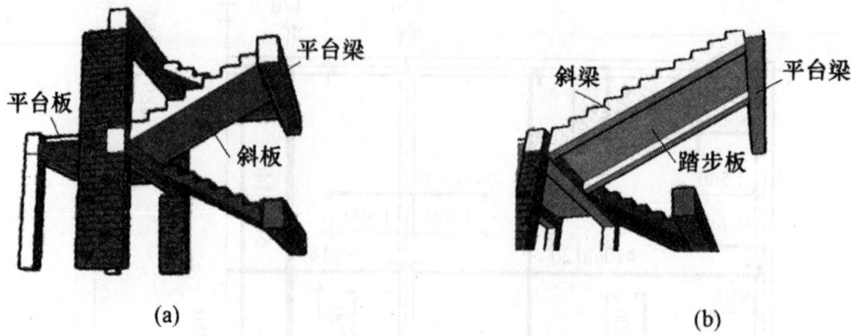

图 3.1.29　板式楼梯与梁式楼梯结构形式

(a)板式楼梯；(b)梁式楼梯

1. 现浇板式楼梯

(1)梯段板。板式楼梯的梯段板是一块带有梯段的斜板，它可简化为两端支承在平台梁上的简支斜板来计算，计算简图如图 3.1.30 所示。荷载设计值 p 包括斜板全部恒载 g 与活荷载 q，即 $p=g+q$，此处 p 为每单位水平长度内的垂直荷载。计算应注意，沿斜板斜向单位长度的恒载应化为沿单位水平长度的垂直荷载，再与活载相加，其单位为 kN/m。

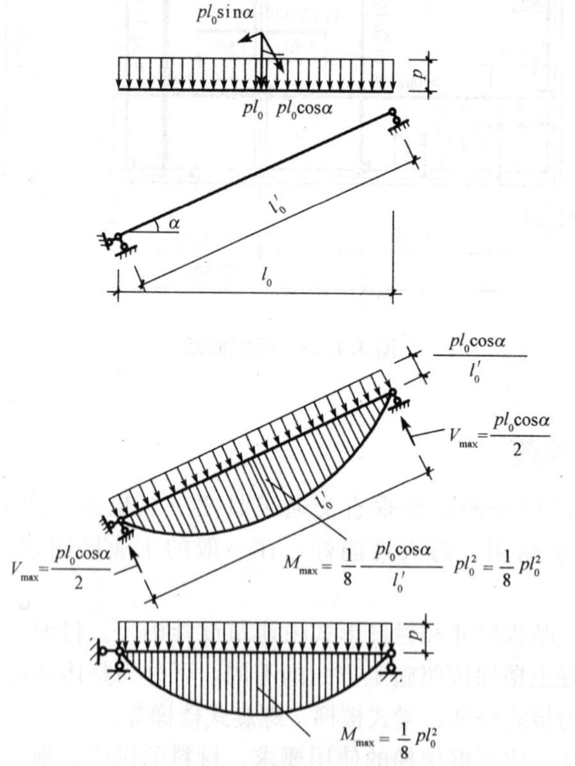

图 3.1.30　梯段板的弯矩

竖向均布荷载 p 的合力为 pl_0，可分解为 $pl_0\sin\alpha$ 和 $pl_0\cos\alpha$。前者使斜板受弯；后者使斜板产生轴向力，但其对斜板影响较小，设计中不必考虑。

为求简支斜板最大内力，应将 $pl_0\cos\alpha$ 再均布在跨度 l_0' 上，即 $\frac{pl_0\cos\alpha}{l_0'}$，则斜板的最大弯矩和最大剪力为

$$M_{max}=\frac{1}{8}\left(\frac{pl_0\cos\alpha}{l_0'}\right)l_0'^2=\frac{1}{8}pl_0l_0'\cos\alpha=\frac{1}{8}pl_0^2$$

$$V_{max}=\frac{1}{2}\left(\frac{pl_0\cos\alpha}{l_0'}\right)l_0'=\frac{1}{2}pl_0\cos\alpha$$

应当注意：当用上述公式进行梯段板强度计算时，截面高度仍以斜向高度计算。在实际工程计算中，考虑到平台梁与梯段板整体连接，平台梁对梯段板有一定的约束作用，故可以减少跨中弯矩，这时可取 $M_{max}=\frac{1}{10}pl_0^2$。设计时 l_0 应取支座中心距 l_n+b 与 $1.05l_n$ 的较小值。

为了满足梯段板的刚度要求，其厚度应不小于 $\left(\frac{1}{30}\sim\frac{1}{25}\right)l_0$，常用 80～120 mm。斜板中的受力筋按跨中弯矩求得，配筋为施工方便一般采用分离式，采用弯起式的较少。为考虑支座连接处的整体性与防止开裂，斜板上部应配置适量钢筋，通常设计时按跨中弯矩考虑是偏于安全的，其距支座的距离为 $l_n/4$（l_n 为水平净跨度）。在垂直受力筋方向应按构造要求配置分布筋，并要求每个踏步下至少有一根分布筋。梯段板配筋如图 3.1.31 所示。

梯段斜板同一般斜板计算一样，可不必进行斜截面抗剪承载力计算。

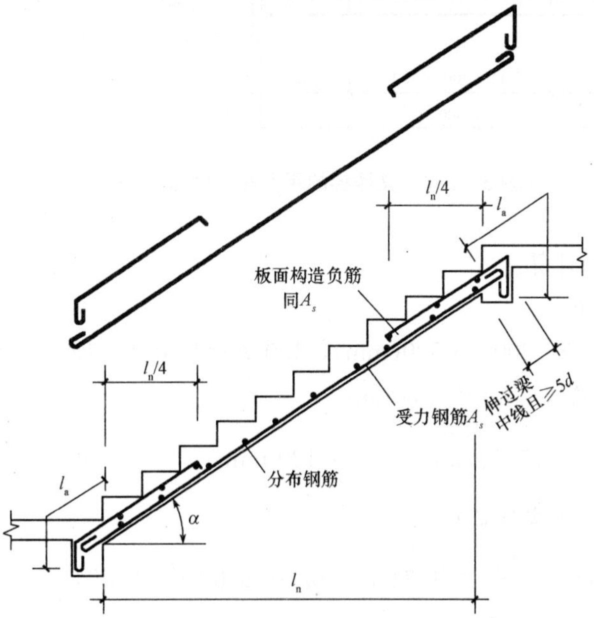

图 3.1.31　梯段板的配筋

(2)平台板。平台板一般情况下为单向板。两边都与平台梁整体连接的平台板，跨中截面和支座截面的负弯矩设计值均可取 $M_{max}=\frac{1}{10}pl_0^2=\frac{1}{10}(g+q)l_0^2$；若一边与平台梁整体连

接，另一边搁置于墙上，跨中截面和整体连接支座截面的负弯矩均可取 $M_{\max}=\frac{1}{8}(g+q)l_0^2$。其配筋方式及分布钢筋等构造要求与普通板相同。

另须注意，当平台板的跨度远小于斜板的跨度时，平台板跨中可能出现负弯矩，此时宜将平台板的支座负筋全跨贯通。

(3)平台梁。平台梁两端支承在楼梯间的承重墙上(框架结构时支承在柱上)，承受梯段板、平台板传来的荷载和平台梁自重。板式楼梯平台梁可按简支梁计算，并应取倒L形截面，按T形截面计算。实际设计中，为计算简便，有较多设计人员仍按矩形截面计算平台梁。平台梁截面高度不宜小于 $l_0/12$，并应满足上、下梯段斜板的搁置要求。

［例题 3.3］ 某楼梯的平面布置如图 3.1.32 所示，试设计此板式楼梯。已知：活荷载标准值 $q_k=2.5\ \text{kN/m}^2$，混凝土强度等级为 C25，梯段板用钢筋为 HPB300 级，平台梁尺寸为 $b\times h=200\ \text{mm}\times 300\ \text{mm}$，平台梁受力筋采用 HRB335 级。

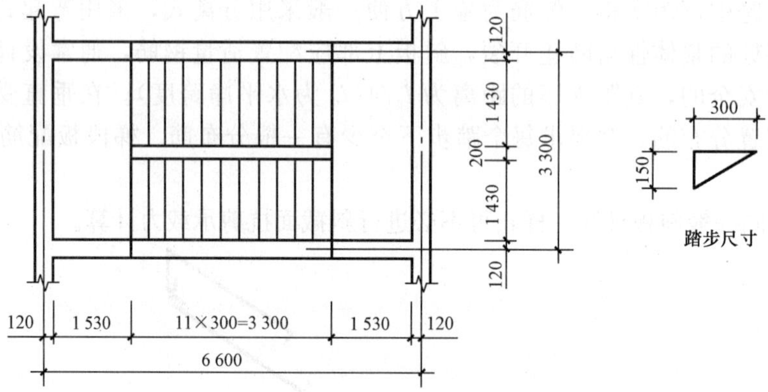

图 3.1.32　某楼梯的平面布置(例题 3.3 图)

解　(1)梯段板的计算。

1)确定斜板厚度 h。

$$l_n+b=3\ 300+200=3\ 500(\text{mm}),\ 1.05l_n=1.05\times 3\ 300=3\ 465(\text{mm})。$$

取小值作为计算跨度，$l_0=3\ 465\ \text{mm}$。

$\frac{1}{30}l_0=\frac{1}{30}\times 3\ 465=115.5(\text{mm})$，取 $h=120\ \text{mm}$。

2)荷载计算(取 1 m 宽板带)。

梯段板倾角 $\alpha=\arctan\frac{150}{300}=26°34'$，$\cos\alpha=\cos 26°34'=0.894$。

踏步重　$\frac{1}{2}\times 0.3\times 0.15\times\frac{1.0}{0.30}\times 25=1.88(\text{kN/m})$

斜板重　$0.12\times 1.0\times\frac{1.0}{0.894}\times 25=3.36(\text{kN/m})$

20 mm 厚找平层　$\frac{0.3+0.15}{0.3}\times 0.02\times 1.0\times 20=0.6(\text{kN/m})$

20 mm 厚板底抹灰　$0.02\times\frac{1.0}{0.894}\times17=0.38(kN/m)$

恒荷载标准值　$g_k=1.88+3.36+0.6+0.38=6.22(kN/m)$

活荷载标准值　$q_k=2.5\ kN/m$

$$1.2g_k+1.4q_k=1.2\times6.22+1.4\times2.5=10.96(kN/m)$$

$$1.35g_k+0.7\times1.4q_k=1.35\times6.22+0.7\times1.4\times2.5=10.85(kN/m)$$

荷载设计值取上述中的大值，因此，$p=g+q=10.96\ kN/m$。

3)内力计算。

跨中弯矩　$M=\frac{1}{10}pl_0{}^2=\frac{1}{10}\times10.96\times3.465^2=13.16(kN\cdot m)$

4)配筋计算。

$$h_0=120-20=100(mm)$$

$$\xi=1-\sqrt{1-\frac{2M}{\alpha_1 f_c bh_0^2}}=1-\sqrt{1-\frac{2\times13.16\times10^6}{1.0\times11.9\times1\ 000\times100^2}}$$

$$=0.117<\xi_b=0.576$$

$$A_s=\frac{\alpha_1 f_c bh_0\xi}{f_y}=\frac{1.0\times11.9\times1\ 000\times100\times0.117}{270}=516(mm)^2>A_{s,\min}$$

选用 Φ10@140($A_s=561\ mm^2$)；分布筋为每个踏步下 1Φ6 或 Φ6@250；支座配筋与跨中相同。

(2)平台板计算(平台板厚 70 mm)。

1)荷载计算(取 1 m 宽板带)。

平台板自重　$0.07\times1.0\times25=1.75(kN/m)$

20 mm 厚找平层　$0.02\times1.0\times20=0.4(kN/m)$

20 mm 厚板底抹灰　$0.02\times1.0\times17=0.34(kN/m)$

恒荷载标准值　$g_k=1.75+0.4+0.34=2.49(kN/m)$

活荷载标准值　$q_k=2.5\ kN/m$

$$1.2g_k+1.4q_k=1.2\times2.49+1.4\times2.5=6.49(kN/m)$$

$$1.35g_k+0.7\times1.4q_k=1.35\times2.49+0.7\times1.4\times2.5=5.81(kN/m)$$

荷载设计值取上述中的大值，因此，$p=g+q=6.49\ kN/m$。

2)内力计算。

计算跨度　$l_0=l_n+\frac{h}{2}=1.53-0.2+\frac{0.07}{2}=1.46(m)$

跨中弯矩　$M=\frac{1}{8}pl_0^2=\frac{1}{8}\times6.49\times1.46^2=1.73(kN\cdot m)$

3)配筋计算。

$$h_0=70-20=50(mm)$$

$$x=h_0-\sqrt{h_0^2-\frac{2M}{\alpha_1 f_c b}}=50-\sqrt{50^2-\frac{2\times1.73\times10^6}{1.0\times11.9\times1\ 000}}$$

$$=3.0(mm)<\xi_b h_0=0.618\times50(mm)$$

$$A_s=\frac{\alpha_1 f_c bx}{f_y}=\frac{1.0\times11.9\times1\ 000\times3.0}{270}=132(mm^2)>A_{s,\min}$$

选用 Φ6@150(A_s＝189 mm^2)；分布筋为 Φ6@250。

(3)平台梁计算($b\times h$＝200 mm×300 mm)。

1)荷载计算(线荷载设计值)。

梯段板传来荷载　$10.96\times\frac{3.3}{2}=18.08(\text{kN/m})$

平台板传来荷载　$6.49\times\frac{1.53}{2}=4.96(\text{kN/m})$

平台梁自重　$1.2\times0.2\times(0.3-0.07)\times25=1.38(\text{kN/m})$

荷载设计值取由可变荷载效应控制的组合，即

$$p=18.08+4.96+1.38=24.42(\text{kN/m})$$

2)内力计算。

$$l_n+b=3.3-2\times0.12+0.24=3.3(\text{m})$$

$$1.05l_n=1.05\times(3.3-2\times0.12)=3.21(\text{m})$$

取小值作为计算跨度，l_0＝3.21 m。

跨中弯矩　$M=\frac{1}{8}pl_0^2=\frac{1}{8}\times24.42\times3.21^2=31.45(\text{kN}\cdot\text{m})$

支座剪力　$V=\frac{1}{2}pl_n=\frac{1}{8}\times24.42\times(3.3-2\times0.12)=37.36(\text{kN})$

3)纵筋计算(此处按矩形截面进行简化计算，也可按倒 L 形计算)。

$$h_0=300-40=260(\text{mm})$$

$$\xi=1-\sqrt{1-\frac{2M}{\alpha_1 f_c bh_0^2}}=1-\sqrt{1-\frac{2\times31.45\times10^6}{1.0\times11.9\times200\times260^2}}$$

$$=0.219\,6<\xi_b=0.550$$

$$A_s=\frac{\alpha_1 f_c bh_0\xi}{f_y}=\frac{1.0\times11.9\times200\times260\times0.219\,6}{300}=453\ (\text{mm}^2)>A_{s,\min}$$

选用 3Φ14(A_s＝461 mm^2)。

4)箍筋计算。

截面验算：$0.25\beta_c f_c bh_0=0.25\times1.0\times11.9\times200\times260$

$=154\,700\ (\text{N})=154.7\ \text{kN}>37.36\ \text{kN}$　满足要求

验算是否按计算配箍筋：$0.7f_t bh_0=0.7\times1.27\times200\times260$

$=46\,228(\text{N})=46.2\ \text{kN}>37.36\ \text{kN}$

所以，按构造配置箍筋即可。箍筋选用 Φ6@150，下面进行配箍率验算。

$$\rho_{sv\min}=0.24\frac{f_t}{f_{yv}}=0.24\times\frac{1.27}{270}=0.123\%$$

$$\rho_{sv}=\frac{nA_{sv1}}{bs}=\frac{2\times28.3}{200\times150}=0.189\%>0.123\%\quad 满足要求$$

楼梯配筋如图 3.1.33 所示。

2. 现浇梁式楼梯

(1)踏步板。梁式楼梯的踏步板由三角形的踏步及斜板构成。斜板厚度 δ 一般为 30～50 mm。踏步板可看作两端支承于斜梁上的简支单向板。

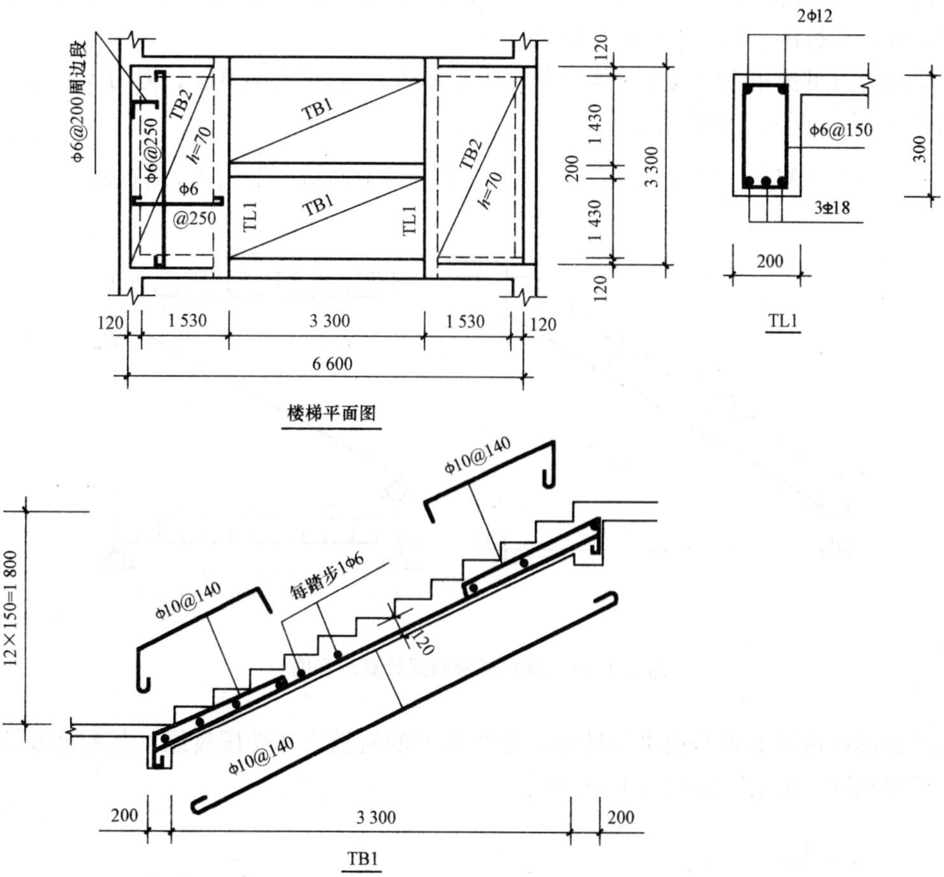

图 3.1.33　楼梯配筋图

为方便计算，可取一个踏步为计算单元。踏步板上的荷载包括踏步板下、下面层、踏步板结构层、斜板自重以及踏步板上的活荷载。受弯截面是一梯形，可按截面面积相等的原则简化为同宽度的矩形截面，即矩形高为 $h=\frac{c}{2}+\frac{\delta}{\cos\alpha}$（图 3.1.34）。

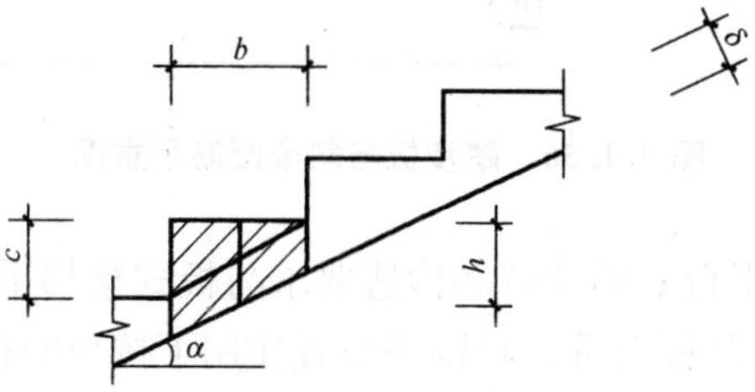

图 3.1.34　踏步板计算示意图

通常踏步板中的受拉钢筋按简支板跨中弯矩值计算配置。若楼梯较宽，也可考虑踏步板与梯段斜梁整体连接的影响。构造要求每个踏步下不少于 2φ6 的受力钢筋，布置在踏步下面的斜板中；应在梯段斜板范围内布置间距不大于 250 mm 的 φ6 分布钢筋。

(2)斜梁。梁式楼梯的斜梁类似于板式楼梯的梯段板。斜梁简支在两侧的平台梁上。其上部荷载有踏步板传来的均布荷载和斜梁自重。

斜梁的内力可按相应的水平梁来计算(图 3.1.35)，斜梁弯矩 $M_{斜}$、剪力 $V_{剪}$ 与对应的水平梁内力 $M_{平}$、$V_{平}$ 之间的关系为

$$M_{斜}=M_{平}=\frac{1}{8}(g+q)l_0^2 \qquad V_{斜}=V_{平}\cos\alpha=\frac{1}{2}(g+q)l_n\cos\alpha$$

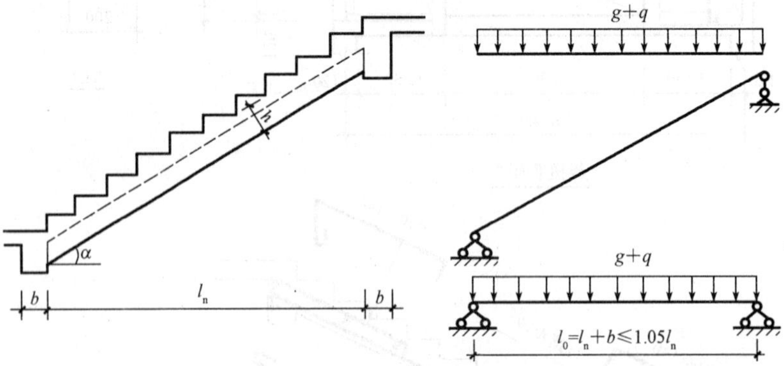

图 3.1.35 梁式楼梯斜梁计算示意图

梯段斜梁可按倒 L 形截面进行计算，踏步板下的斜板为其受压翼缘。其配筋及构造要求与一般梁相同。配筋图如图 3.1.36 所示。

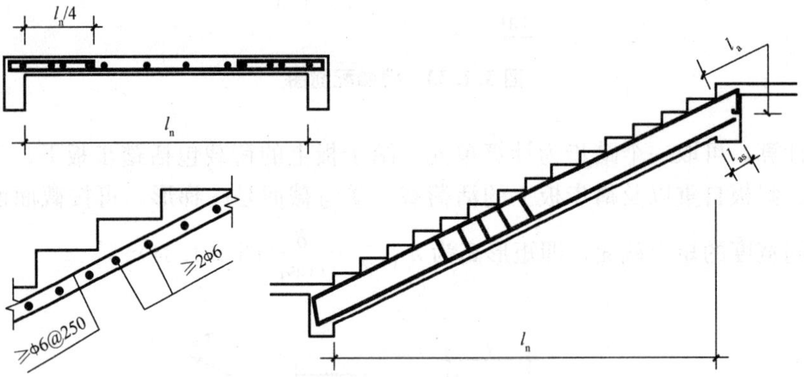

图 3.1.36 踏步板与斜梁配筋示意图

(3)平台板与平台梁。平台板的计算和构造要求与板式楼梯平台板相同，一般为四边支承的单跨板，在使用活荷载及板自重、粉刷等恒载作用下按单向板或双向板设计。

平台梁按一般楼盖的主梁设计，按单跨简支梁计算确定纵向受力筋与腹筋。它承受平台板传来的均布荷载、梯段斜梁传来的集中力及平台梁自身的均布荷载(图 3.1.37)。由于平台梁两侧荷载不同，平台梁还受有一定的扭矩，故宜将箍筋酌量增加。同时，在斜梁支承处两侧设置附加箍筋。

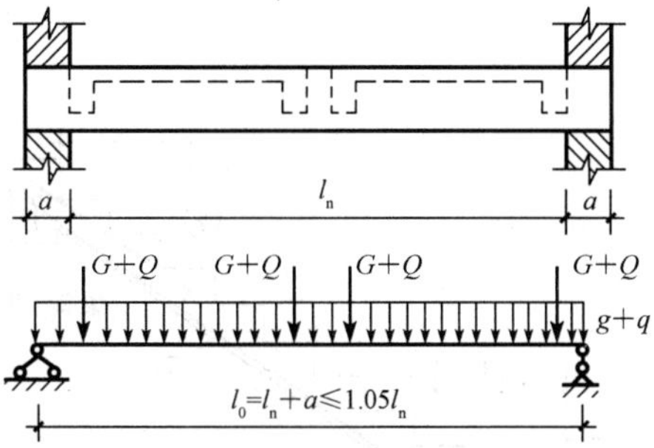

图 3.1.37　平台梁计算简图

3. 折线形楼梯

为了满足建筑上的要求，当楼梯下净高不够时需要采用折线形楼梯(图 3.1.38)。应注意的是，折线形楼梯板或梁的水平段与斜段都位于平台梁与楼面梁这两个支座之间，属于同一跨度，因而两段中的板厚或梁高尺寸应相同。折线形楼梯计算简图如图 3.1.38 所示，折板或折梁的内力计算与一般斜板相同，在内折角处钢筋根分离，并满足钢筋的锚固要求，目的是避免产生向外的合力将此处的混凝土崩脱。

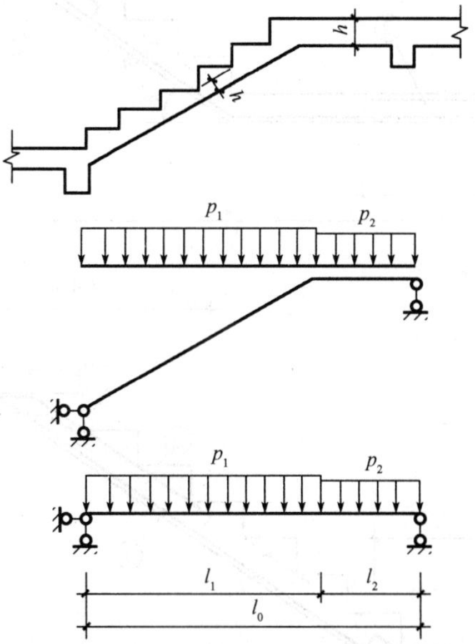

图 3.1.38　折线形楼梯计算简图

折板的配筋构造如图 3.1.39 所示。支座构造负筋数量可取与跨中受力钢筋相同。其分布筋放在受力筋内侧，斜段宜取每步下 1Φ8，水平段同一般单向板的要求。

折梁的配筋构造如图 3.1.40 所示。当折梁的内折角处于受拉区时，应增设箍筋(图 3.1.41)，该箍筋应足以承受未在受压区锚固的纵向受拉钢筋的合力，且在任何情况下不应小于全部纵向受拉钢筋合力的 35%，此箍筋应设置在长度 $s=h\tan(3\alpha/g)$ 的范围内。

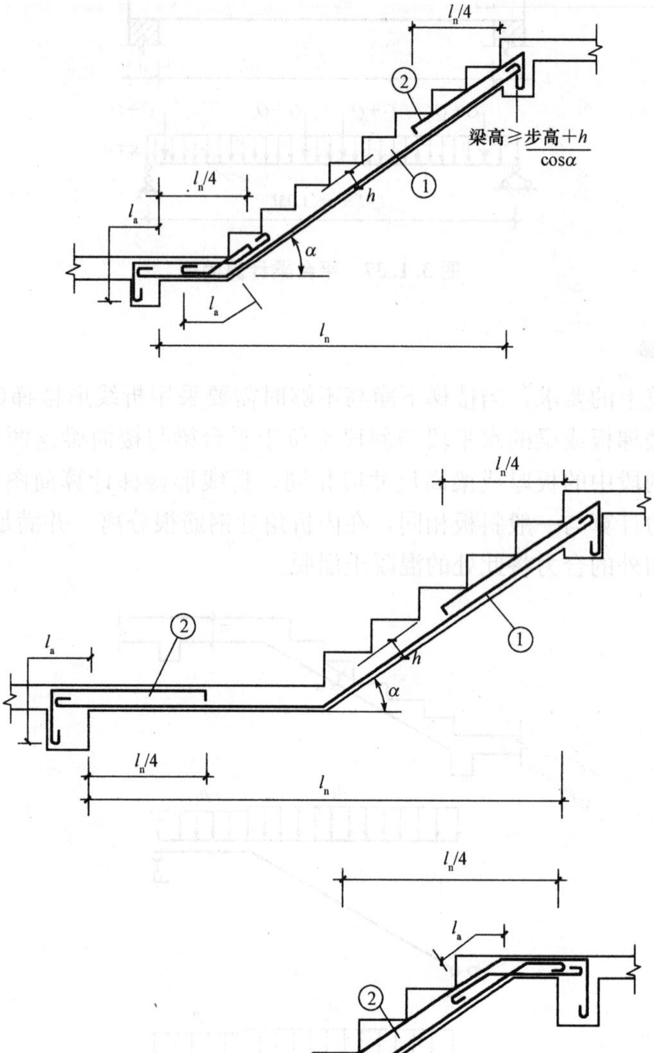

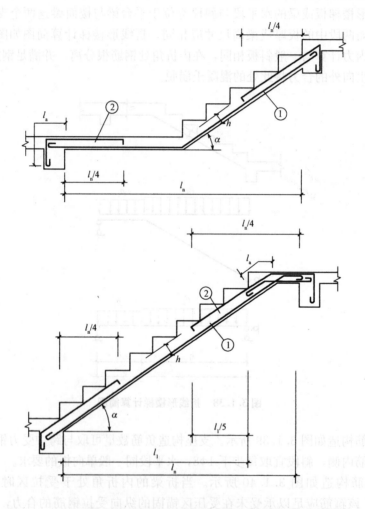

图 3.1.39　楼梯折板的配筋(①受力筋；②板面构造负筋，数量同①)

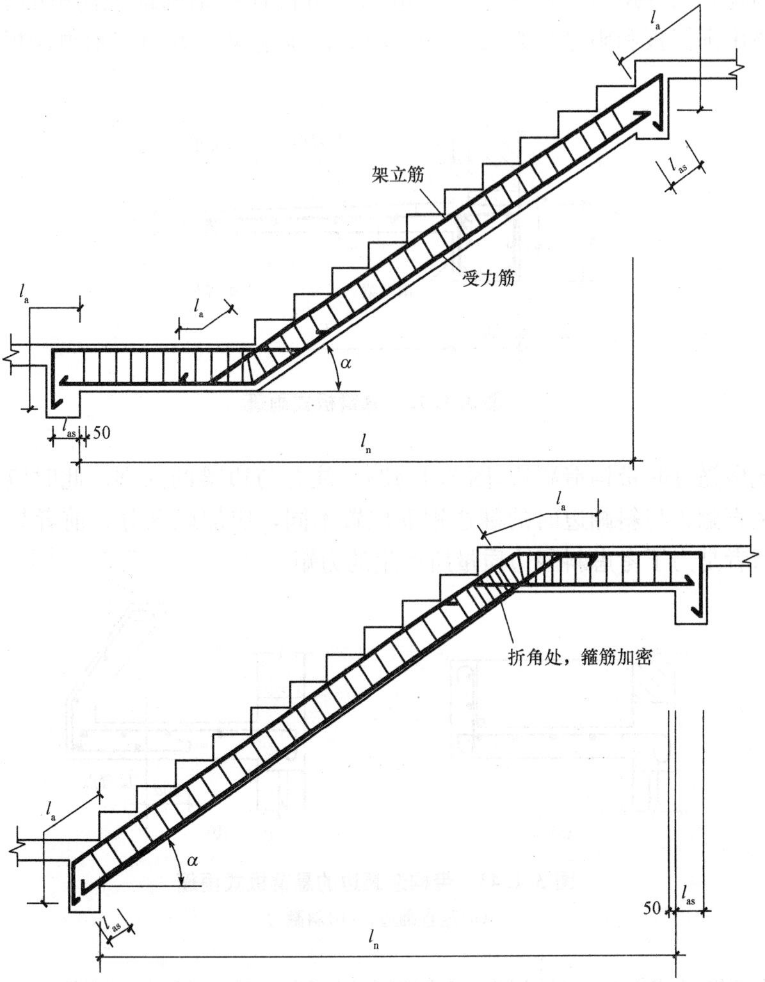

图 3.1.40　楼梯折梁的配筋

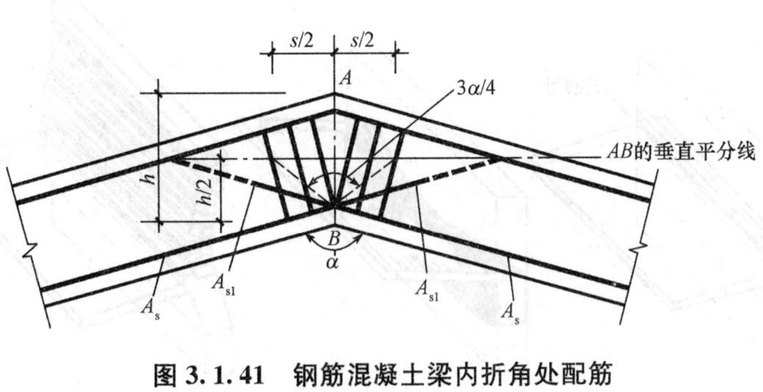

图 3.1.41　钢筋混凝土梁内折角处配筋

4. 雨篷

(1)雨篷概述。钢筋混凝土雨篷是房屋结构中比较常见的悬挑构件。当外挑长度不大于 3 m时，一般可不设外柱而做成悬挑结构。当外挑长度大于 1.5 m 时，宜设计成含有悬臂梁的梁板式雨篷；当外挑长度不大于 1.5 m 时，可设计成结构最为简单的悬臂板式雨篷。悬臂板式雨篷由雨篷板和雨篷梁组成(图 3.1.42)。雨篷梁一方面支承雨篷板；另一方面又兼作门过梁。

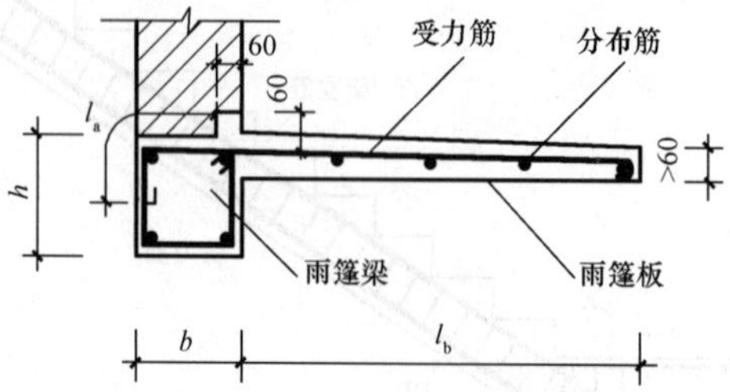

图 3.1.42　悬臂板式雨篷

悬臂板式雨篷有时带构造翻边(图 3.1.43)，注意与边梁的区别。此时应考虑积水荷载的影响。带竖直翻边与斜翻边时的翻边钢筋位置不同，应加以区分。前者是为承受积水的向外推力；后者是为了考虑斜翻边质量所产生的力矩。

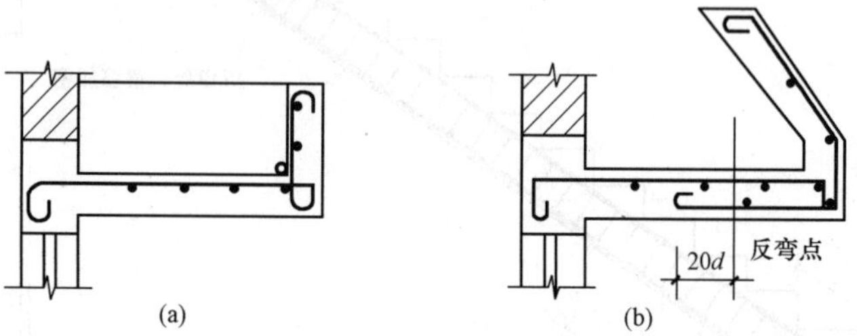

图 3.1.43　带构造翻边的悬臂板式雨篷

(a)竖直翻边；(b)斜翻边

悬臂板式雨篷可能发生三种破坏：雨篷板在根部发生受弯断裂破坏[图 3.1.44(a)]；雨篷梁受弯、剪、扭发生破坏[图 3.1.44(b)]；雨篷发生整体倾覆破坏[图 3.1.44(c)]。

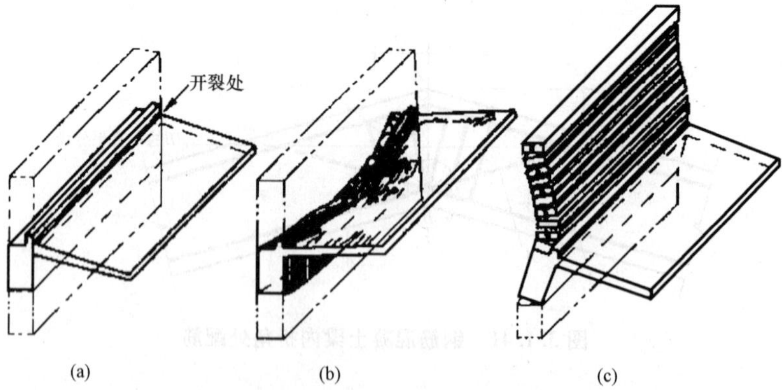

图 3.1.44　悬臂板式雨篷的三种破坏形式

(2)雨篷板。雨篷板根部板厚 h 宜不小于挑出板长度 l_n 的 1/12，当 $l_n \leqslant 500$ mm 时

$h \geqslant 60$ mm，当 $l_n > 500$ mm 时 $h \geqslant 80$ mm；端部厚度不小于 60 mm。板的受力筋必须置于板的上部，伸入支座长度 l_a；分布筋与一般板相同，间距宜取 200 mm，并放在受力筋的内侧。

雨篷板为固定于雨篷梁上的悬臂板，按受压构件计算承载力，取 1 m 宽板带为计算单元，计算跨度 l_0 取其挑出长度 l_n。

雨篷板的荷载除考虑永久荷载(板自重、面层及板底粉刷)、均布活载(标准值为 0.7 kN/m^2)外，还应在板端部考虑 1 kN 的施工或检修集中荷载。设计时将两种活载分别与恒载进行组合并计算出弯矩设计值，取大值进行配筋计算。两种组合情况下的计算简图如图 3.1.45 所示。

(3)雨篷梁。雨篷梁属于弯剪扭构件。纵向钢筋受弯和受扭，间距不应大于 200 mm 和梁截面的短边长度，伸入支座内的锚固长度为 l_a；箍筋受扭和受剪，末端应做成 135°弯钩，弯钩端头平直段长度不应小于 $10d$ 。

雨篷梁受弯剪计算时应考虑的荷载有：按过梁考虑的梁上方 $l_n/3$ 范围内的墙体自重及高度为 l_n 范围内的梁板荷载、雨篷板传来的恒载和活载、雨篷梁自重。计算简图详见图 3.1.46。其中(a)与(b)取大值用来计算弯矩，(a)与(c)取大值用来计算剪力。计算跨度取 $l_0 = 1.05 l_n$。

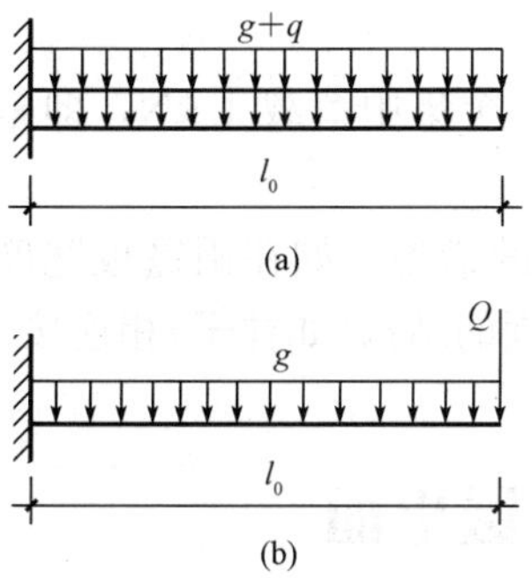

图 3.1.45　雨篷板计算简图

(a)恒载与均布活载；(b)恒载与集中荷载

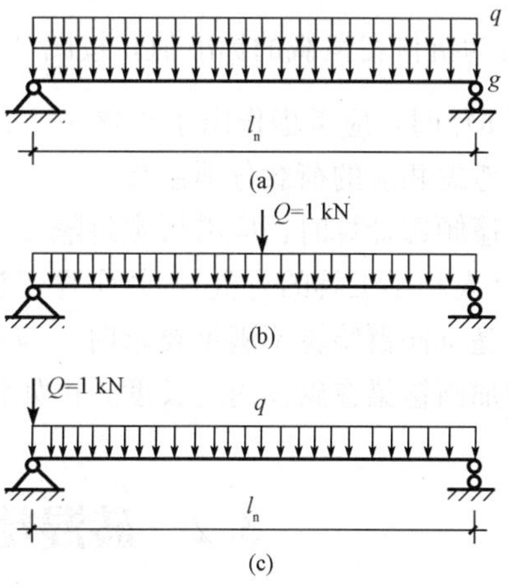

图 3.1.46　雨篷梁受弯剪计算简图

雨篷梁上的扭矩由悬臂板上的恒载和活载产生。计算扭矩时应对梁的中心取矩，注意与求板根部弯矩时的区别。梁端扭矩可按下列两式计算并取大值：

$$T = \frac{1}{2}(m_g + m_q) l_n \tag{3.10}$$

$$T = \frac{1}{2} m_g l_n + M_Q \tag{3.11}$$

式中，m_g 为板上的均布恒载产生的均布扭矩；m_q 为板上的均布活载产生的均布扭矩；M_Q 为板端集中荷载 Q(作用于洞边板端时为最不利)产生的集中扭矩。

(4)雨篷抗倾覆验算。雨篷板上的荷载可能使雨篷绕梁底距墙外边缘 x_0 处的 O 点(图 3.1.47)转动而产生倾覆。为保证雨篷的整体稳定，应满足雨篷的抗倾覆力矩设计值 M_r 不小于雨篷的倾覆力矩设计值 M_{ov}，即 $M_r \geqslant M_{ov}$。

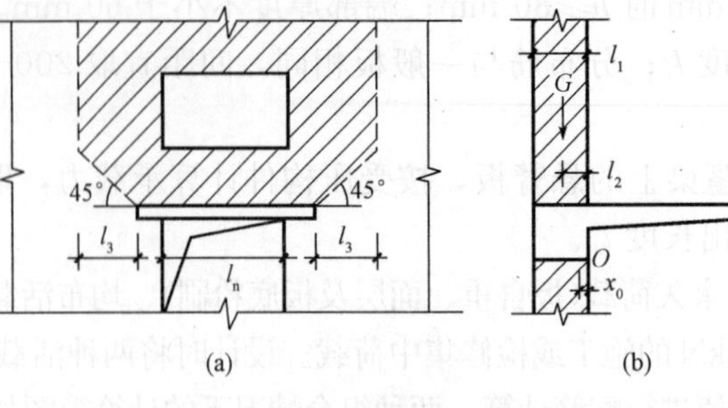

图 3.1.47　雨篷抗倾覆计算

M_r 按下列公式计算：

$$\begin{cases} M_r = 0.8G_{rk}(l_2 - x_0) \\ l_2 = \dfrac{l_1}{2} \\ x_0 = 0.13l_1 \end{cases} \tag{3.12}$$

式中，G_{rk} 为抗倾覆恒载的标准值，按图 3.1.47(a)计算，l_1 为墙厚度；图中 $l_3 = \dfrac{l_n}{2}$。

计算 M_{ov} 时，应考虑作用于雨篷板上的全部恒载与活载，且应考虑其值均有变大的可能，即应考虑相应的荷载分项系数。

在雨篷倾覆计算时，应沿板宽每隔 2.5～3.0 m 取一个集中荷载 1 kN，即施工或检修集中荷载(人和小工具的自重)，并应置于悬臂板端。

当雨篷抗倾覆验算不满足要求时，应采取保证稳定的措施，如在雨篷板宽度不增加的情况下增加雨篷梁在砌体内的长度，再如将雨篷梁与周围的结构(如柱子)相连接。

3.2　砖混结构房屋楼层平面

请读者认真阅读砖混结构标准层布置图示例及楼梯结构图，重点研读预制板的布置、阳台、梁现浇板的配筋、圈梁、构造柱、楼梯结构图等(图 3.2.1～图 3.2.4)。

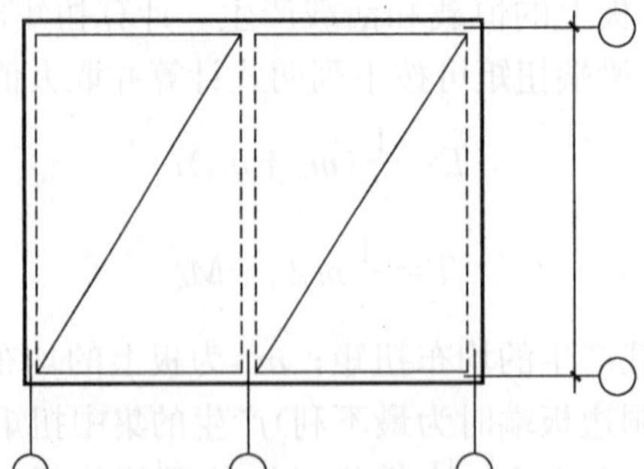

图 3.2.1　结构平面图

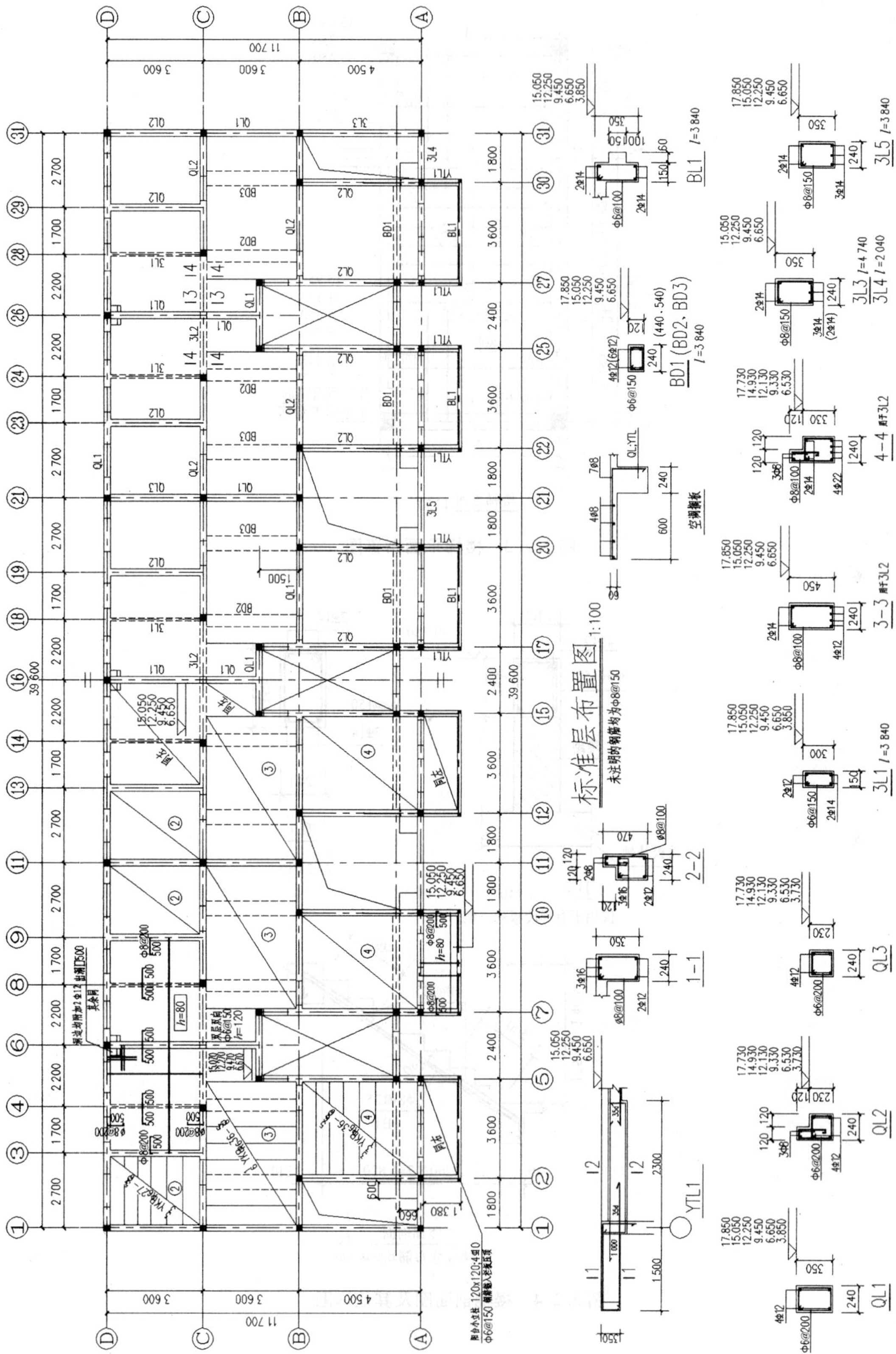

图3.2.2 某工程标准层平面布置图

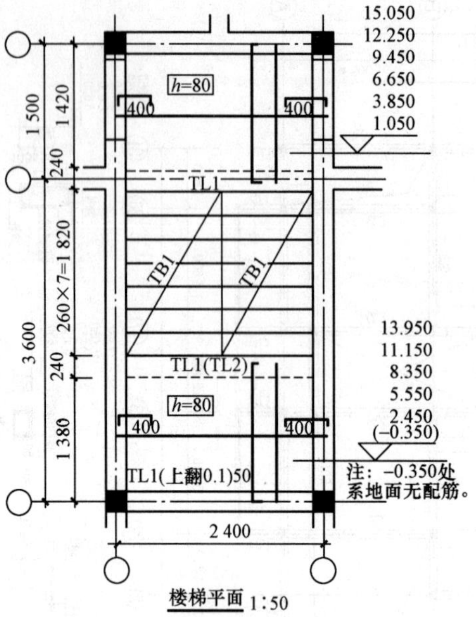

图 3.2.3　楼梯平面布置图

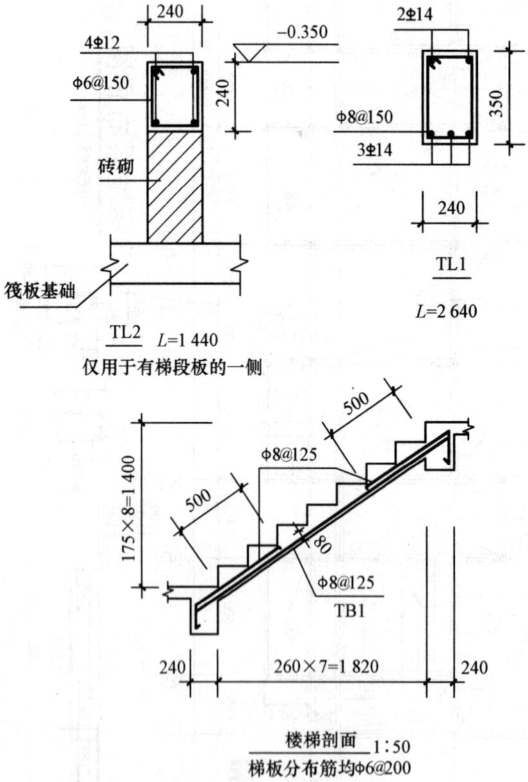

图 3.2.4　楼梯剖面图及其他详图

3.3 基础结构

基础结构图如图 3.3.1 和图 3.3.2 所示。

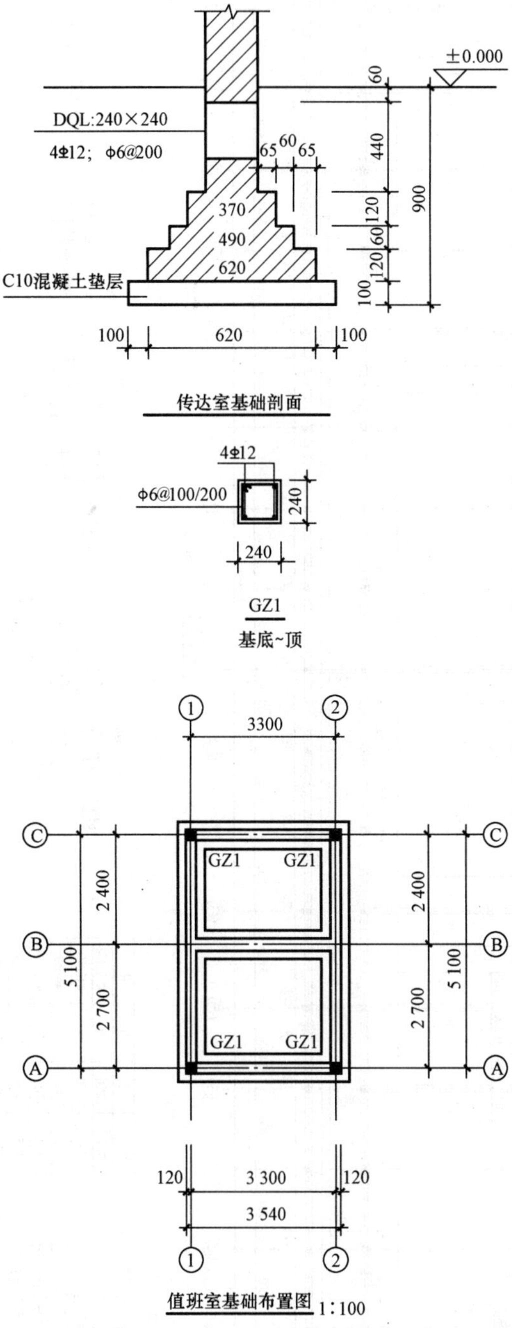

图 3.3.1　某值班室基础施工图

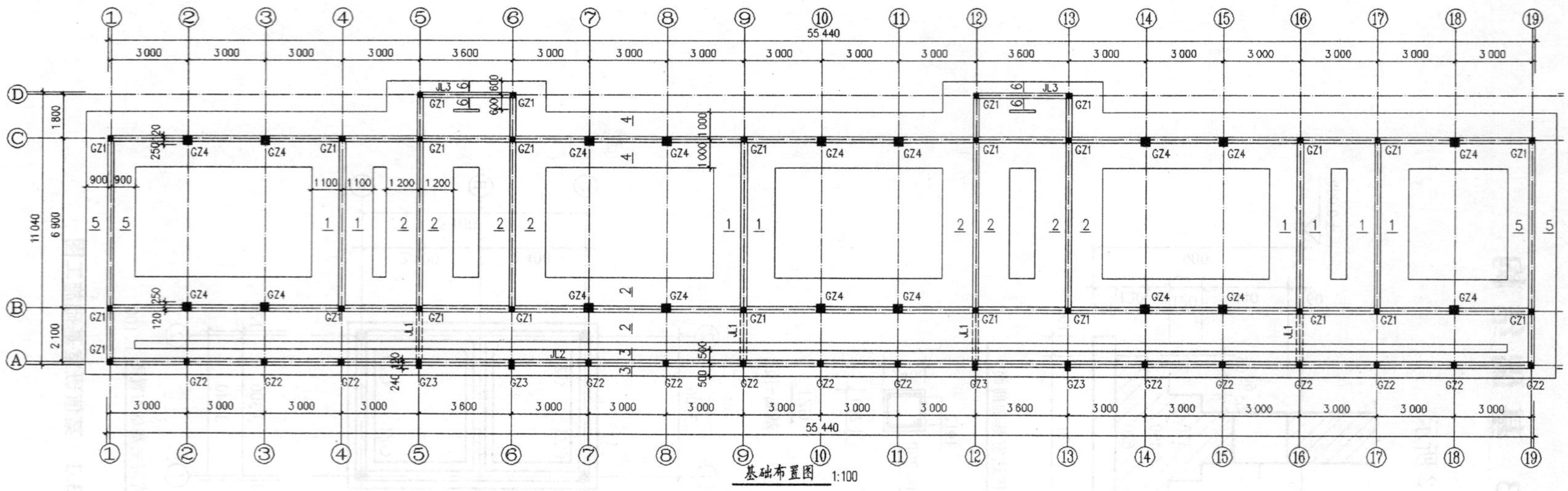

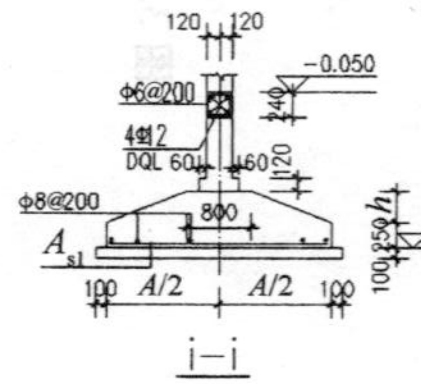

剖面号	A	h	A_{s1}
1-1	2 200	150	Φ10@150
2-2	2 400	150	Φ10@150
3-3	1 000	50	Φ8@150
4-4	2 000	150	Φ10@200
5-5	1 800	150	Φ10@200
6-6	1 200	150	Φ8@150

说明：3-3 剖面仅做至基础梁顶。

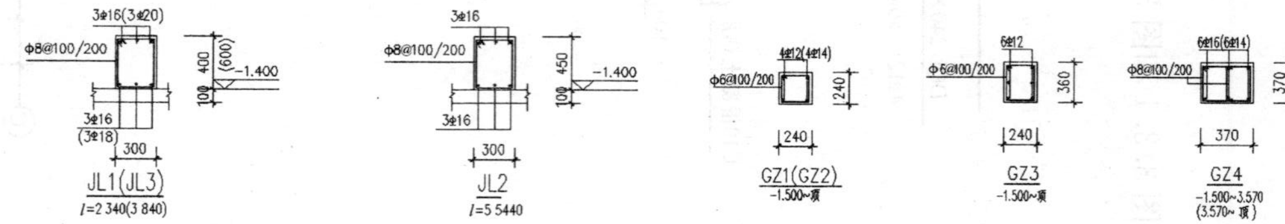

图3.3.2　某住宅基础布置图

3.4 结构抗震知识

3.4.1 地震的概念

在建筑抗震中，所指的地震是由于地壳构造运动使岩层发生断裂、错动而引起的地面振动。由于这种地震是地壳构造变动而引起的，故又称为构造地震，简称地震。地震发生时，地壳深处发生岩层断裂或错动产生震动的部位，称为震源。震源至地面的垂直距离称为震源深度。震源正上方在地表的垂直投影点称为震中；地震发生时震动和破坏最大的地区，也即震中邻近地区称为震中区；受地震影响地区地面上某点至震中的距离称为震中距；在同一地震中，具有相同地震烈度地点的连线称为等震线。

3.4.2 震级

衡量一次地震释放能量大小的等级，称为震级，用符号 M 表示，由于人们所能观测到的只是地震波传播到地表的震动，这也正是对我们有直接影响的那一部分地震能量所引起的地面震动。因此，用地面震动的振幅大小来度量地震震级。目前，国际上比较通用的是里氏震级，其定义是 1935 年里希特(C. F. Richter)首先提出的。震级是利用标准地震仪(自振周期为 0.8 s，阻尼系数为 0.8，放大倍数为 2 800 的地震仪)所记录到的距震中 100 km 处坚硬地面上最大水平地动位移(振幅 A，以微米计，$1\ \mu m=1\times10^{-3}$ mm)的常用对数值表示的。所以，震级可用下式表达：

$$M=\lg A$$

式中，M 为地震震级，一般称为里氏震级。

实际上，地震时距震中恰好 100 km 处不一定设置了地震仪，且观测点也不一定采用标准地震仪。对于距震中的距离不是 100 km，且采用非标准地震仪所确定的震级，还需进行适当修正，修正后得到的震级才是所求的震级。

震级表示一次地震释放能量的多少，也是表示地震规模的指标，所以一次地震只有一个震级。震级差一级，能量就要差 32 倍。

一般认为，$M<2$ 的地震人们感觉不到，只有仪器才能记录下来，称为微震；$M=2\sim4$ 的地震人就能感觉到，一般称为有感地震；$M>5$ 的地震称为破坏性地震，建筑物会有不同程度的破坏；$M=7\sim8$ 的地震称为强烈地震或大地震；$M>8$ 的地震称为特大地震。

3.4.3 地震烈度和烈度表

地震烈度是指地震时某一地点地面震动的强烈程度，用符号 I 表示。一个同样大小的地震，若震源深度、离震中的距离和土质条件等因素不同，其对地面和建筑物的破坏就有所不同。若仅用地震震级来表示地震的强烈程度，还不足以区别地面和建筑物的破坏程度。因此，在地震工程中还需要用地震烈度来表示地震对地面影响的强烈程度。一次地震中，表示地震大小的震级只有一个，但距离震中不同的地点，却有不同的地震烈度。一般来说，离震中越远，受地震的影响就越小，地震烈度也就越低；离震中越近，地震影响越大，地震烈度越高。地震发生时，震中区的地震烈度最大。地震烈度表是评定地震烈度大小的标准和尺度，它是根据人的感觉、器物反应、建筑物的破损程度和自然现象等宏观现象加以判定的。目前我国使用的是《中国地震烈度表》(GB/T 17742—2008)。

3.4.4 基本烈度

强烈地震的发生具有很大的随机性。我国《建筑抗震设计规范(2016 年版)》(GB 50011—2010)给出的地震基本烈度的定义是：一个地区的地震基本烈度是指该地区在今后 50 年时间内，在一般场地条件下可能遭遇到的概率超越 10%的地震烈度。

3.4.5 建筑重要性分类

在进行建筑抗震设计时，应根据建筑重要性的不同，采取不同的建筑抗震设防标准。建筑工程应分为以下四个抗震设防类别：

(1)特殊设防类：指使用上有特殊设施、涉及国家公共安全的重大建筑工程和地震时可能发生严重次生灾害等特别重大灾害后果需要进行特殊设防的建筑，简称甲类。

(2)重点设防类：指地震时使用功能不能中断或需尽快恢复的生命线相关建筑，以及地震时可能导致大量人员伤亡等重大灾害后果需要提高设防标准的建筑，简称乙类。

(3)标准设防类：指大量的在(1)、(2)、(4)款以外按标准要求进行设防的建筑，简称丙类。

(4)适度设防类：指使用上人员稀少且震损不致产生次生灾害，允许在一定条件下适度降低要求的建筑，简称丁类。

3.4.6 建筑抗震设防标准

抗震设防是对建筑进行抗震设计，包括地震作用确定、抗震承载力计算、变形验算和采取抗震措施，以达到抗震的效果。

抗震设防标准的依据是抗震设防烈度。抗震设防烈度是按国家规定的权限批准作为一个地区抗震设防依据的地震烈度。抗震设防烈度必须按国家规定的权限审批、颁布的文件(图件)确定。一般情况下，抗震设防烈度可采用中国地震烈度区划图的基本烈度。各抗震设防类别建筑的抗震设防标准，应符合下列要求：

(1)特殊设防类，应按高于本地区抗震设防烈度提高 1 度的要求加强其抗震措施；但抗震设防烈度为 9 度时应按比 9 度更高的要求采取抗震措施。同时，应按批准的地震安全性评价结果及高于本地区抗震设防烈度的要求确定其地震作用。

(2)重点设防类，应按高于本地区抗震设防烈度 1 度的要求加强其抗震措施；但抗震设防烈度为 9 度时应按比 9 度更高的要求采取抗震措施；地基基础的抗震措施，应符合有关规定。同时，应按本地区抗震设防烈度确定其地震作用。

(3)标准设防类，应按本地区抗震设防烈度确定其抗震措施和地震作用，达到在遭遇高于当地抗震设防烈度的罕遇地震影响时不致倒塌或发生危及生命安全的严重破坏的抗震设防目标。

(4)适度设防类，允许比本地区抗震设防烈度的要求适当降低其抗震措施，但抗震设防烈度为 6 度时不应降低。一般情况下，仍应按本地区抗震设防烈度确定其地震作用。

注：对于划为重点设防类而规模很小的工业建筑，当改用抗震性能较好的材料且符合抗震设计规范对结构体系的要求时，允许按标准设防类设防。

3.4.7 抗震设防目标

近年来，各个国家对抗震设计规范中抗震设防目标总的设计趋势是：在建筑物使用寿命期间，对不同频度和强度的地震，要求建筑物具有不同的抵抗能力，即对一般较小的地震，由于其发生的可能性大，因此，要求遭遇到这种多发地震时，结构不受损坏，这在技术和经济上都是可行的；遭受罕遇地震时，要求结构完全不损坏，这在经济上是不合算的，比较合理的做法是容许损坏但不应导致建筑物倒塌。

基于国际的这一趋势，我国《建筑抗震设计规范(2016 年版)》(GB 50011—2010)提出了“三水准”抗震设防目标。

第一水准：当遭受多发的低于本地区设防烈度的地震(简称“小震”)影响时，建筑物一般应不受损坏或不需修理仍能继续使用。

第二水准：当遭受与本地区设防烈度级别相当的地震影响时，建筑物可能有一定损坏，经一般修理或不需修理仍能继续使用。

第三水准：当遭受高于本地区设防烈度的罕遇地震(简称“大震”)影响时，建筑物不致倒塌或发生危及生命的严重破坏。

在进行抗震设计时，原则上应满足“三水准”抗震设防目标的要求，在具体做法上，为了简化计算，《建筑抗震设计规范(2016 年版)》(GB 50011—2010)采取了二阶段设计法，即

第一阶段设计：按小震作用效应和其他荷载效应的基本组合验算构件的承载力，以及在小震作用下验算结构的弹性变形，以满足第一水准抗震设防目标的要求。

第二阶段设计：在大震作用下验算结构的弹塑性变形，以满足第三水准抗震设防目标的要求。

对于第二水准抗震设防目标的要求，只要结构按第一阶段设计，并采取相应的抗震措施，即可得到满足。

概括起来，“三水准、二阶段”的抗震设防目标的通俗说法是：“小震不坏、中震可修、大震不倒。”

3.5 多高层钢筋混凝土结构及其抗震设防

3.5.1 房屋的高度及高宽比限值

一般现浇钢筋混凝土房屋的最大高度应符合表 3.5.1 的要求。平面和竖向均不规则的结构或建造于Ⅳ类场地的结构，其适用的最大高度应适当降低。

表 3.5.1 现浇钢筋混凝土房屋其适用的最大高度 m

结构类型		抗震设防烈度/度				
		6	7	8		9
				(0.2*g*)	8(0.3*g*)	
框架		60	50	40	35	24
框架-抗震墙		130	120	100	80	50
一般抗震墙		140	120	100	80	60
部分框支抗震墙		120	100	80	50	不应采用
筒体	框架-核心筒	150	130	100	90	70
	筒中筒	180	150	120	100	80
板柱-抗震墙		80	70	55	40	不应采用

注：1. 房屋高度指室外地面到主要屋面板板顶的高度(不包括局部突出屋顶部分)；
2. 框架-核心筒结构指周边稀柱框架与核心筒组成的结构；
3. 部分框支抗震墙结构指首层或底部两层为框支层的结构，不包括仅个别框架的情况；
4. 表中框架，不包括异形柱框架；
5. 板柱-抗震墙结构指板柱、框架和抗震墙组成的抗侧力体系的结构；
6. 乙类建筑可按本地区抗震设防烈度确定其适用的最大高度；
7. 超过表内高度的房屋，应进行专门研究和论证，采取有效的加强措施。

《高层建筑混凝土结构技术规程》(JGJ 3—2010)(以下简称《高规》)将高层建筑适用的最大高度和最大高宽比分为A级和B级。高层建筑高度超过表3.5.1规定时为B级高度高层建筑。A级适用的最大高度同表3.5.1，最大高宽比见表3.5.2。B级适用的最大高度和最大高宽比分别见表3.5.3和表3.5.4。

表 3.5.2 A级高度钢筋混凝土高层建筑结构适用的最大高宽比

结构体系		非抗震设计	抗震设防烈度/度				
			6	7	8		9
					0.20*g*	0.30*g*	
框架		70	60	50	40	35	24
框架-剪力墙		150	130	120	100	80	50
剪力墙	全部落地剪力墙	150	140	120	100	80	60
	部分框支剪力墙	130	120	100	80	50	不应采用
筒 体	框架-核心筒	160	150	130	100	90	70
	筒中筒	200	180	150	120	100	80
板柱-剪力墙		110	80	70	55	40	不应采用

注：1. 表中框架不含异形框架；
2. 部发框支剪力墙结构指地面以上有部分框支剪力墙的剪力墙结构；
3. 甲类建筑，6、7、8度时宜按本地区抗震设防烈度提高1度后的抗震设防烈度，9度时应专门研究；
4. 框架结构、板柱-剪力墙结构以及9度抗震设防的表列其他结构，当房屋高度超过本表数值时，结构设计应有可靠依据，并采取有效的加强措施。

表 3.5.3 B 级高度钢筋混凝土高层建筑结构适用的最大高度

结构体系		非抗震设计	抗震设防烈度/度			
			6	7	8	
					0.20g	0.30g
框架-剪力墙		170	160	140	120	100
剪力墙	全部落地剪力墙	180	170	150	130	110
	部分框支剪力墙	150	140	120	100	80
筒体	框架-核心筒	220	210	180	140	120
	筒中筒	300	280	230	170	150

注：1. 部分框支剪力墙结构指地面以上有部分框支剪力墙的剪力墙结构；
2. 甲类建筑，6、7 度时宜按本地区设防烈度提高 1 度后的抗震设防烈度，8 度时应专门研究；
3. 当房屋高度超过表中数值时，结构设计应有可靠依据，并采取有效措施。

表 3.5.4 B 级高度钢筋混凝土高层建筑结构适用的最大高宽比

结构体系	非抗震设计	抗震设防烈度/度		
		6 或 7	8	9
框架	5	4	3	2
板柱-剪力墙	6	5	4	—
框架-剪力墙、剪力墙	7	6	5	4
框架-核心筒	8	7	6	4
筒中筒	8	8	7	5

3.5.2 抗震等级的确定

抗震等级是确定结构构件抗震设计的标准，应根据设防烈度、结构类型和房屋高度采用不同的抗震等级，并应符合相应的计算和构造措施要求。一般现浇钢筋混凝土房屋抗震等级分为四级，其中一级抗震要求最高。抗震等级的确定一般应注意以下几点：

(1)标准设防类建筑的抗震等级应按表 3.5.5 确定。

(2)框架-抗震墙结构，在基本震型地震作用下，若框架部分承受的地震倾覆力矩大于结构总地震倾覆力矩的 50%，其框架部分的抗震等级应按框架结构确定，其适用的最大高度应比框架结构适当增加。

(3)裙房与主楼相连，除应按裙房本身确定外，不应低于主楼的抗震等级；主楼结构在裙房顶层及相邻上下各一层应适当加强抗震构造措施。裙房与主楼分离时，应按裙房本身确定抗震等级。

(4)当地下室顶板作为上部结构的嵌固部位时，地下一层的抗震等级应与上部结构相同，地下一层以下的抗震等级可根据具体情况采用三级或更低等级。地下室中无上部结构的部分，可根据具体情况采用三级或更低等级。

(5)抗震设防类别为特殊设防、重点设防、适度设防类的建筑，应按前述抗震设防分类和设防标准规定调整后的抗震设防烈度和设防类别按表 3.5.5 确定。其中，8 度乙类建筑高度超过表 3.5.5 规定的范围时，应经专门研究采取比一级更有效的抗震措施。

表 3.5.5　现浇钢筋混凝土房屋的抗震等级

结构类型		抗震设防烈度/度									
		6		7			8			9	
框架结构	高度/m	≤24	>24	≤24	>24		≤24	>24		≤24	
	框架	四	三	三	二		二	一		一	
	大跨度框架	三		二			一			一	
框架—抗震墙结构	高度/m	≤60	>60	≤24	25～60	>60	≤24	25～60	>60	≤24	25～60
	框架	四	三	四	三	二	三	二	一	二	一
	抗震墙	三		三	二		二	一		一	
抗震墙结构	高度/m	≤80	>80	≤24	25～80	>80	<24	25～80	>80	≤24	25～60
	剪力墙	四	三	四	三	二	三	三	一	二	一
部分框支抗震墙结构	高度/m	≤80	>80	≤24	25～80	>80	≤24	25～80			
	抗震墙 一般部位	四	三	四	三	二	三	二			
	抗震墙 加强部位	三	二	三	二	一	二	一			
	框支层框架	二		二		一	一				
框架—核心筒结构	框架	三		二			一			一	
	核心筒	二		二			一			一	
筒中筒结构	外筒	三		二			一			一	
	内筒	三		二			一			一	
板柱—抗震墙结构	高度/m	≤35	>35	≤35	>35		≤35	<35			
	框架、板柱的柱	三	二	二	二		一				
	抗震墙	二	二	二	一		二	一			

3.5.3　结构选型和布置

多高层钢筋混凝土结构房屋常用的结构体系有框架结构、剪力墙结构、框架-剪力墙结构。不同的结构有不同的特点，应根据其特点选择合理的抗震结构体系。

框架结构是由梁和柱为主要构件组成的承受竖向和水平作用的结构。结构自身质量轻，具有平面布置灵活，可获得较大的室内空间，容易满足生产和使用要求等优点，因此，在工业与民用建筑中得到了广泛的应用。整体质量的减轻能有效地减少地震作用，如果设计合理，框架结构的抗震性能一般较好。其缺点是抗侧刚度小，属柔性结构，在强震下结构的顶点位移和层间位移较大，且层间位移自上而下逐层增大，能导致刚度较大的非结构构件的破坏。如框架结构中的砌块填充墙常常在框架仅稍微损坏时就发生严重破坏。

剪力墙结构是由剪力墙组成的承受竖向和水平作用的结构。其特点是整体性能好、抗侧刚度大和抗震性能好等。然而由于墙体多、质量大，地震作用也大，并且内部空间的布置和使用不够灵活，比较适用于高层住宅、旅馆等建筑。

框架-剪力墙结构是由框架和剪力墙共同承受竖向和水平作用的结构，兼有框架和剪力墙两种结构体系的优点，既具有较大的空间，又具有较大的抗侧刚度，抗震性能好，多用于办公楼和宾馆建筑。

项目4　混凝土结构平法识图

学会这些，搞定施工现场哦

▶任务介绍

任务13　平法图综合训练

(一)项目名称

平法图综合训练

(二)教学目的

通过本任务的学习，使学生熟悉板的配筋表示方法，掌握柱平法表示方法和梁平法表示方法。

(三)项目任务准备情况

1. 主要仪器设备

卷尺(学生做量取尺寸时使用)。

2. 训练场所

钢筋工程框架模型实训室。

(四)分组办法

分组办法如下表，每组第一名男生、第一名女生分别为组长、副组长(表中打√号者)。小组人员必须协调工作共同完成任务。

第一组	第二组	第三组	第四组	第五组	第六组	第七组	第八组	第九组
√ 1	√ 2	√ 3	√ 4	√ 5	√ 6	√ 7	√ 8	√ 9
10	11	12	13	14	15	16	17	18
19	√ 20	√ 21	√ 22	√ 23	√ 24	√ 25	√ 26	√ 27
√ 28	29	30	31	32	33	34	35	36
37	38	39	40	41	42	43	44	45
46	47	48	49	50	51	52	53	54

（五）任务内容

在参观钢筋工程实训室框架模型并量取相关尺寸的基础上绘制以下内容：

(1)板配筋图；

(2)平法表示的柱图；

(3)平法表示的梁图。

（六）上交材料

(1)尺寸测量记录草图，每个小组提供一套；

(2)小组中每人均绘制一套配筋图：

1)板配筋图；

2)平法表示的柱图；

3)平法表示的梁图。

（七）考核办法

小组评价 30%，个人自评 30%，教师评价 40%。

（八）参考资料

(1)教材。

(2)可自行查阅图书馆资料。

（九）时间安排

序号	教学内容步骤	学生主导	教师主导	工作情况		备注
1	框架结构介绍		4	教师讲解		
2	板筋		1	教师讲解		
3	平法柱		1.5	教师讲解		
4	平法梁		1.5	教师讲解		
5	板筋绘图	2			识绘图	
6	平法柱绘图	3			识绘图	
7	平法梁绘图	3			识绘图	

任务 14　预应力混凝土图纸识读

（一）任务名称

预应力混凝土图纸识读

（二）教学目的

通过本任务练习，掌握预应力混凝土图纸的识读。

（三）项目任务情况

(1)对图 4.0.1 中的预应力钢筋部分进行识读，并对其进行解释说明。

(2)绘出各跨端截面和跨中截面图，在截面图中表达出预应力筋的位置和钢筋。

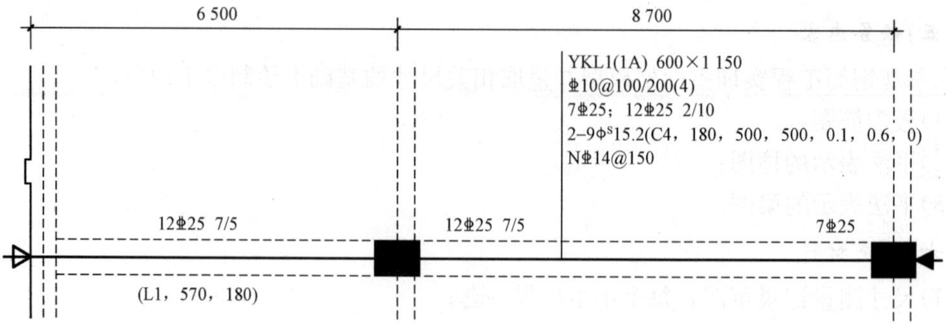

图 4.0.1

（四）时间安排

序号	教学内容步骤	学生主导	工作情况	备注		
1	任务提出	0.25	0.75	教师引导讲解		互动
2	查阅资料	1			学生查阅资料	

▶ 相关知识

4.1 平法识图概述

4.1.1 平法施工图的表达方式与特点

《混凝土结构施工图平面整体表示方法制图规则和构造详图》图集共有三本，分别为16G101－1(现浇混凝土框架、剪力墙、梁、板)、16G101－2(现浇混凝土板式楼梯)、16G101－3(独立基础、条形基础、筏形基础、桩基础)。《混凝土结构施工图平面整体表示方法制图规则和构造详图》图集是国家建筑标准设计图集，在全国推广使用。

下面主要介绍 16G101－1 内容。

混凝土结构施工图平面整体表示方法简称为平法，其表达形式，概括来讲，是把结构构件的尺寸和配筋等，按照平面整体表示方法制图规则，整体直接表达在各类构件的结构平面布置图上，再与相应的“结构设计总说明”和梁、柱、墙等构件的“标准构造详图”相配合，构成一套新型完整的结构设计，改变了传统的那种将构件从结构平面图中索引出来，再逐个绘制配筋详图的烦琐方法。

图集 16G101－1 包括常用的现浇混凝土柱、墙、梁三种构件的平法制图规则和标准构造详图两大部分。其既是设计者完成柱、墙、梁平法施工图的依据，也是施工、监理人员准确理解和实施平法施工图的依据。它编入了目前国内常用的且较为成熟的构造做法，是施工人员必须与平法施工图配套使用的正式文件。

平法的优点是图面简洁、清楚、直观性强，图纸数量少，设计和施工人员都很欢迎。

图集 16G101－1 不是“构件类”标准图集。其实质，是把结构设计师的创造性劳动与重复性劳动区分开来。其内容一半是平法标准设计规则，另一半是讲标准的节点构造。

4.1.2 《平法图集》的内容组成

图集 16G101－1 由平面整体表示方法制图规则和标准构造详图两大部分内容组成。各章内容如下：

第一部分 平法制图规则

1. 总则
2. 柱平法施工图制图规则
3. 剪力墙平法施工图制图规则
4. 梁平法施工图制图规则
5. 有梁楼盖平法施工图制图规则
6. 无梁楼盖平法施工图制图规则
7. 楼板相关构造制图规则

第二部分 标准构造详图

图集 16G101－1 适用于抗震设防烈度为 6、7、8、9 度地区的现浇混凝土框架、剪力墙、框架-剪力墙和部分框支剪力墙等主体结构施工图的设计，以及各类结构中的现浇混凝土板(包括有梁楼盖和无梁楼盖)，地下室结构部分现浇混凝土墙体、柱、梁、板结构施工图的设计。

4.1.3 平法施工图的一般规定

按平法设计绘制的施工图，一般是由各类结构构件的平法施工图和标准详图两个部分构成，但对复杂的建筑物，还需增加模板、开洞和预埋件等平面图。

按平法设计绘制结构施工图时，应将所有梁、柱、墙、板等构件按规定编号，同时必须按规定在结构平面布置图上直接表示各构件的尺寸、配筋和所选用的标准构造详图。

出图时，宜按基础、柱、剪力墙、梁、板、楼梯及其他构件的顺序排列。

平法施工图应当用表格或其他方式注明各层(包括地下和地上)的结构层楼地面标高、结构层高及相应的结构层号。结构层楼面标高是指将建筑图中的各层地面和楼面标高值扣除建筑面层及垫层厚度后的标高，结构层号应与建筑楼层号对应一致。

在平面布置图上表示各构件尺寸和配筋的方式，分平面注写方式、列表注写方式和断面注写方式三种。

结构设计说明中应写明以下内容：

(1)本设计图采用的是平面整体表示方法，并注明所选用平法标准图的图集号；

(2)混凝土结构的使用年限；

(3)抗震设防烈度及结构抗震等级；

(4)各类构件在其所在部位所选用的混凝土强度等级与钢筋种类；

(5)构件贯通钢筋需接长时采用的接头形式及有关要求；

(6)对混凝土保护层厚度有特殊要求时，写明不同部位构件所处的环境条件；

(7)当标准详图有多种做法可选择时，应写明在何部位采用何种做法；

(8)当具体工程需要对平法图集的标准构造详图作某些变更时，应写明变更的内容；

(9)其他特殊要求。

4.1.4 构造详图

如前所述，一套完整的平法施工图通常由各类构件的平法施工图和标准详图两个部分组成，构造详图是根据国家现行《混凝土结构设计规范(2015 年版)》(GB 50010—2010)、《高层建筑混凝土结构技术规程》(JGJ 3—2010)、《建筑抗震设计规范(2016 年版)》(GB 50011—2010)等有关规定，对各类构件的混凝土保护层厚度、钢筋锚固长度、钢筋接头做法、纵筋切断点位置、连接节点构造及其他细部构造进行适当的简化和归并后给出的标准做法，供设计人员根据具体工程情况选用。设计人员也可根据工程实际情况，按国家有关规范对其作出必要的修改，并在结构施工图说明中加以阐述。

4.2 柱平法识图

4.2.1 柱平法施工图制图规则

柱平法施工图有列表注写和截面注写两种方式。柱在不同标准层截面多次变化时，可用列表注写方式，否则宜用截面注写方式。

(1)列表注写方式。在柱平面布置图上，分别在同一编号的柱中选择一个或几个截面标注几何参数代号(反映截面对轴线的偏心情况)，用简明的柱表注写柱号、柱段起止标高、几何尺寸(含截面对轴线的偏心情况)与配筋数值，并配以各种柱截面形状及箍筋类型图。

柱表中自柱根部(基础顶面标高)往上以变截面位置或配筋改变处为界分段注写。

(2)截面注写方式。在分标准层绘制的柱平面布置图的柱截面上，分别在同一编号的柱中选择一个截面，直接注写截面尺寸和配筋数值。

1)在柱定位图中，按一定比例放大绘制柱截面配筋图，在其编号后再注写截面尺寸(按不同形状标注所需数值)、角筋、中部纵筋及箍筋。

2)柱的竖筋数量及箍筋形式直接画在大样图上，并集中标注在大样旁边。

3)当柱纵筋采用同一直径时，可标注全部钢筋；当纵筋采用两种直径时，需将角筋和各边中部筋的具体数值分开标注；当柱采用对称配筋时，可仅在一侧注写腹筋。

4)必要时，可在一个柱平面布置图上用小括号“( )”和尖括号“<>”区分和表达各不同标准层的注写数值。

4.2.2 柱的构造详图

1. 抗震 KZ 纵向钢筋连接构造

由于柱纵筋的绑扎搭接连接不适合在实际工程中使用，所以，着重掌握柱纵筋的机械连接和焊接连接构造。焊接一般采用电渣压力焊、闪光对焊，不提倡搭接焊。

采用机械连接和对焊连接，当上下层的柱纵筋直径相等时是没有问题的；当上下层的柱纵筋直径在两个级差之内时，也是可以的。当上下层的柱纵筋直径超过两个级差时，只能采用绑扎搭接连接。如果上下层的柱纵筋直径超过两个级差，设计师应妥善处理这种设计是否合理的问题。

所谓“非连接区”，就是柱纵筋不允许在这个区域之内进行连接。无论绑扎搭接连接、机械连接和焊接连接都要遵守这项规定。

2. QZ、LZ纵向钢筋构造

剪力墙上柱 QZ 纵筋构造详图，如图 4. 2. 1 所示。

梁上柱 LZ 纵筋构造详图，如图 4. 2. 2 所示。梁上柱是一种特殊的柱，它不是框架柱。关键看柱下部钢筋如何锚入梁中的，梁顶面以逐步形成的梁上柱纵筋构造同框架柱。

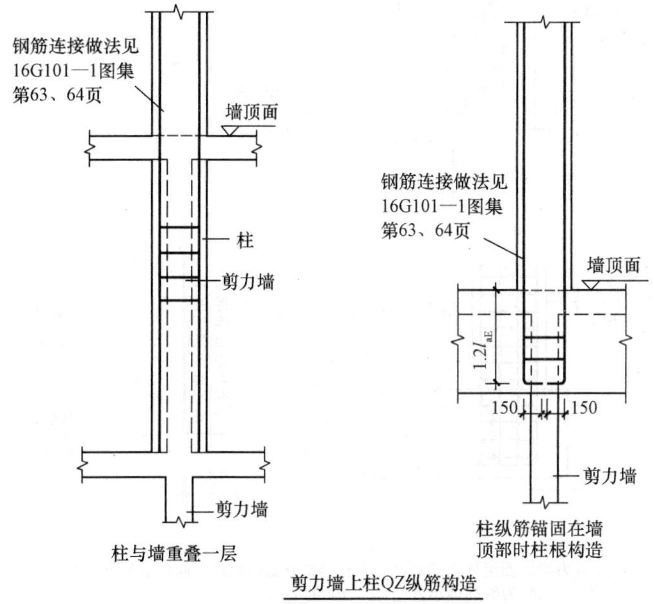

图 4. 2. 1　剪力墙上柱 QZ 纵筋构造

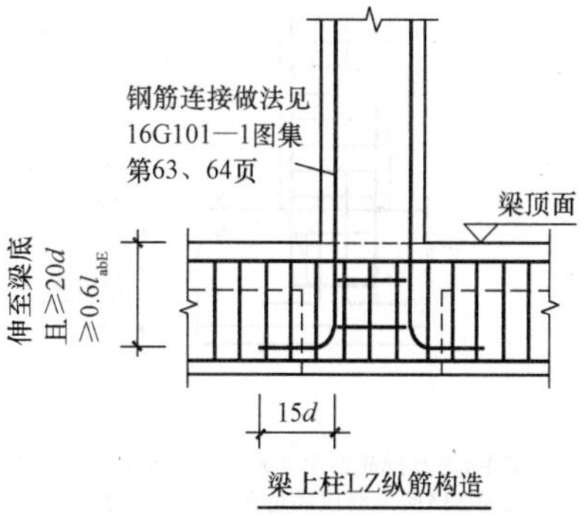

图 4. 2. 2　梁上柱 LZ 纵筋构造

3. 柱加密区范围、箍筋设置规则及计算

前面讲到的框架柱纵筋“非连接区”，就是现在要讲的“箍筋加密区”。要注意前后知识的联系性。

关于刚性地面：横向压缩变形小、竖向比较坚硬的地面属于刚性地面。混凝土地面和花岗岩板块地面都是刚性地面。

“短柱”的箍筋沿柱全高加密。“短柱”即柱净高(包括因嵌砌填充墙等形成的柱净高)与柱截面长边尺寸或圆柱直径之比小于等于 4 的柱。在实际工程中，短柱出现较多的部位在地下室以及楼梯间的柱。当地下室的层高较小时，容易形成短柱。

一级及二级框架的角柱，取全高进行箍筋加密。

框支柱，取全高进行箍筋加密。

抗震柱箍筋根数的计算：仅在除以间距时要求小数进位，不需要像梁那样在加密区和非加密区根数计算时加减 1。按上下加密区的实际长度来计算非加密区的长度。注意判断是否短柱。

4. 框架柱的基础插筋

16G1010—3 图集中关于柱纵向钢筋在基础中的构造规定如图 4. 2. 3 所示。

5. 抗震柱箍筋根数的计算

抗震柱箍筋根数的计算，仅在除以间距时要求小数进位，不需要像梁那样在加密区和非加密区根数计算时加减1。按上下加密区的实际长度来计算非加密区的长度。注意判断是否短柱。

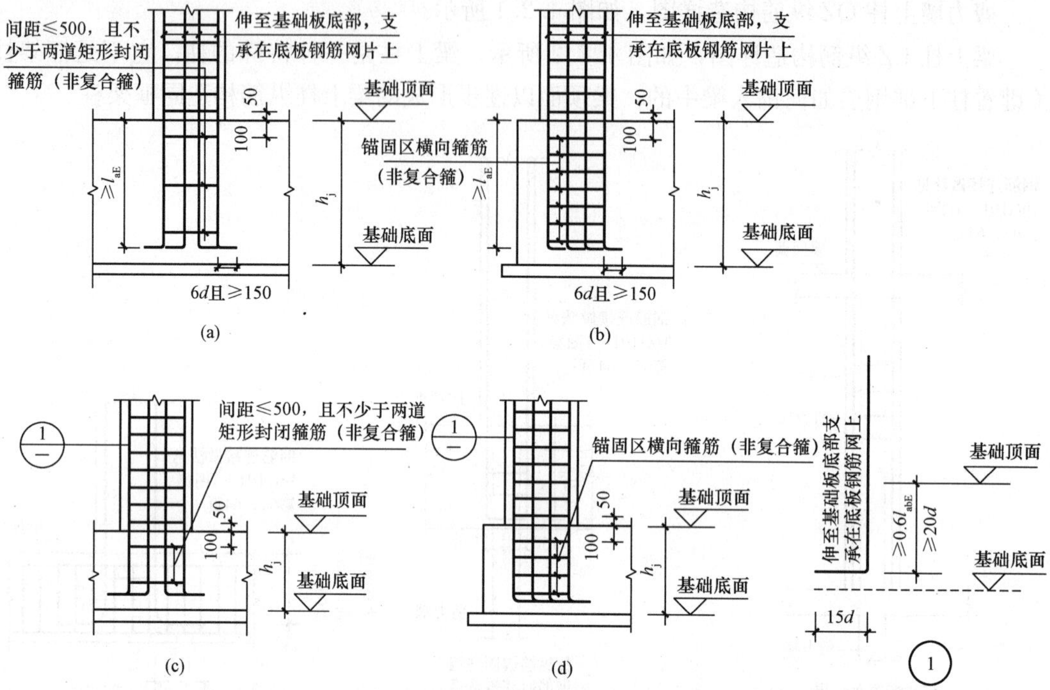

注：1.图中h_j为基础底面至基础顶面的高度，柱下为基础梁时，h_j为梁底面至顶面的高度。当柱两侧基础梁标高不同时取较低标高。

2.锚固区横向箍筋应满足直径≥d/4(d为纵筋最大直径)，间距≤5d(d为纵筋最小直径)且≤100的要求。

3.当柱纵筋在基础中保护层厚度不一致(如纵筋部分位于梁中，部分位于板内)，保护层厚度不大于5d的部分应设置锚固区横向钢筋。

4.当符合下列条件之一时，可仅将柱四角纵筋伸至底板钢筋网片上或者筏形基础中间层钢筋网片上(伸至钢筋网片上的柱纵筋间距不应大于1 000)，其余纵筋锚固在基础顶面下l_{aE}即可。

(1)柱为轴心受压或小偏心受压，基础高度或基础顶面至中间层钢筋网片顶面距离不小于1 200；

(2)柱为大偏心受压，基础高度或基础顶面至中间层钢筋网片顶面距离不小于1 400。

5.图中d为柱纵筋直径。

图 4.2.3　柱纵向钢筋在基础中构造

(a)保护层厚度>5d；满足高度直锚；(b)保护层厚度≤5d；基础高度满足直锚；

(c)保护层厚度>5d；基础基础高度不满足直锚；(d)保护层厚度≤5d；基础高度不满足直锚

4.3　梁平法识图

4.3.1　梁平法施工图制图规则

梁平法施工图同样有截面注写和平面注写两种方式。当梁为异形截面时，可用截面注写方式，否则宜用平面注写方式。

梁平面布置图应分标准层按适当比例绘制，其中包括全部梁和与其相关的柱、墙、板。对于轴线未居中的梁，应标注其定位尺寸(贴柱边的梁除外)。当局部梁的布置过密时，可将过密区用虚线框出，适当放大比例后再表示，或者将纵横梁分开画在两张图上。

同样，在梁平法施工图中，应采用表格或其他方式注明各结构层的顶面标高及相应的结构层号。

1. 截面注写方式

截面注写方式，是在分标准层绘制的梁平面布置图上，分别在不同编号的梁中各选择一根梁用剖面号引出配筋图，并在其上注写截面尺寸和配筋具体数值的方式来表达梁平法施工图。

对所有梁进行编号，从相同编号的梁中选择一根梁，先将“单边截面号”画在该梁上，再将截面配筋详图画在本图或其他图上。

断面注写方式既可单独使用，也可与平面注写方式结合使用。

2. 平面注写方式

在梁的平面布置图上，分别在不同编号的梁中各选一根梁，在其上注写截面尺寸和配筋具体数值的方式来表达梁平法施工图。

平面注写包括集中标注与原位标注。集中标注的梁编号及截面尺寸、配筋等代表许多跨；原位标注的要素仅代表本跨。具体表示方法如下：

(1)梁编号及多跨通用的梁截面尺寸、箍筋、跨中面筋基本值采用集中标注，可从该梁任意一跨引出注写；梁底筋和支座面筋均采用原位标注。对与集中标注不同的某跨梁截面尺寸、箍筋、跨中面筋、腰筋等，可将其值原位标注。

(2)梁编号由梁类型代号、序号、跨数及有无悬挑代号几项组成，应符合表 4.3.1 的规定。

表 4.3.1　梁编号

梁类型	代号	序号	跨数及是否带有悬挑
楼层框架梁	KL	××	(××)或(××A)或(××B)
屋面框架梁	WKL	××	(××)或(××A)或(××B)
框支梁	KZL	××	(××)或(××A)或(××B)
非框架梁	L	××	(××)或(××A)或(××B)
悬挑梁	XL	××	(××)或(××A)或(××B)

注：(××A)为一端有悬挑，(××B) 为两端有悬挑，悬挑不计入跨数。

例：KL7(5A)表示第 7 号框架梁，5 跨，一端有悬挑。

(3)等截面梁的截面尺寸用 $b\times h$ 表示；竖向加腋梁用 $b\times h$ Y$c_1\times c_2$ 表示，其中 c_1 为腋长，c_2 为腋高；水平加腋梁，一侧加腋时用 $b\times h$ PY$c_1\times c_2$ 表示；悬挑梁根部和端部的高度不同时，用斜线“/”分隔根部与端部的高度值。例：300×700 Y500×250 表示加腋梁跨中截面为 300×700，腋长为 500，腋高为 250；200×500/300 表示悬挑梁的宽度为 200，根部高度为 500，端部高度为 300。

(4)箍筋加密区与非加密区的间距用斜线“/”分开，当梁箍筋为同一种间距时，则不需用斜线；箍筋肢数用括号括住的数字表示。例：Φ@100/200(4) 表示箍筋加密区间距为 100，非加密区间距为 200，均为四肢箍。

(5)梁上部或下部纵向钢筋多于一排时，各排筋按从上往下的顺序用斜线“/”分开；同一排纵筋有两种直径时，则用加号“＋”将两种直径的纵筋相连，注写时角部纵筋写在前面。例：6Φ25 4/2 表示上一排纵筋为 4Φ25，下一排纵筋为 2Φ25；2Φ25＋2Φ22 表示有四根纵筋，2Φ25 放在角部，2Φ22 放在中部。

(6)梁中间支座两边的上部纵筋不同时，须在支座两边分别标注；支座两边的上部纵筋相同时，可仅在支座的一边标注。

(7)梁跨中面筋(贯通筋、架立筋)的根数，应根据结构受力要求及箍筋肢数等构造要求而定，注写时，架立筋须写入括号内，以示与贯通筋的区别。例：2Φ22＋(2Φ12)用于四肢箍，其中 2Φ22 为贯通筋，2Φ12 为架立筋。

(8)当梁的上、下部纵筋均为贯通筋时，可用“；”号将上部与下部的配筋值分隔开来标注。例：3Φ22；3Φ20 表示梁采用贯通筋，上部为 3Φ22，下部为 3Φ20。

(9)梁侧面纵向构造钢筋或受扭钢筋配置。G4Φ12，表示梁的两个侧面共配置 4Φ12 的纵向构造钢筋，每侧各配置 2Φ12。N6Φ22，表示表示梁的两个侧面共配置 6Φ22 的受扭纵向钢筋，每侧各配置 3Φ22。

(10)附加箍筋(密箍)或吊筋直接画在平面图中的主梁上，配筋值原位标注。

(11)多数梁的顶面标高相同时，可在图面统一注明，个别特殊的标高可在原位加注。

3. 提示性思考

(1)梁编同一个号的条件是什么？梁在平面图上的位置(轴线正中或轴线偏中)影响编同个号吗？注意：设计师编错编号，施工员或预算员应改正。

(2)屋面梁与楼面梁如何区分？是看名称还是实质？

(3)什么是次梁？如何判断？次梁编号为 LL 对吗？若出现 LL 的梁编号标注，应作何解释？一般来说，次梁就是非框架梁。除特殊情况外，一般次梁高度小于主梁。在平法中可从跨数来判断谁主谁次。从附加筋也可看出主、次梁。若因此判断错误，则说明编号不规范化。

(4)某施工图中，抗震框架梁 KL1 上部纵筋集中标注为(2Φ12)，正确吗？是架立筋吗？

(5)某施工图中，抗震框架梁 KL1 上部纵筋集中标注为 2Φ25＋(2Φ12)通长，请问正确吗？

(6)如果抗震框架梁集中标注了下部通长筋，在施工时其必须设置成贯通筋吗？

(7)思考构造钢筋与受扭钢筋的异同点。

(8)附加箍筋是在主梁上插空布置还是取代原有箍筋？附加吊筋呢？

4.3.2 梁的构造详图

1. 框架梁节点构造

(1)框架梁上部纵筋构造。

1)上部通长筋。设上部通长筋是抗震要求，通长筋与贯通筋没有太大的区别。

从上部通长筋的概念出发，上部通长筋的直径可以小于支座负筋直径。这时，处于跨中的上部通长筋就在支座的分界处($l_n/3$)，与支座负筋进行连接。

2)支座负筋的延伸长度。第一排按净跨长度 1/3 处理，第二排按 1/4 处理。端支座与中间支座的长度计算是不同的，端支座按边跨净跨长度计算，而中间支座是按两侧净跨长度的大值计算。

如果框架梁支座负筋设计了三排，第三排负筋的延伸长度的计算在图集中没有说明，建议按净跨长度的 1/4 处理比较稳妥。

3)架立筋。其相关计算公式如下：

架立筋根数＝箍筋肢数－上部通长筋的根数

长度＝净跨－两支座负筋延伸长度＋150×2

若等跨，则　　　　　　长度＝$l_n/3+150\times2$

图 4.3.1 中只能出通长筋构造，如画出俯视图即可清楚表示其长度。

框架梁的架立筋与支座负筋搭接长度为 150 mm。

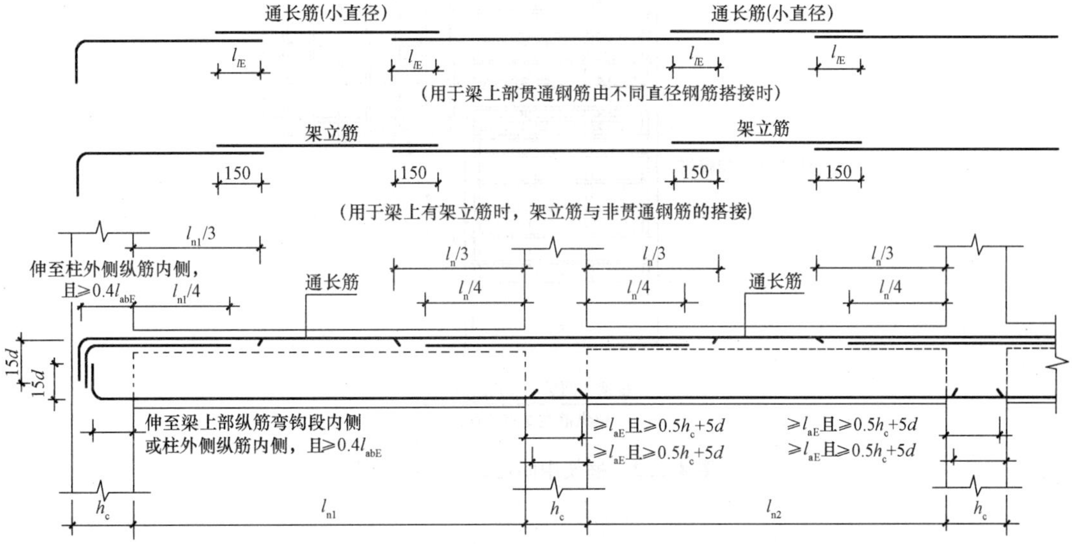

图 4.3.1　楼层框架 KL 纵向钢筋构造

(2)框架梁下部纵筋构造。按跨布置锚固并不是进行连接，如果满足尺度相邻跨可贯通。

框架梁下部纵筋在靠近支座 $l_n/3$ 范围内，如为非抗震框架梁则可以连接，因为支座处不存在正弯矩，而抗震框架梁支座则可能有正弯矩。

当框架梁一个单跨长度大于钢筋定长尺度时，钢筋连接不可避免。钢筋连接要避开箍筋加密区和构件内力(弯矩)较大区，工艺上较为困难。规范并不是禁止连接，而是要求保证连接质量。如做拉力试验保证不在接头处断裂，则接头可设在任何部位。

(3)框架梁中间支座构造。

1)上部纵筋在中间支座的节点构造。支座两侧上部纵筋直径相同的做成“扁担筋”，直径不同的则分别在支座处锚固。设计中应尽量避免出现支座两侧上部纵筋直径不同的情况。求支座宽度时注意“楼层划分”问题，不同楼层处柱宽等支座宽度可能不同。

2)下部纵筋在中间支座的节点构造。

如果满足尺度，相邻两跨直径相同可以直通。

框架梁下部钢筋在中间支座因梁高不同等原因可由直锚改为弯锚。

(4)框架梁端支座构造。梁纵向钢筋支座处弯折锚时，上部(或下部)的上、下排纵筋竖向弯折段之间宜保持净距 25 mm；上部与下部纵筋的竖向弯折段可以贴靠，纵筋最外排竖向弯折段与柱外边纵向钢筋净距宜≥ 25 mm。上部与下部纵筋的竖向弯折段重叠时，宜采用图 4.3.4 所示的钢筋排布方案。框架中间层端节点构造如图 4.3.2～图 4.3.5 所示。

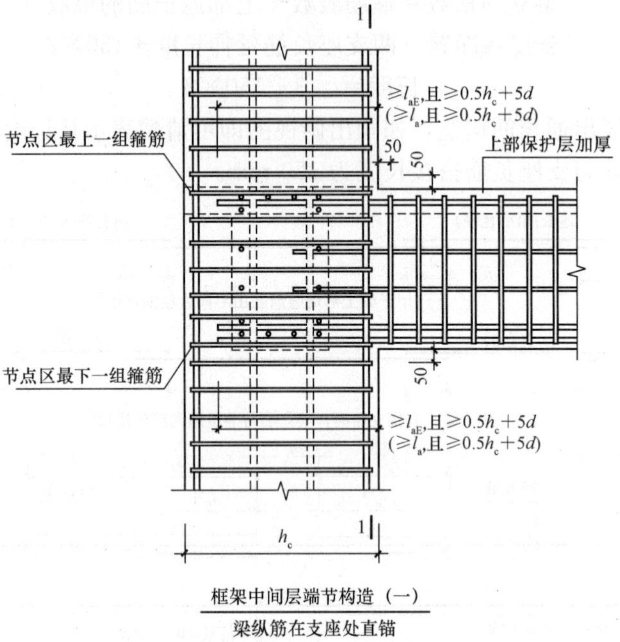

图 4.3.2 框架中间层端节构造(一)

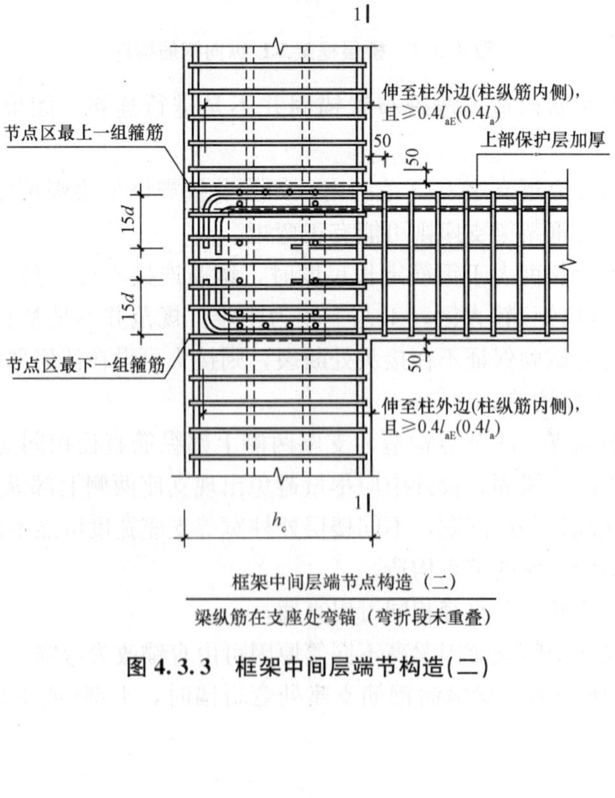

图 4.3.3 框架中间层端节构造(二)

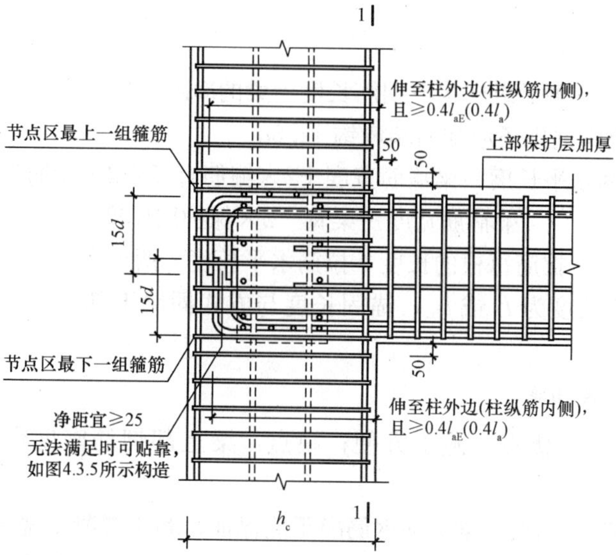

框架中间层端节点构造（三）

梁纵筋在支座处弯锚（弯折段重叠，内外排不贴靠）

图 4.3.4　框架中间层端节构造(三)

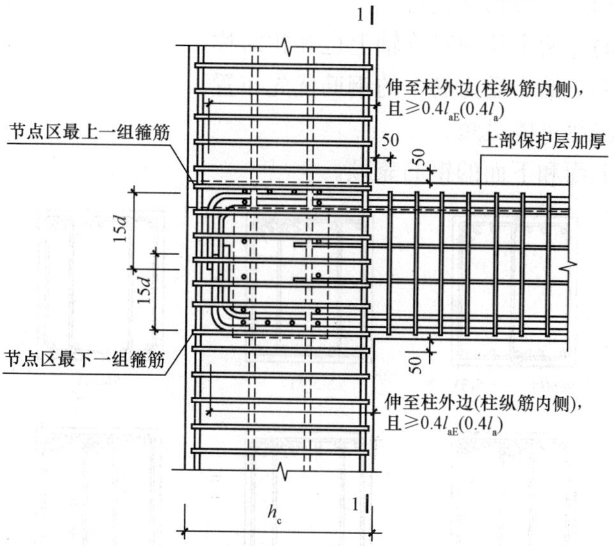

框架中间层端节点构造（四）

梁纵筋在支座处弯锚（弯折段重叠，内外排贴靠）

图 4.3.5　框架中间层端节构造(四)

(5)框架梁侧面纵筋的构造。框架梁侧面纵筋俗称腰筋，包括侧面构造纵筋和侧面抗扭纵筋。

拉筋要拉住两个方向的钢筋，而单肢箍只拉住纵筋。单肢箍要做成直形，而拉筋可直形也可S形。

保护层主要是保护一个面、一条线，而不是保护一个点的，一个点的保护层略小一点无碍大局。

相关计算公式如下：

侧面纵向构造钢筋长度＝梁的净跨＋2×15d

如为 HPB300 级钢筋则还应加两端弯钩 12.5d。

拉筋水平长度＝梁箍筋宽度＋2×箍筋直径＋2×拉筋直径

梁箍筋宽度＝梁宽－2×保护层厚度

拉筋每根的长度＝拉筋水平长度＋两个弯钩

梁侧面扭筋搭接长度为 l_l 或 l_{lE}，锚固长度与方式同梁下部纵筋，不可以说同梁上部纵筋。

2.“顶梁边柱”节点构造

(1)“柱插梁”构造。优点：施工方便；缺点：梁上部钢筋密度增大，不利于混凝土浇筑。

(2)“梁插柱”构造。优点：梁上部钢筋净距能保证，利于混凝土浇筑；缺点：施工缝无法留在梁底(这是“坏习惯”，地震时梁底容易破坏。整个一层的柱梁墙板以一次浇完为好)。另外，钢筋略多。

3. 框架梁箍筋构造

多肢箍的内箍设置要遵循以下原则，如图 4.3.6 所示。

(1)垂直性，长和宽一般相互垂直。

(2)对称性，箍筋在两个几何对称轴上也互相对称。

(3)均匀布置，上下筋中受力筋多的钢筋优先布置。

(4)内箍的水平段尽可能最短。

(5)上下兼顾，上面和下面的钢筋兼顾。

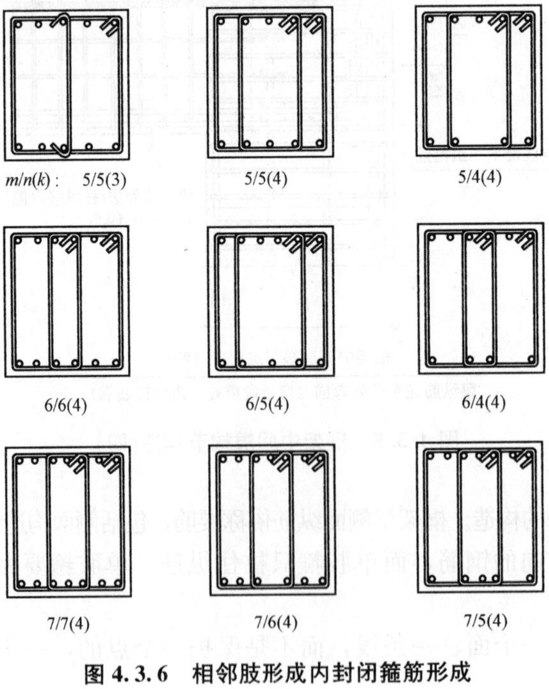

图 4.3.6　相邻肢形成内封闭箍筋形成

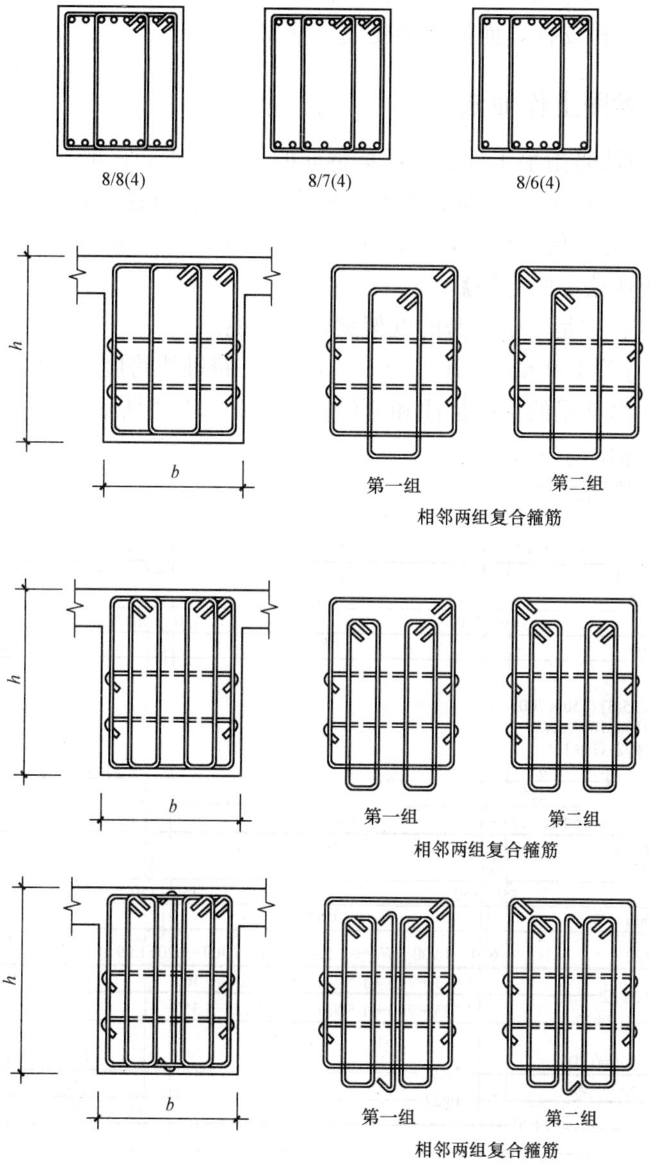

图 4.3.6　相邻肢形成内封闭箍筋形成(续)

4. 非框架梁的构造

中间支座第二排上筋可按 $l_n/4$ 处理。

砖混结构的 L 两端是圈梁或构造柱，其锚固可参照非框架梁做法。

5. 悬挑梁的构造

不考虑抗震。挑梁上筋与左支座上筋相同时可贯通。

6. 框支梁、框支柱的构造

常见的框架结构是由框架柱和框架梁组成的结构。但是，有时会出现这样的情况：一个建筑物下面的一、二层为框架结构，而第三层及以上各层却变为剪力墙结构了。这时候，第二层作为框架结构与剪力墙结构之间的“结构转换层”，就变为一个特殊的楼层，在“第二层”中，框架柱变成了框支柱，而框架梁变成了框支梁。

4.3.3 平法梁图上作业法

平法梁图上作业法是指手工计算平法梁钢筋的一种方法。它把平法梁的原始数据（轴线尺寸、集中标注和原位标注）、中间的计算过程和最后的计算结果都写在一张草稿纸上，层次分明，数据关系清楚，便于检查，提高了计算的可靠性和准确性。

【平法梁图上作业法实例之一】

以 KL5(3)为例：它是一个 3 跨的框架梁，无悬挑。

KL5 的截面尺寸为 250 mm×700 mm，第一、三跨轴线跨度为 6 000 mm，第二跨轴线跨度为 1 800 mm，框架梁的集中标注和原位标注如图 4.3.7 所示。

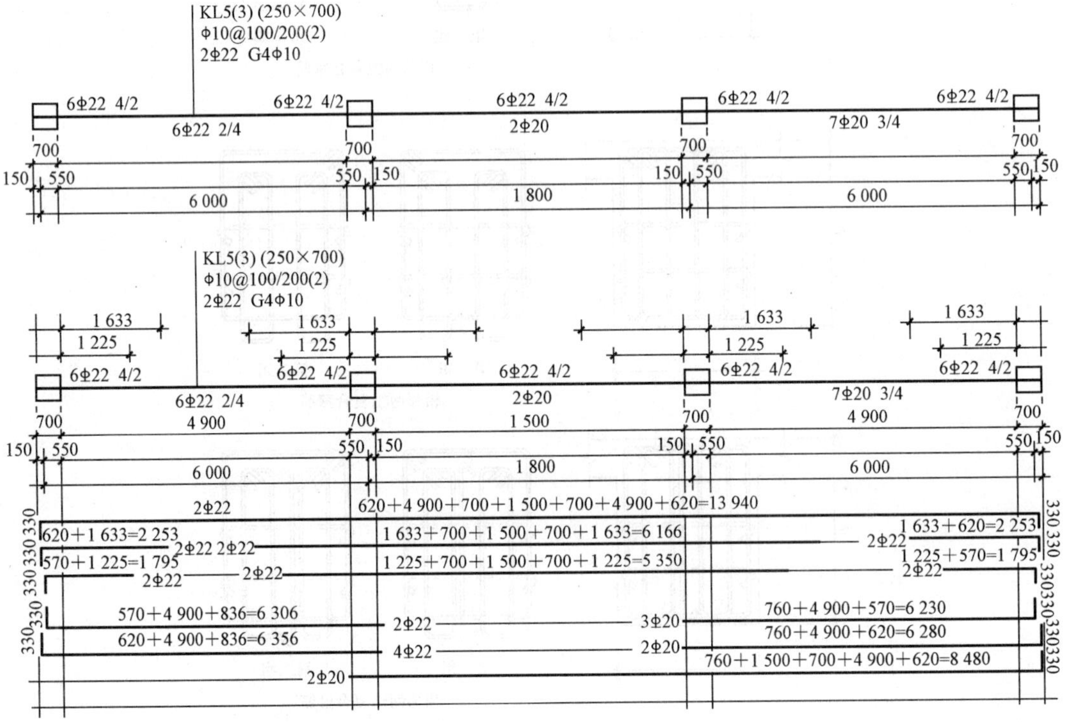

直钩长度：$15d=15\times22=330$，$15d=15\times20=300$；

l_{aE}：二级抗震，HRB335普通钢筋，$d\leqslant25$，C25：$38d=38\times22=836$，$38d=38\times20=760$；

端支座直锚部分长度：第一排纵筋=700−30−25−25=620，

第二排纵筋=620−25−25=570；

中间支座：$0.5h_c+5d=0.5\times700+5\times22=460<l_{aE}$，所以，以$l_{aE}$作为中间支座纵筋的锚固长度。

650 200 $2h_c=2\times700=1\ 400>500$，所以，箍筋加密区长度为1 400，Φ10箍筋总根数=39+15+39=93；

其中：第一跨加密区(1 400−50×2)/100+1=14根，非加密区(4 900−1 450×2)/200−1=9（根），箍筋根数=15+9+15=39（根）

第三跨同第一跨，第二跨全部为加密区(1 500−50×2)/100+1=15根；

Φ10构造钢筋：锚固长度=15d=15×10=150，第一、三跨 150+4 900+150=5 200，第二跨 150+1 500+150=1 800。

图 4.3.7 框架梁的集中标注和原位标注

4.4 剪力墙平法识图

剪力墙平面布置图可采取适当比例单独绘制，也可与柱或梁平面图合并绘制。当剪力墙较复杂或采用截面注写方式时，应按标准层分别绘制。在剪力墙平法施工图中，也应采用表格或其他方式注明各结构层的楼面标高、结构层标高及相应的结构层号。对于轴线未居中的剪力墙(包括端柱)，应标注其偏心定位尺寸。

剪力墙平法施工图也有列表注写和截面注写两种方式。剪力墙在不同标准层截面多次变化时，可用列表注写方式，否则宜用截面注写方式。

(1)列表注写方式：将剪力墙视为由墙柱、墙身和墙梁三类构件组成，对应于剪力墙平面布置图上的编号，分别在剪力墙柱表、剪力墙身表和剪力墙梁表中注写几何尺寸与配筋数值，并配以各种构件的截面图。在各种构件的表格中，应自构件根部(基础顶面标高)往上以变截面位置或配筋改变处为界分段注写。

(2)断面注写方式：在分标准层绘制的剪力墙平面布置图上，直接在墙柱、墙身、墙梁上注写截面尺寸和配筋数值。

1)选用适当比例原位放大绘制剪力墙平面布置图。对各墙柱、墙身、墙梁分别编号。

2)从相同编号的墙柱中选择一个截面，标注截面尺寸、全部纵筋及箍筋的具体数值(注写要求与平法柱相同)。

3)从相同编号的墙身中选择一道墙身，按墙身编号、墙厚尺寸、水平分布筋、竖向分布筋和拉筋的顺序注写具体数值。

4)从相同编号的墙梁中选择一根墙梁，依次引注墙梁编号、截面尺寸 、箍筋、上部纵筋、下部纵筋和墙梁顶面标高高差。墙梁顶面标高高差，是指相对于墙梁所在结构层楼面标高的高差值，高于者为正值，低于者为负值，无高差时不注。

5)必要时，可在一个剪力墙平面布置图上用小括号“(　)”和尖括号“＜＞”区分和表达各不同标准层的注写数值。

6)如若干墙柱(或墙身)的截面尺寸与配筋均相同，仅截面与轴线的关系不同时，可将其编为同一墙柱(或墙身)号。

7)当在连梁中配交叉斜筋时，应绘制交叉斜筋的构造详图，并注明设置交叉斜筋的连梁编号。

4.5 楼梯平法识图

4.5.1 楼梯结构图的传统表示方法

楼梯结构图一般由平面图、剖面图和构件详图组成。图 4.5.1 所示分别为楼梯结构平面图、剖面图，楼梯梁配筋图。

4.5.2 楼梯结构详图的平面整体表示法

用平面整体表示法表示楼梯结构图时，由平法表示楼梯施工图和楼梯标准构造图两部分组成。其特点是不需要再详细画出楼梯各细部尺寸和配筋，而由标准图提供。

目前，图集《混凝土结构施工图平面整体表示方法制图规则和构造详图(现浇混凝土板式楼梯)》(16G101—2)提供了现浇板式楼梯的制图规则和构造详图，下面介绍其表示方法。

(1)选用《混凝土结构施工图平面整体表示方法制图规则和构造详图(现浇混凝土板式楼梯)》(16G101—2)应具备的条件。

1)注明结构楼梯层高标高；

2)注明混凝土强度等级和钢筋级别；

3)对保护层有特殊要求时，注明楼梯处的环境类别；

4)梯段斜板不嵌入墙内，不包括预埋件详图和楼梯梁详图；

5)仅适用于板式楼梯。

(2)板式楼梯平法施工图的表示方法。

1)梯段板的类型及编号。

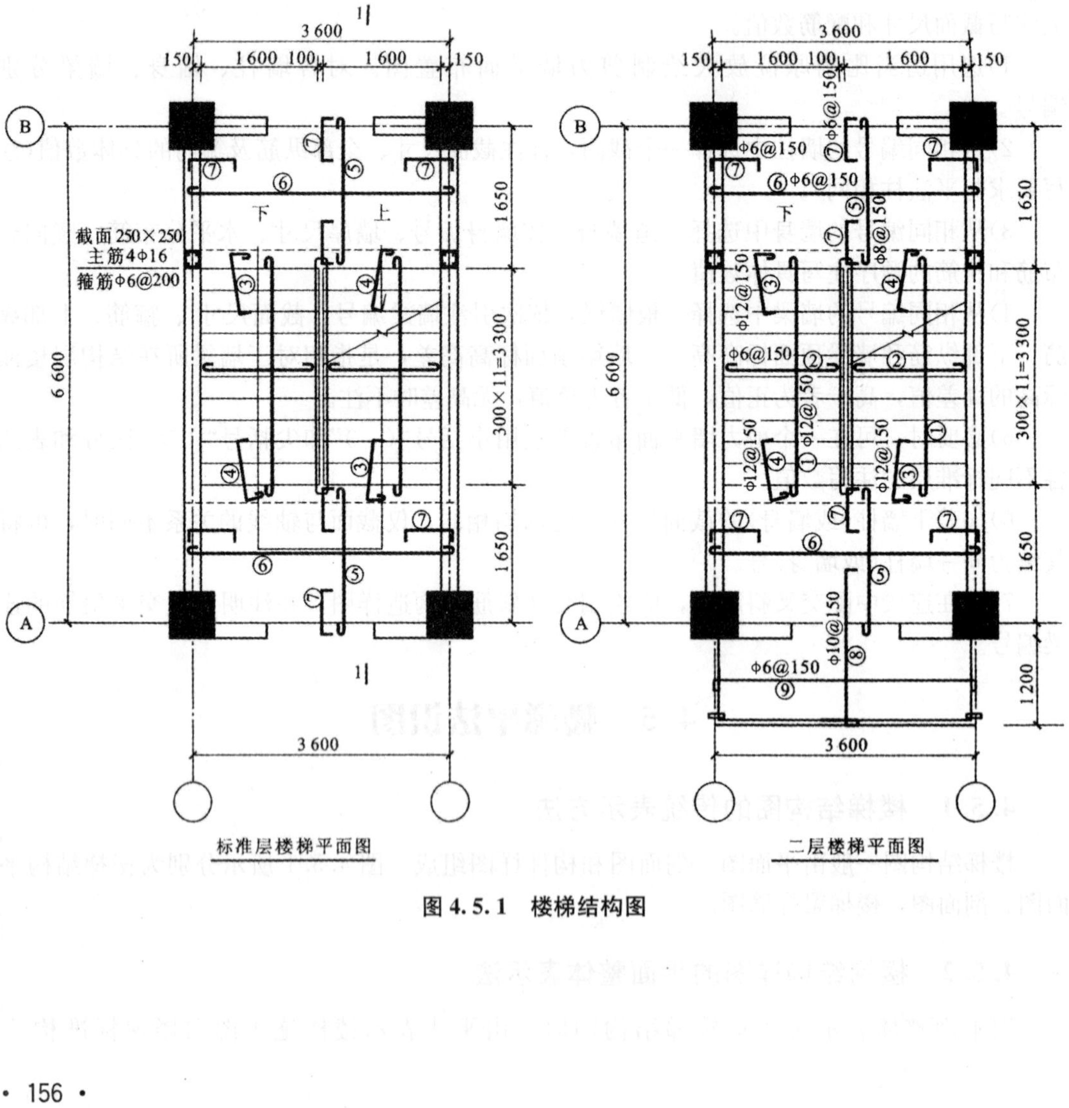

图 4.5.1　楼梯结构图

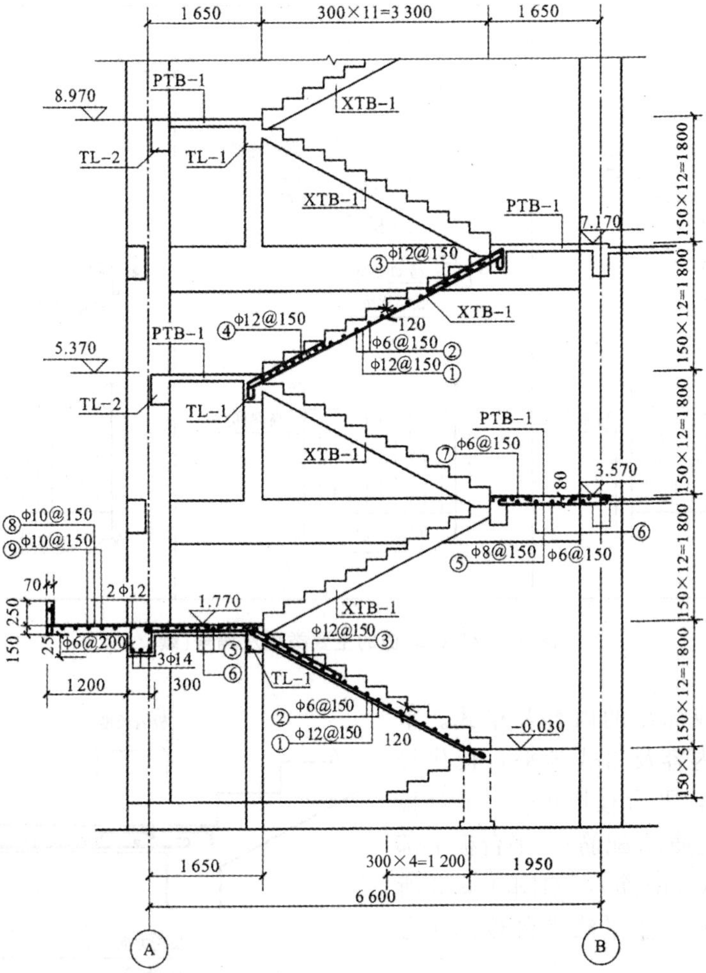

1—1

图 4.5.1　楼梯结构图(续)

梯段板的主要类型及编号如图 4.5.2 所示。

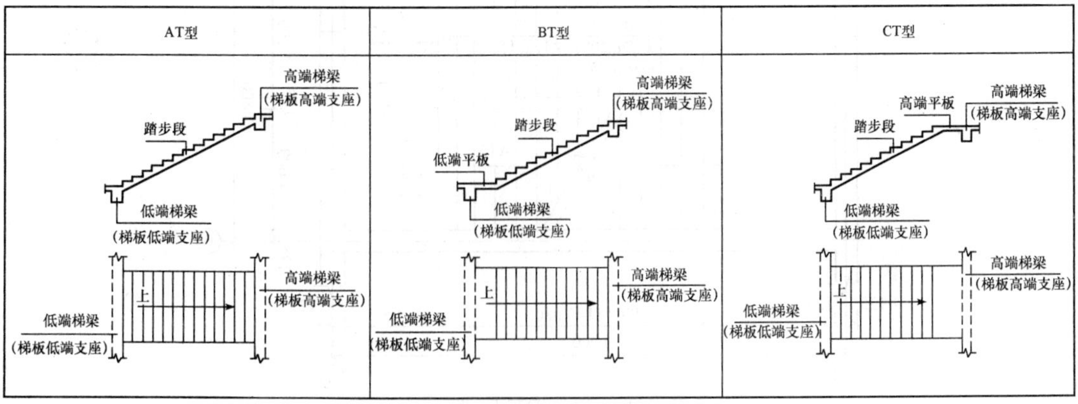

图 4.5.2　梯段板的主要类型及编号

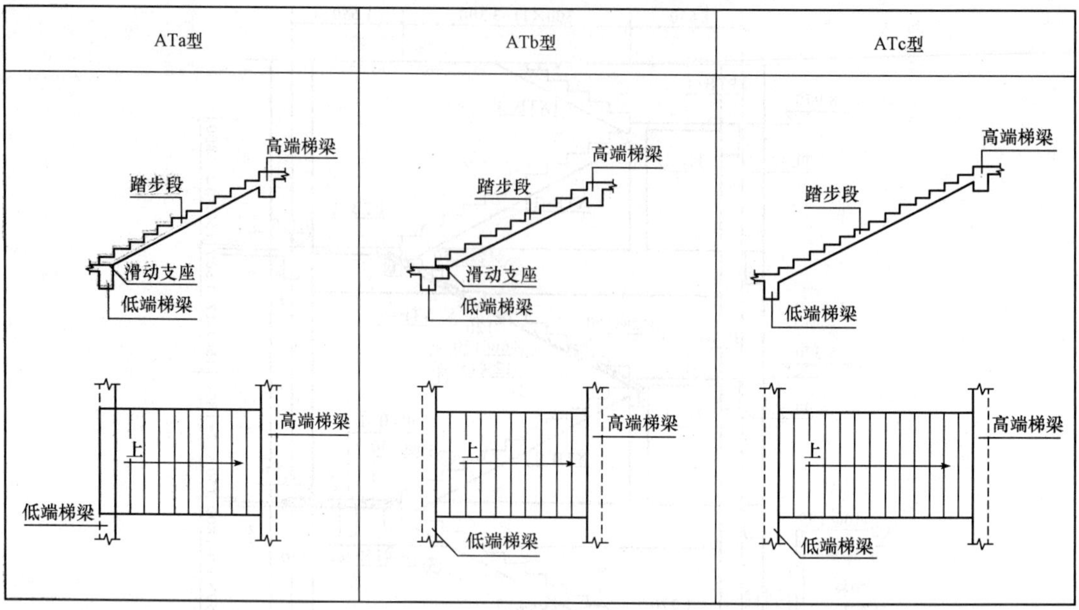

图 4.5.2　梯段板的主要类型及编号(续)

2)平台板应标注的内容及格式。平台板应标注的内容及格式为平台板代号与序号 PTBXX，平台板厚度 h，平台板下部短跨方向配筋(S 配筋)，平台板下部长跨方向配筋(L 配筋)，如图 4.5.3 所示。可按 16G101－1 平法平台板标注方式注写。

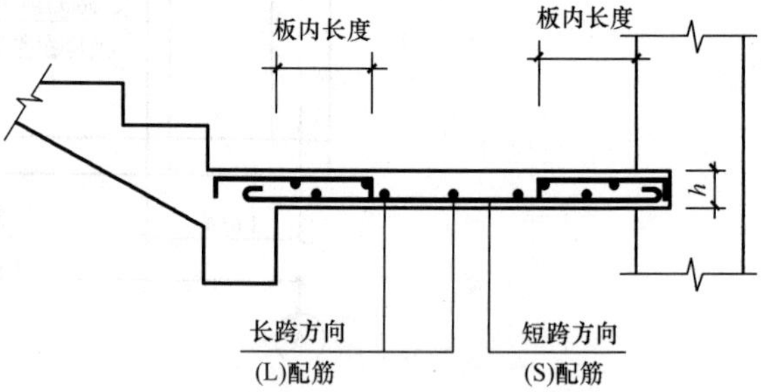

图 4.5.3　平台板配筋示意

(3)楼梯平法施工图示例，如图 4.5.4 所示。

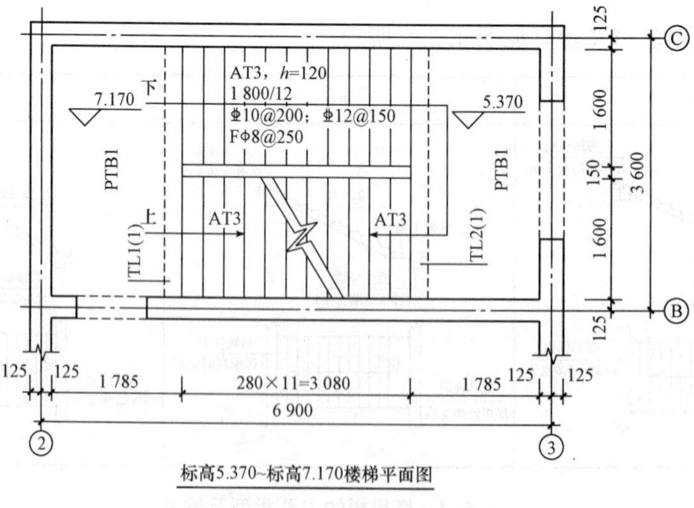

图 4.5.4　楼梯平法施工图

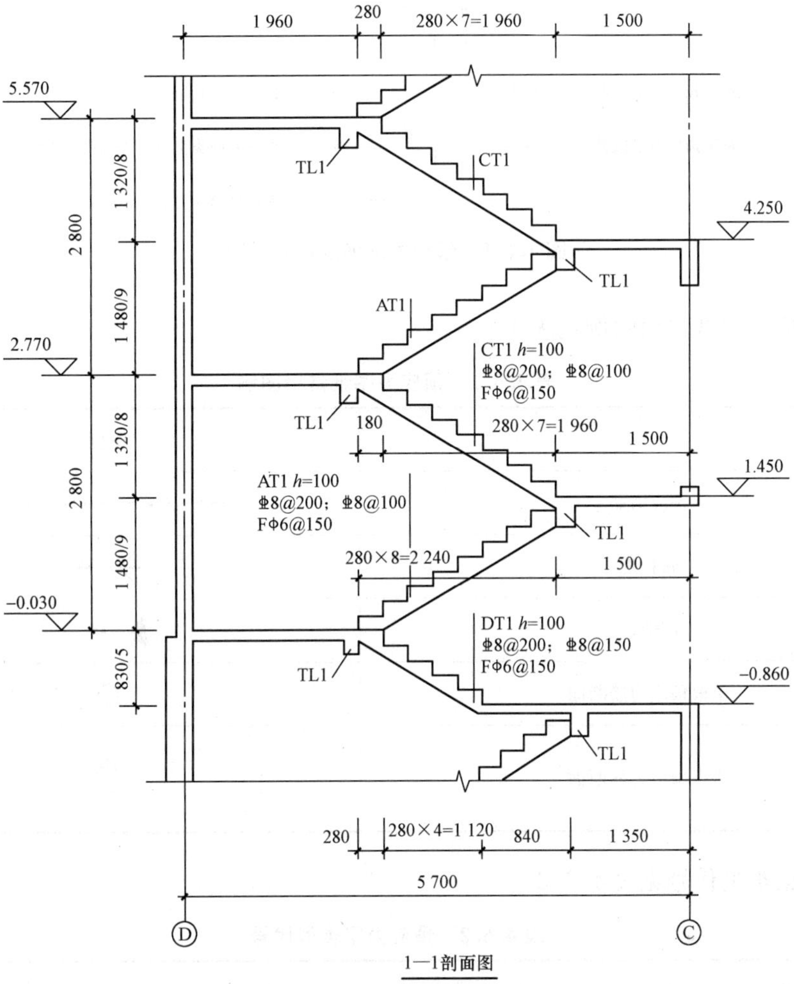

图 4.5.4　楼梯平法施工图(续)

4.6　预应力混凝土平法识图

4.6.1　预应力配筋及符号

有粘结和无粘结预应力配筋数量分别用 $n-m\phi^s$ 和 $n-mU\phi^s$ 表示，具体含义如图 4.6.1 所示。

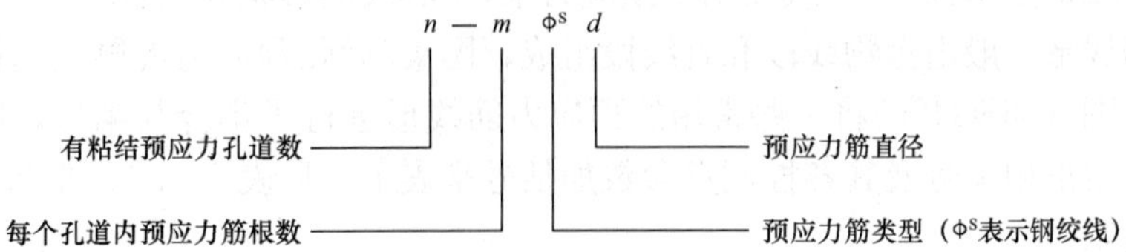

图 4.6.1　预应力配筋及符号

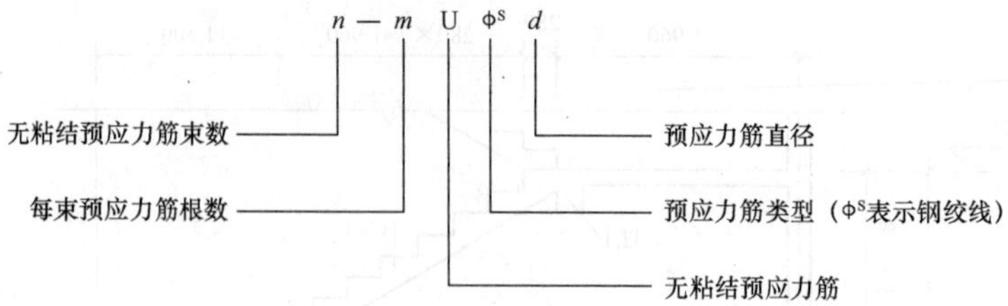

图 4.6.1　预应力配筋及符号(续)

预应力图纸常用图例见表 4.6.1。

表 4.6.1　预应力图纸常用图例

名称	图例
预应力筋	
张拉端	
固定端	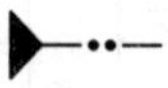
单根预应力筋断面	
多根预应力筋断面	

预应力梁类型代号见表 4.6.2。

表 4.6.2　预应力梁类型代号

梁类型	代号	梁类型	代号
楼层框架梁	YKL	非框架梁	YL
层面框架梁	YWKL	悬挑梁	YXL
框支架	YKZL	井字梁	YJZL

4.6.2　预应力筋线形

预应力筋线形是指预应力(或无粘结预应力束)中心线的形状和位置。

预应力筋线形一般由抛物线段和直线段组成，图集《后张预应力混凝土结构施工图表示方法及构造详图》(06SG429)将一些常用的预应力筋线形进行了集合与编号，简称为基本线形，并将基本线形用编号及其各控制点参数加括号来表示，见表 4.6.3。非基本线形应绘制线形定位图表示。

表 4.6.3　预应力筋基本线形

线开编号		含义	基本表达	缩略表达
线形类型	段数			
C(曲线)	2	两段正向相切抛物线	($C2$，e_1，e_2，e_3，k_1)	($C2$，e_1，e_2，e_3)
	2a	两段反向相切抛物线(左高右低)＋两段水平直线	($C2a$，e_1，e_2，k_1，k_2，k_3)	($C2a$，e_1，e_2)
	2b	两段反向相切抛物线(左高右低)＋两段水平直线	($C2b$，e_1，e_2，k_1，k_2，k_3)	($C2b$，e_1，e_2)
	4	四段抛物线	($C4$，e_1，e_2，e_3，k_1，k_2，k_3)	(e_1，e_2，e_3)
	4a	四段抛物线＋三段水平直线	($C4a$，e_1，e_2，e_3，k_1，k_2，k_3，k_4，k_5，k_6)	($C4a$，e_1，e_2，e_3，k_1，k_2，k_3)
L(折线)	1	一段直线	($L1$，e_1，e_2)	—
	2	两段直线	($L2$，e_1，e_2，e_2，k_1)	—
	3	三段直线	($L3$，e_1，e_2，e_3，e_4，k_1，k_2)	—
	4	四段直线	($L4$，e_1，e_2，e_3，k_1，k_2，k_3)	—
	5	五段直线	($L5$，e_1，e_2，e_3，e_4，k_1，k_2，k_3，k_4)	—

下面仅列出常用的 C4 与 L1、L2 的线形示意图，如图 4.6.2 所示，其他的请见相关图集《后张预应力混凝土结构施工图表示方法及构造详图》(06SG429)。

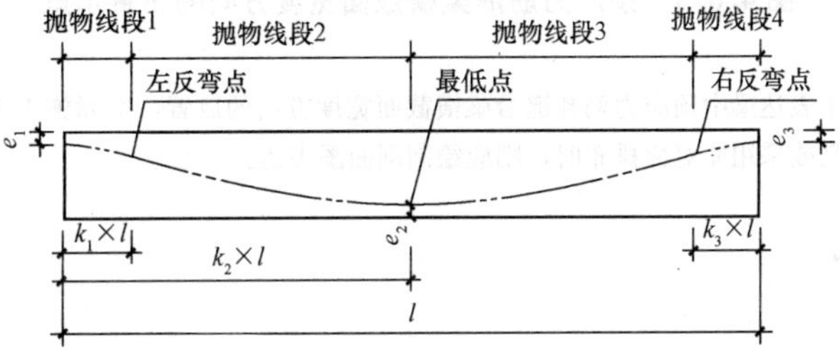

基本线形C4及其缩略形式

基本表达：($C4$，e_1，e_2，e_3，k_1，k_2，k_3)
缩略表达：(e_1，e_2，e_3)

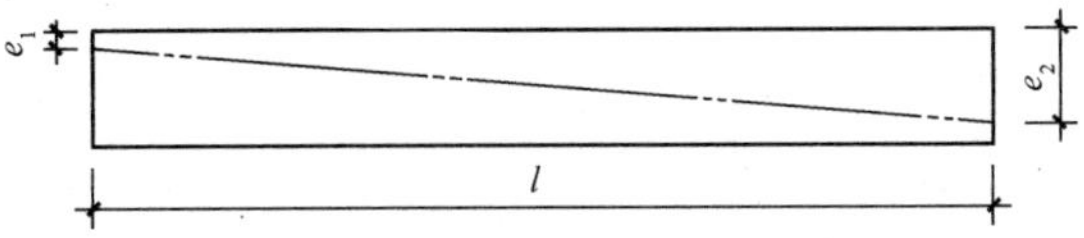

基本线形L1

(L_1，e_1，e_2)

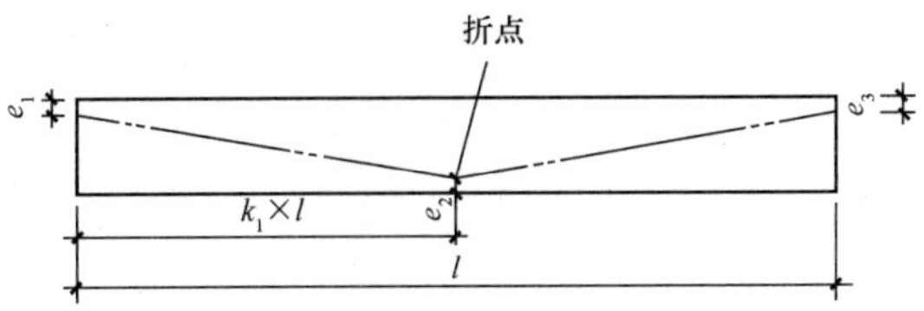

基本线形L2

(L_1，e_1，e_2，e_3，k_1)

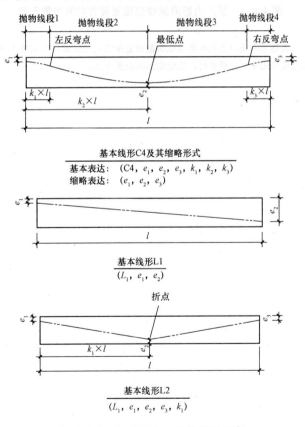

图 4.6.2　C4 与 L1、L2 的线形示意

4.6.3 预应力筋图纸示例

预应力筋图纸示例如图 4.6.3 所示。

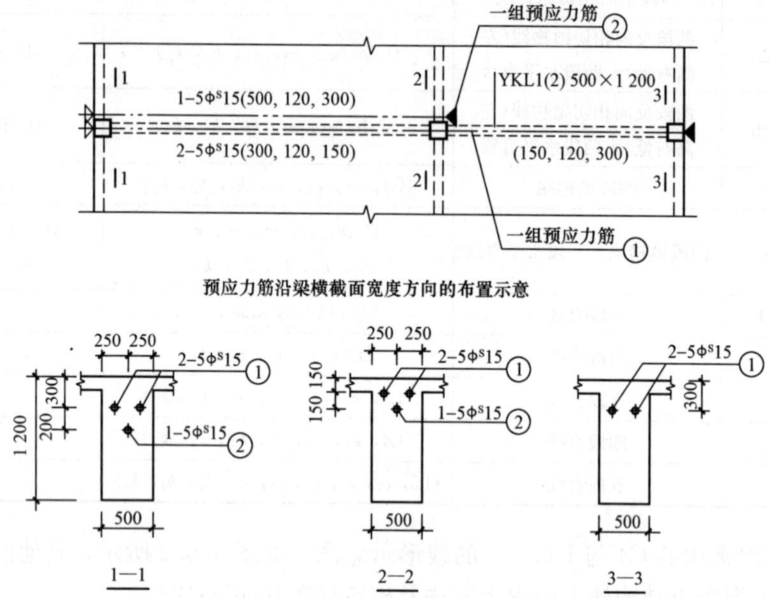

图 4.6.3 预应力筋沿梁横截面宽度方向的布置示意

注：图中梁剖面图用于表达梁中预应力筋孔道沿梁横截面宽度方向的放置，实际施工图可不绘制，但若对梁中预应力筋排布有歧义或采用非对称排布时，则应绘制剖面图表达。

项目5　混凝土结构识图综合训练

训练，巩固成果啦

任务介绍

任务15　砖混、框架结构施工图识读

(一)任务名称

砖混、框架结构施工图识读

(二)工作条件

(1)请在教师指导下认真阅读“教学用土建施工图”的餐厅楼图纸，然后写不少于500字的题为《某餐厅结施图识读体会》的文章。

(2)请在教师指导下认真阅读“教学用土建施工图”的别墅楼图纸，然后写不少于500字的题为《某别墅结施图识读体会》的文章。

(三)时间安排

序号	教学内容(步骤)	学生主导/课时	教师主导/课时	工作情况		备注
1	砖混图纸介绍		1	教师讲解		
2	砖混识图	2			学生识图	
3	框架图纸介绍		1	教师讲解		
4	框架识图	2			学生识图	

相关知识

5.1　结构施工图识读概述

5.1.1　结构施工图基本知识

1. 建筑工程施工图的作用

建筑工程施工图是工程界的技术语言，是表达工程设计和指导工程施工必不可少的重

要依据，是具有法律效力的正式文件，也是重要的技术档案文件。

2. 建筑工程施工图的设计

建筑工程施工图的设计，一般是由业主通过招标投标选择具有相应资格的设计单位，并与之签订设计合同，进行委托设计(按有关规定可以不进行招标投标的设计项目，可以直接委托)。

建设项目的设计工作一般分为初步设计、技术设计和施工图设计三个阶段。

技术上不太复杂的项目，可以按扩大的初步设计(扩初设计)和施工图设计两个阶段进行。

大型的和重要的民用建筑工程，在初步设计前须增加方案设计阶段(进行设计方案的优选)。

3. 建筑工程施工图的种类

建筑工程施工图通常包括建筑施工图、结构施工图、设备施工图。

4. 结构施工图包括的内容

不同类型的结构，其施工图的具体内容与表达也各有不同，但一般包括下列三个方面的内容。

(1)结构设计说明。

1)本工程结构设计的主要依据；

2)设计标高所对应的绝对标高值；

3)建筑结构的安全等级和设计使用年限；

4)建筑场地的地震基本烈度、场地类别、地基土的液化等级、建筑抗震设防类别、抗震设防烈度和混凝土结构的抗震等级；

5)所选用结构材料的品种、规格、型号、性能、强度等级、受力钢筋保护层厚度、钢筋的锚固长度、搭接长度及接长方法；

6)所采用的通用做法的标准图图集；

7)施工应遵循的施工规范和注意事项。

(2)结构平面布置图。

1)基础平面图，采用桩基础时还应包括桩位平面图，工业建筑还包括设备基础布置图。

2)楼层结构平面布置图，工业建筑还包括柱网、吊车梁、柱间支撑、连系梁布置等。

3)屋顶结构布置图，工业建筑还应包括屋面板、天沟板、屋架、天窗架及支撑系统布置等。

(3)构件详图。

1)梁、板、柱及基础结构详图；

2)楼梯、电梯结构详图；

3)屋架结构详图；

4)其他详图，如支撑、预埋件、连接件等的详图。

5. 建筑工程结构制图规定

(1)一般规定。

(2)钢筋的一般表示方法。

(3)钢筋的简化表示方法。

(4)混凝土结构中预埋件、预留孔洞的表示方法。

(5)常用型钢的标注方法。

(6)螺栓、孔、电焊铆钉的表示方法。

(7)常用焊缝的表示方法。

(8)钢结构中的尺寸标注。

(9)常用木构件断面的表示方法。

(10)木构件连接的表示方法。

(11)常用构件代号。

内容详见《建筑结构制图标准》(GB/T 50105—2010)。

6. 钢筋混凝土结构构件配筋图的表示方法

钢筋混凝土结构构件配筋图的表示方法有以下三种。

(1)详图法。详图法通过平、立、剖面图将各构件(梁、柱、墙等)的结构尺寸、配筋规格等“逼真”地表示出来。用详图法绘图的工作量非常大。

(2)梁柱表法。梁柱表法采用表格填写方法将结构构件的结构尺寸和配筋规格用数字符号表达。此法比“详图法”要简单方便得多，手工绘图时，深受设计人员的欢迎。其不足之处是：同类构件的许多数据需多次填写，容易出现错漏，图纸数量多。

(3)混凝土结构施工图平面整体设计方法(简称平法)。详图法能加强绘图基本功的训练；梁柱表法目前还在广泛应用；而平法则代表了一种发展方向。

5.1.2 结构施工图的识读方法

1. 结构施工图的识读方法和总的看图步骤

识读结构施工图是一个由浅入深、由粗到细的渐进过程，在阅读施工图时，要养成做记录的习惯，准备为以后的工作提供技术资料，要学会纵览全局，这样才能促进自己不断进步。

结构施工图的识读方法可归纳为：“从上往下看，从左往右看，从前往后看，从大到小看，从粗到细看，图样与说明对照看，结施与建施结合看，其他设施图参照看。”

总的看图步骤：先看目录和设计说明，再看建施图，然后看结构施工图。

结构施工图的识读步骤可表示为：结构设计说明的阅读→基础布置图的识读→结构布置图的识读→结构详图的识读→结构施工图的汇总。

(1)结构设计说明的阅读。了解结构的特殊要求、说明中强调的内容；掌握材料、质量以及要采取的技术措施的内容；了解所采用的技术标准和构造标准图。

(2)基础布置图的识读。基础布置图一般由基础平面图和基础详图组成，阅读时要注意基础的标高和定位轴线的数值，了解基础的形式和区别，注意其他工种在基础上的预埋件和留洞。

1)查阅建筑图，核对所有的轴线是否和基础一一对应，了解是否有的墙下无基础而用基础梁替代，基础的形式有无变化，有无设备基础。

2)对照基础的平面和剖面，了解基底标高和基础顶面标高有无变化，有变化时是如何处理的。如果有设备基础时，还应了解设备基础与设备标高的相对关系，避免因标高有误造成严重的责任事故。

3)了解基础中预留洞和预埋件的平面位置、标高、数量，必要时应与需要这些预留洞和预埋件的工种进行核对，落实其相互配合的操作方法。

4)了解基础的形式和做法。

5)了解各个部位的尺寸和配筋。

6)反复以上的过程，解决没有看清楚的问题，对遗留问题整理好记录。

(3)结构布置图的识读。结构布置图一般由结构平面图和剖面图或标准图组成。

1)了解结构的类型，了解主要构件的平面位置与标高，并与建筑图结合了解各构件的位置和标高的对应情况。因为设计时，结构的布置必须满足建筑上使用功能的要求，所以，结构布置图与建筑施工图存在对应的关系，如墙上有洞口时就设有过梁，对于非砖混结构，建筑上有墙的部位墙下就设有梁。

2)结合剖面图、标准图和详图对主要构件进行分类，了解它们的相同之处和不同点。

3)了解各构件节点构造与预埋件的相同之处和不同点。

4)了解整个平面内，洞口、预埋件的做法与相关专业的连接要求。

5)了解各主要构件的细部要求和做法，反复以上步骤，逐步深入了解，遇到不清楚的地方在记录中标出，进一步详细查找相关的图纸，并结合结构设计说明认定核实。

6)了解其他构件的细部要求和做法，反复以上步骤，消除记录中的疑问，确定存在的问题，整理、汇总、提出图纸中存在的遗漏和施工中存在的困难，为技术交底或会审图纸提供资料。

在标准图中，一般情况下框架形式施工图主要是由梁平法施工图、柱平法施工图、板平法施工图构成，而在砌体结构中一般都将梁、柱、板表示在一张图中。

(4)结构详图的识读。

1)首先应将构件对号入座，即核对结构平面上构件的位置、标高、数量是否与详图相吻合，有无标高、位置和尺寸的矛盾。

2)了解构件与主要构件的连接方法，看能否保证其位置或标高，是否存在与其他构件相抵触的情况。

3)了解构件中配件或钢筋的细部情况，掌握其主要内容。

4)结合材料表核实以上内容。

(5)结构施工图的汇总。经过以上几个循环的阅读，基本上已经对结构图有了一定的了解，但还应对记录中发生的疑问，有针对性地，从设计说明到结构平面图至构件详图相互对应，尤其是对结构说明和结构平面图以及构件详图同时提到的内容，要逐一核对，查看其是否相互一致，最后还应和各个工种有关人员一起核对与其相关部分，如洞口、预埋件的位置、标高、数量以及规格，并协调配合的方法。

2. 阅读结构施工图的顺序

按结构设计说明、基础图、柱及剪力墙施工图、楼屋面结构平面图及详图、楼梯电梯施工图的顺序读图，并将结构平面图与详图，结构施工图与建筑施工图对照起来看，遇到问题时，应一一记录并整理汇总，待图纸会审时提交加以解决。

图纸中的文字说明是施工图的重要组成部分，应认真仔细逐条阅读，并与图样对照看，便于完整理解图纸。

在阅读结构施工图时，遇到采用标准图集的情况，应仔细阅读规定的标准图集。

3. 砖混结构房屋结构施工图的特点

砖混结构一般采用条形基础，砖墙承重，钢筋混凝土楼屋盖。

一般砖混结构房屋结构施工图的内容和编排顺序如下：

(1)结构设计总说明(一般小工程不单独编制此图)；
(2)基础及管沟图；
(3)楼盖结构平面及剖面图；
(4)屋盖结构平面及剖面图；
(5)现浇构件图；
(6)预制构件图；
(7)楼梯、雨篷等的详图。

4. 混凝土结构房屋结构施工图的特点

一般混凝土结构房屋结构施工图的内容和编排顺序如下：
(1)结构设计总说明；
(2)基础施工图；
(3)柱施工图；
(4)剪力墙施工图；
(5)梁施工图；
(6)楼屋面板施工图；
(7)楼梯施工图；
(8)其他构件施工图。

5.2 结构施工图识读示例

下面是一套二层内框架房屋的结构施工图。在结构施工图的后面附有本楼相应的建筑施工图供参考。

本结构图综合性较强，涉及平法框架知识，还含有圈梁、构造柱等知识。其中，基础采用钢筋混凝土条形基础和钢筋混凝土独立基础两种形式。

结 施 说 明

一、设计依据

1. 甲方设计委托书、政府相关文件及相关专业图纸。
2. 本工程抗震设防烈度为8度，设计基本地震加速度值为0.30g，房屋安全等级为二级。
3. 使用荷载限值

二层楼面、楼梯	2.5 kN/m^2
屋面(不上人)	0.5 kN/m^2
基本雪压	0.4 kN/m^2
基本风压	0.4 kN/m^2

二、材料选用

水泥、钢筋、钢板、砂石等材料应有质量保证书，并符合现行国家标准的规定及施工图的要求。

钢筋 Φ——HPB300 热轧光圆钢筋　　$f_y=270\ N/mm^2$

钢筋 Φ——HPB335 普通热轧带肋钢筋　　$f_y=300\ N/mm^2$

钢筋 $Φ^F$——HRBF335 细晶粒热轧带肋钢筋　　$f_y=300\ N/mm^2$

钢筋 Φ——HRB400 普通热轧带肋钢筋　　$f_y=360\ N/mm^2$

钢筋 $Φ^F$——HRBF400 细晶粒热轧带肋钢筋　　$f_y=360\ N/mm^2$

钢筋 $Φ^R$——RRB400 余热处理带肋钢筋　　$f_y=360\ N/mm^2$

钢筋 Φ——HRB500 普通热轧带肋钢筋　　$f_y=435\ N/mm^2$

钢筋 $Φ^F$——HRBF500 细晶粒热轧带肋钢筋　　$f_y=435\ N/mm^2$

板钢筋长度均从梁边算起。

三、地基基础

1. 本工程基础设计等级为丙级。

2. 本工程基础根据淮安市水利工程勘测院 02－017 报告设计，基础上做 2 层土，$f_k=105$ kPa，基础下做 100 mm 厚强度等级为 C10 的混凝土垫层，垫层下做 500 mm 厚 1∶1 砂石垫层，每 250 mm 一层，分层夯实，压实系数大于 0.97。

3. 开槽后请有关人员验槽。

四、上部

1. 本工程所有现浇混凝土，强度等级均为 C25，垫层为 C10；承重黏土空心砖 KP1，MU10；±0.000 以下用强度等级为 MU15 混凝土实心砖。

砂浆：±0.000 以下为水泥砂浆，强度等级为 M5。

±0.000 以上为混合砂浆，强度等级为 M5。

2. 门窗洞口顶不位于圈梁底的过梁做法见下图。每层窗台下加设 3Φ6 的钢筋混凝土现浇带，分布筋为 Φ4@200，厚度为 90 mm，遇门断开，凡构造柱旁门窗垛不足 240 mm 的均用强度等级为 C25 的混凝土补齐。

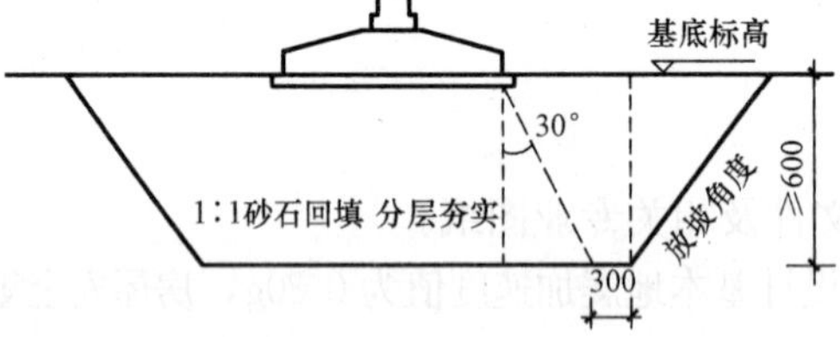

3. 本工程按 8 度抗震设防，做法详见 11G329 图集(建筑物抗震构造详图)。

4. 凡悬挑部全梁板结构浇筑后，待混凝土达到设计强度值后方可拆模。

五、其他

1. 施工质量应符合现行的施工规范验评标准及质监部门有关要求。

2. 本工程尺寸以毫米计，标高以米为单位。

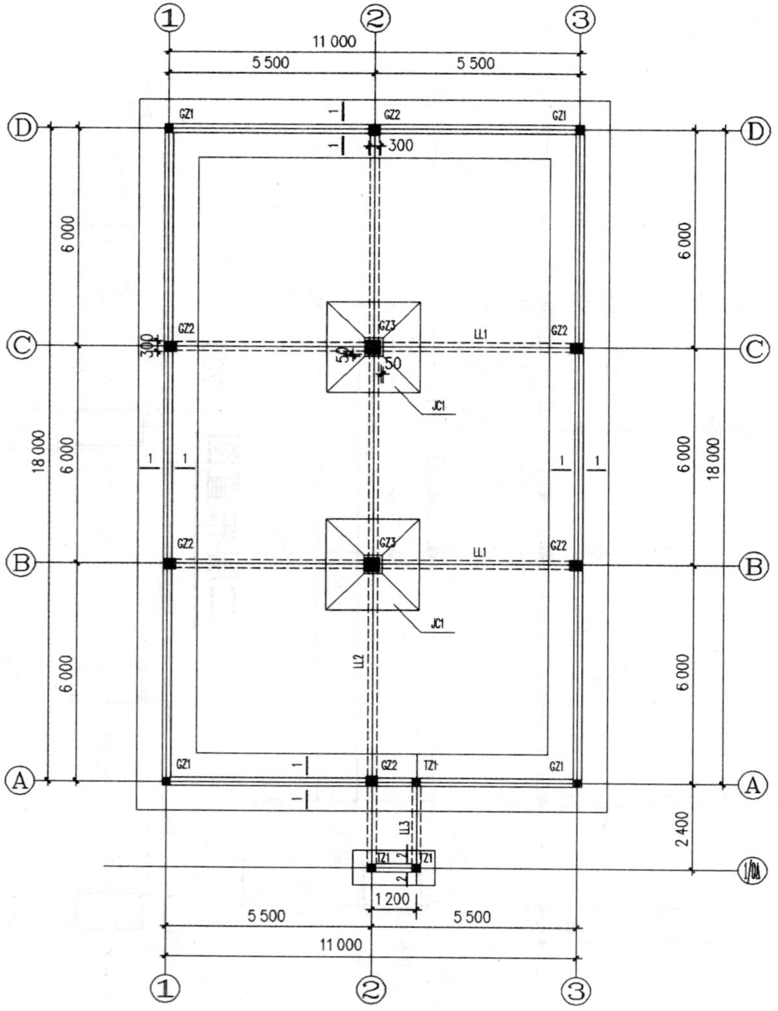

GZ1
GZ2
GZ3
TZ1
LL1
LL2
LL3
JC1
11 000
5 500
18 000
6 000
2 400
1 200
300
50
1/A

基础布置图 1:100

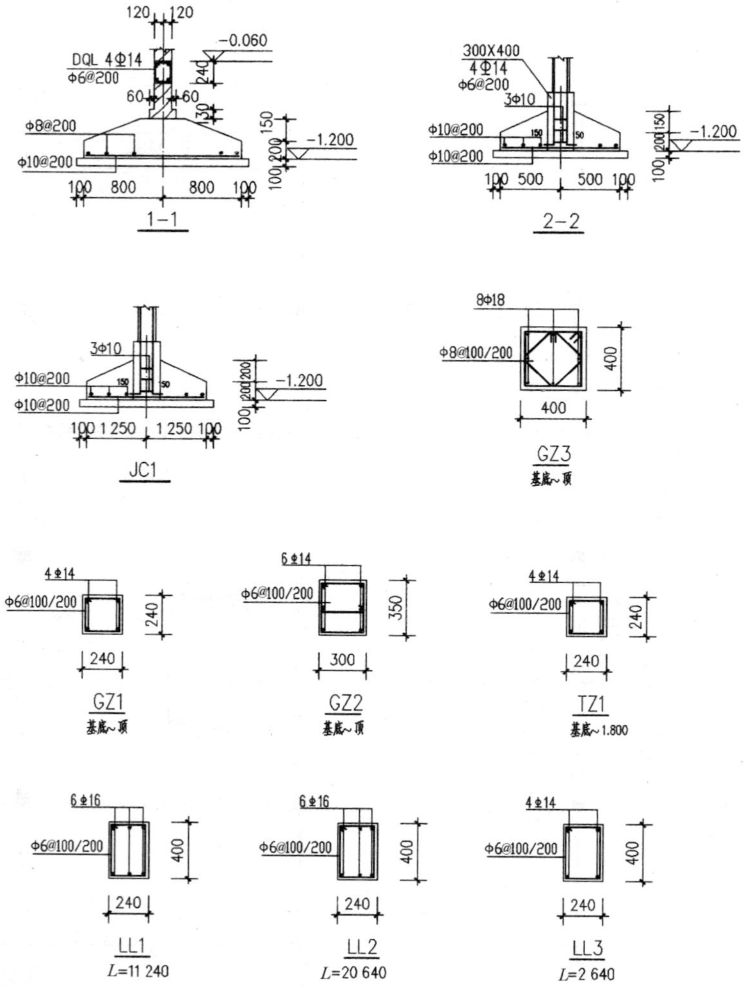

1-1
DQL 4Φ14
Φ6@200
Φ8@200
Φ10@200
-0.060
-1.200
2-2
300X400
4Φ14
Φ6@200
3Φ10
JC1
GZ3
8Φ18
Φ8@100/200
基底~顶
GZ1
4Φ14
Φ6@100/200
GZ2
6Φ14
TZ1
基底~1.800
LL1
6Φ16
L=11 240
LL2
L=20 640
LL3
L=2 640

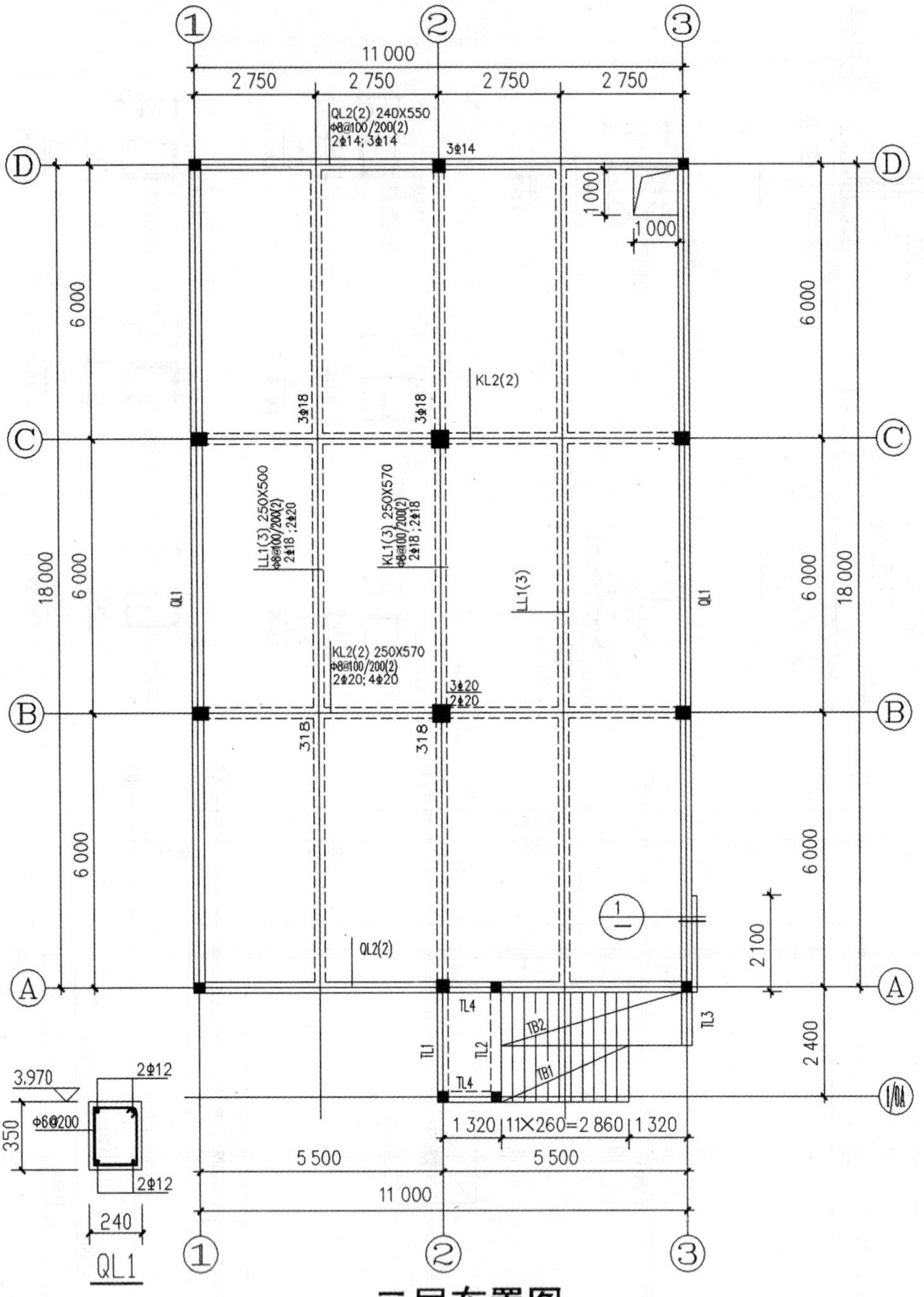

QL2(2) 240X550
Φ8@100/200(2)
2Φ14；3Φ14
3Φ14
KL2(2)
LL1(3) 250X500
KL1(3) 250X570
KL2(2) 250X570
Φ8@100/200(2)
2Φ20；4Φ20
LL1(3)
QL1
QL2(2)
TL1
TL2
TL3
TL4
TB1
TB2
11 000
2 750
6 000
18 000
2 100
2 400
1 320
11×260=2 860
5 500
QL1
3.970
2Φ12
Φ6@200
350
240

二层布置图 1:100

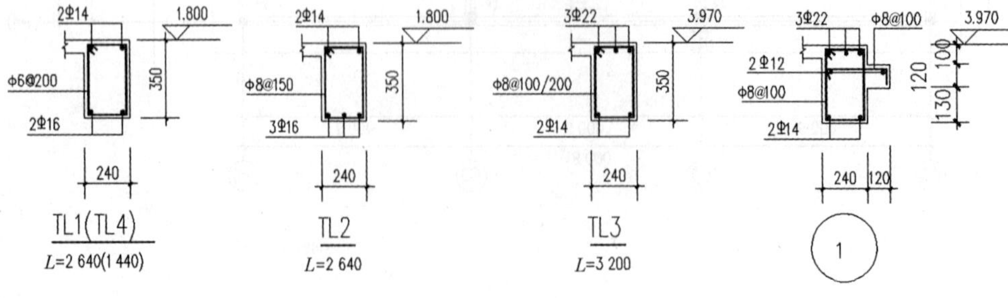

2Φ14
1.800
Φ6@200
350
2Φ16
240
TL1(TL4)
L=2 640(1 440)
2Φ14
1.800
Φ8@150
350
3Φ16
240
TL2
L=2 640
3Φ22
3.970
Φ8@100/200
350
2Φ14
240
TL3
L=3 200
3Φ22
Φ8@100
3.970
2Φ12
Φ8@100
2Φ14
120
100
130
240
120
1

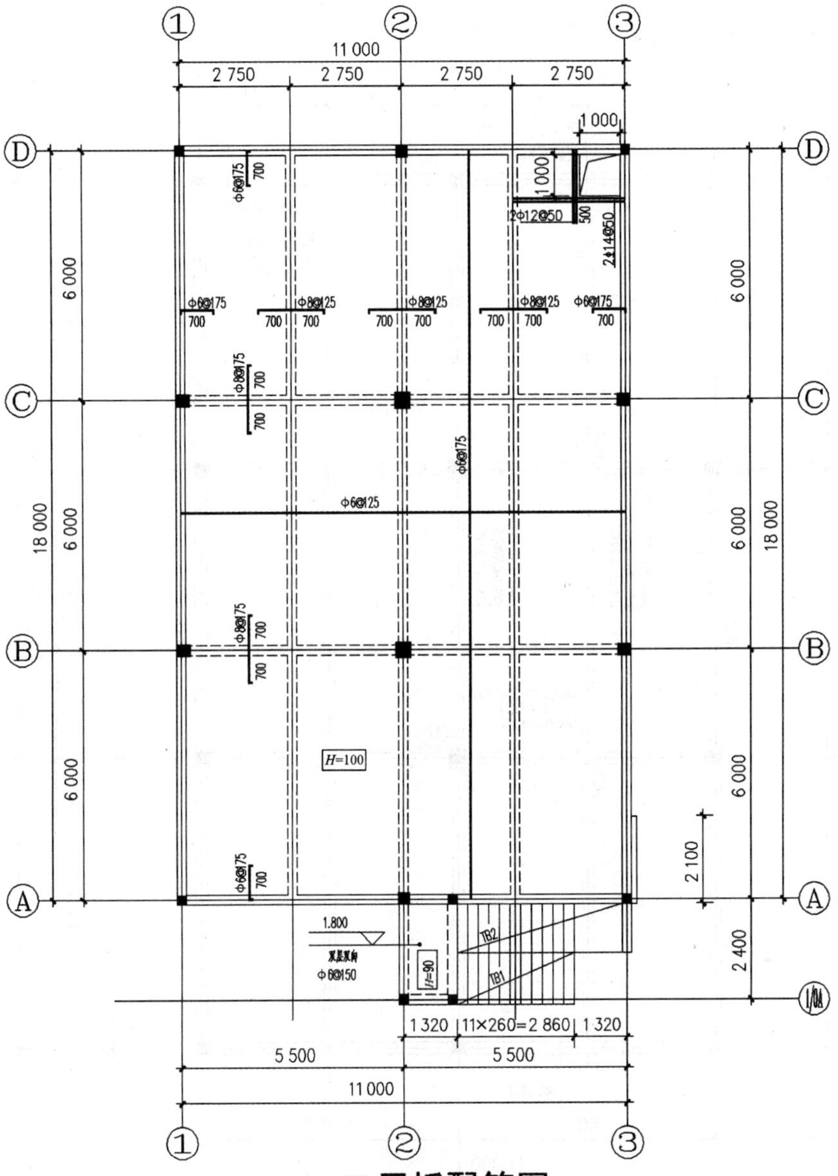

二层板配筋图 1:100

未注明的现浇板板面标高为3.970
板分布筋均为φ6@200

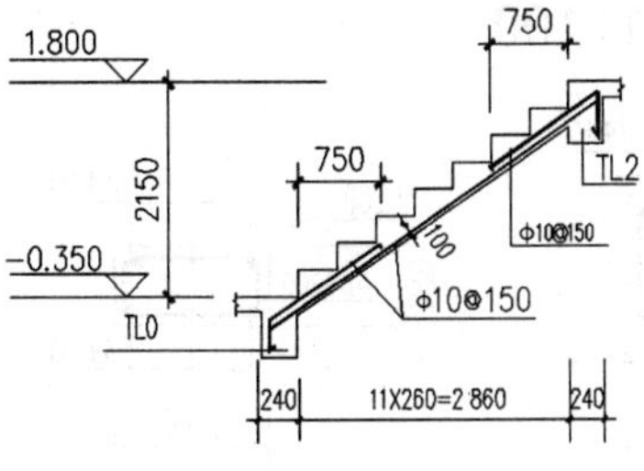

TB1
分布筋均为φ6@200

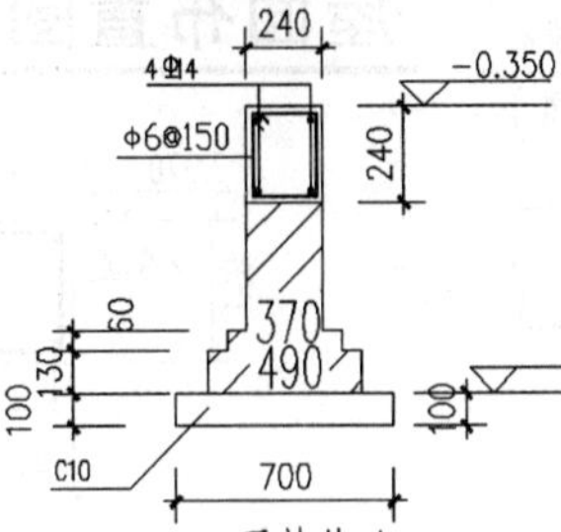

TL0 及其基础
L=2 040

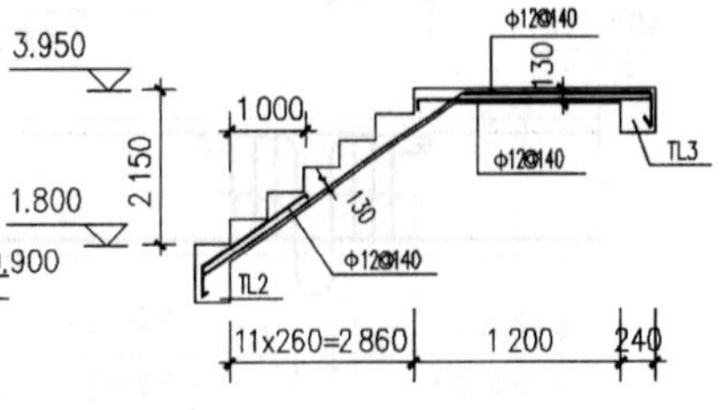

TB2
分布筋均为φ6@200

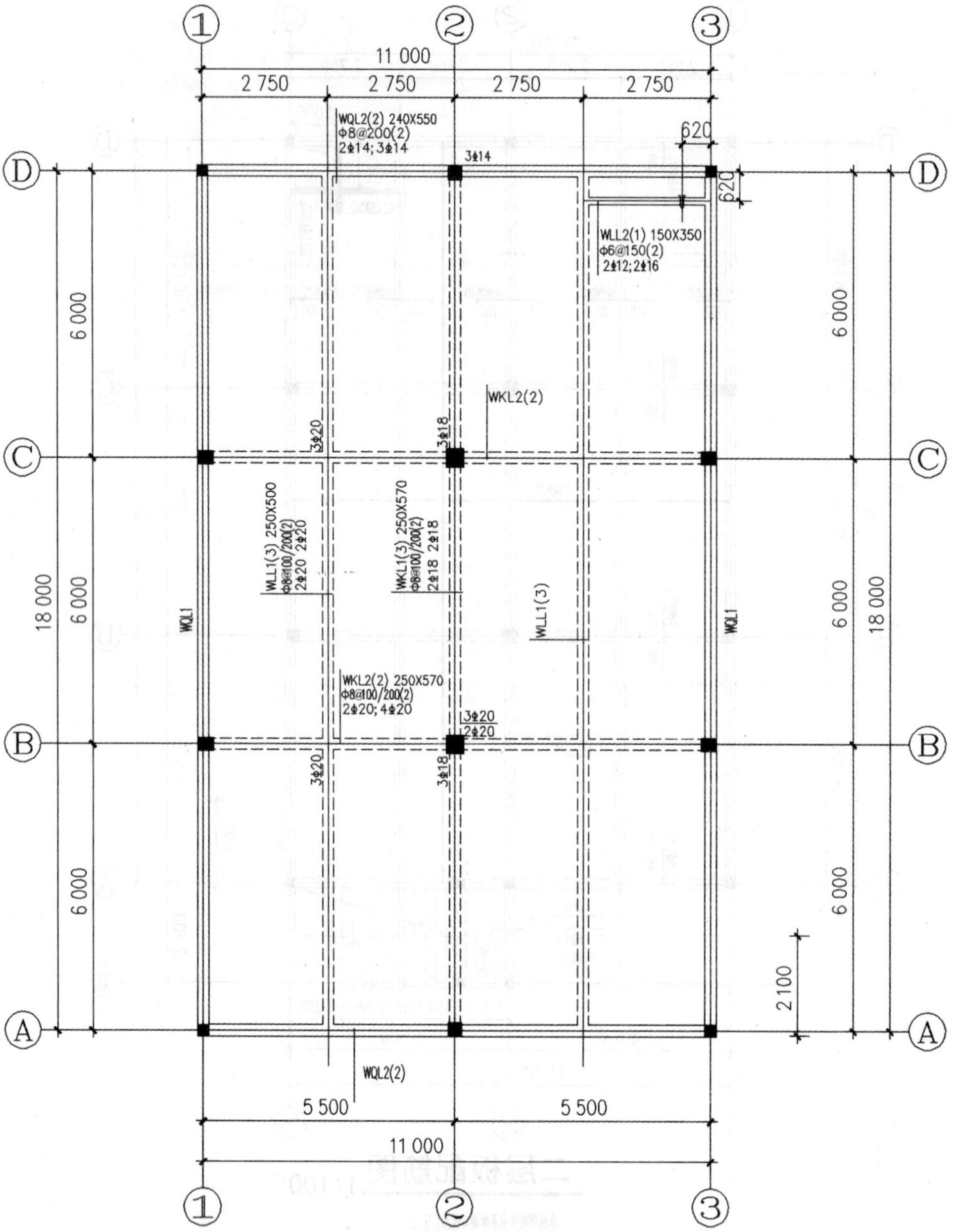

屋面布置图 1:100

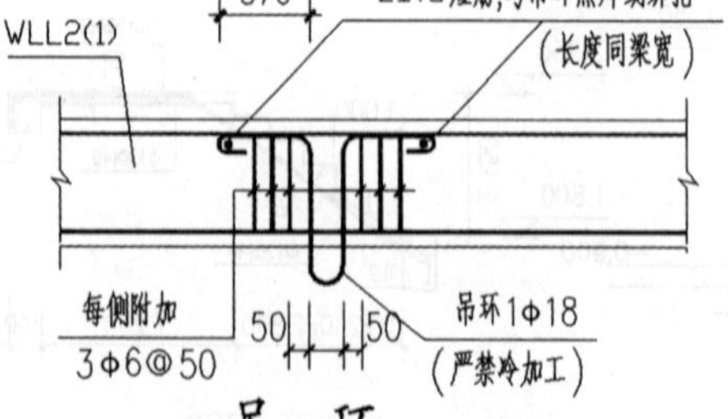

吊环 （吊重标准值≤10kN）

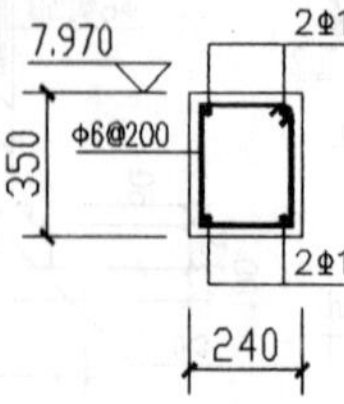

WQL1

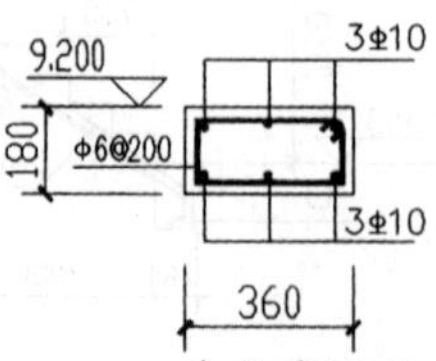

女儿墙压顶

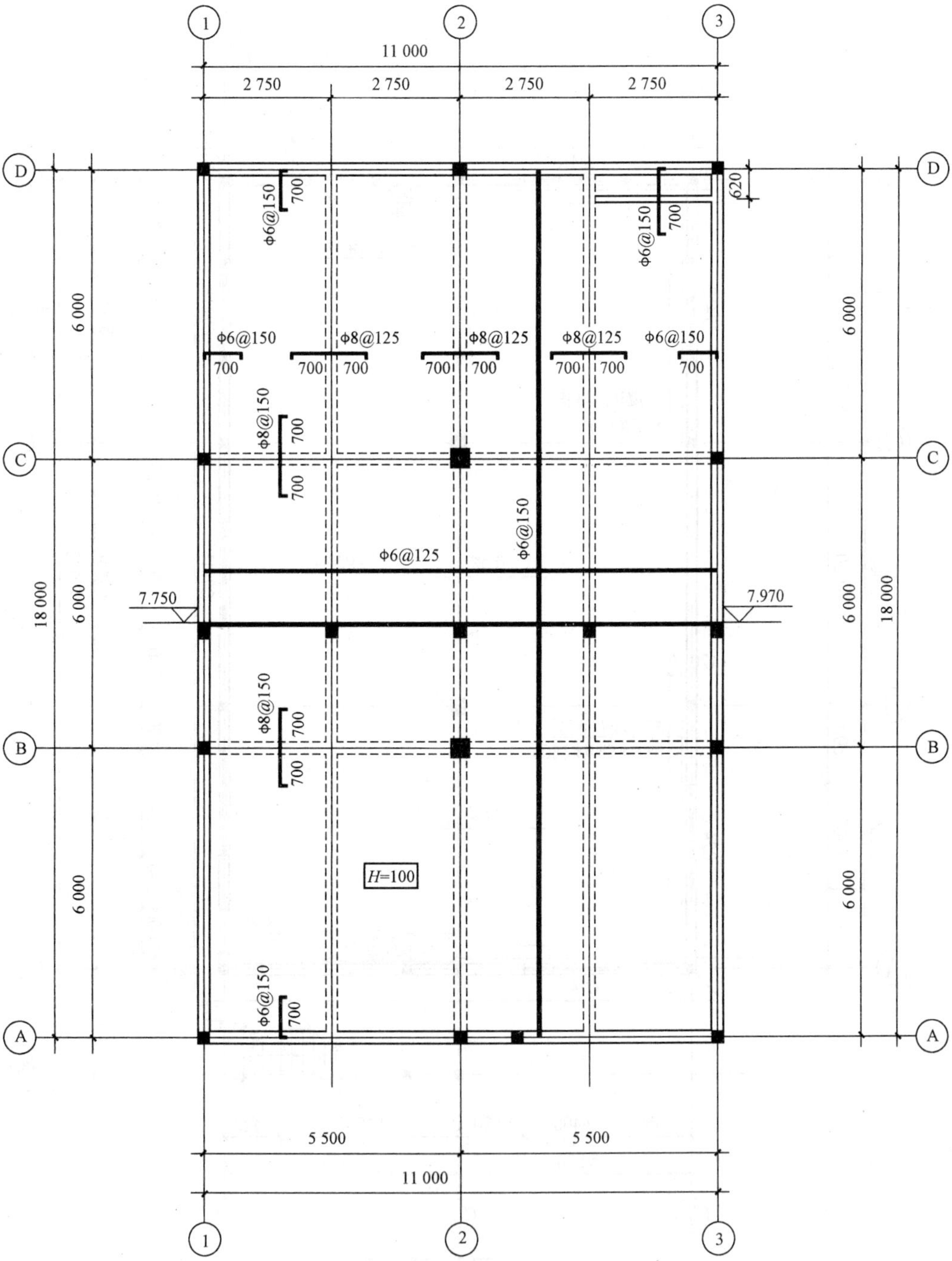

屋面板配筋图 1∶100

现浇板面标高为7.970

板分布筋均为Φ6@200

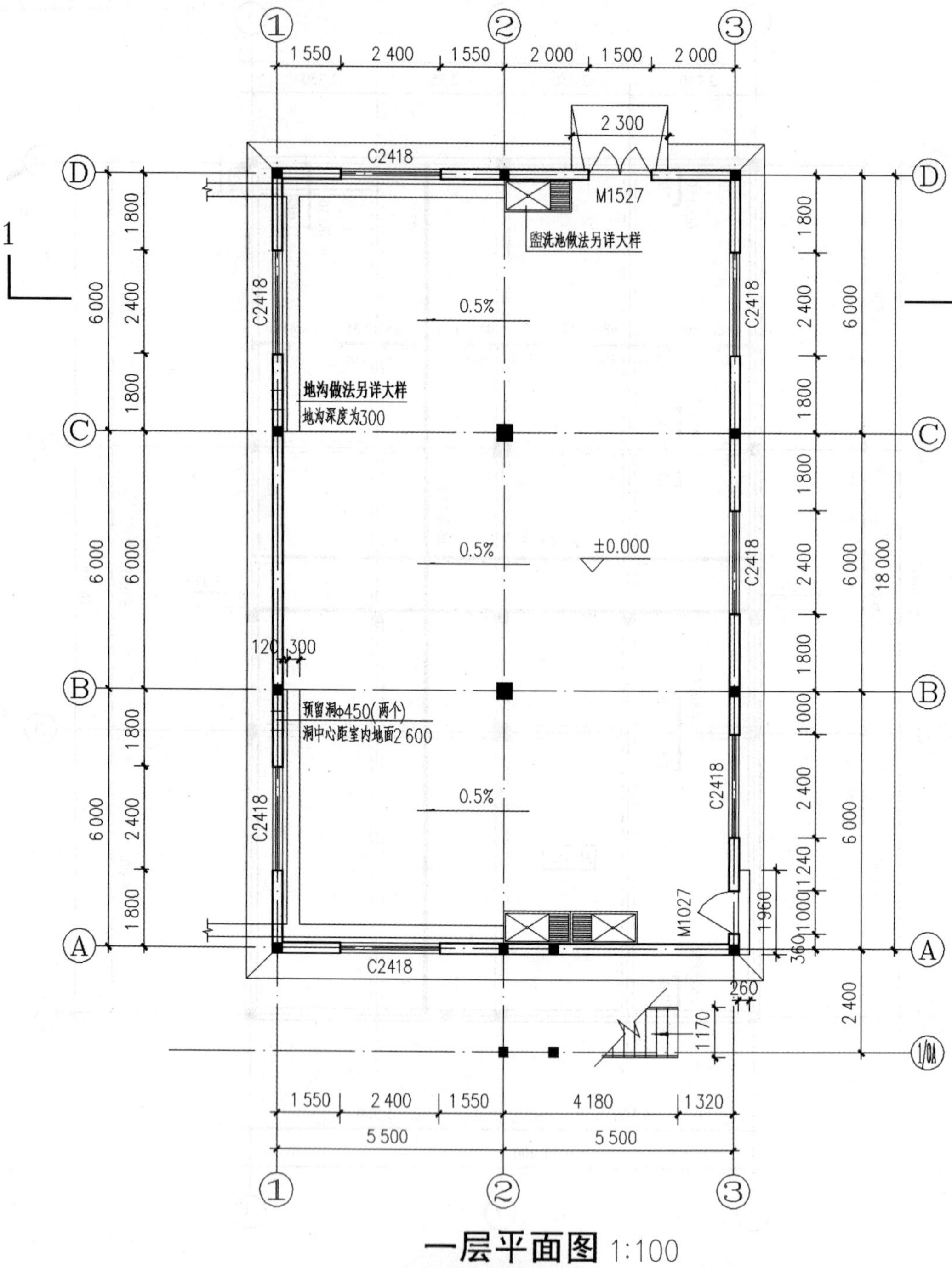

一层平面图 1:100

操作间设备建设方自拟

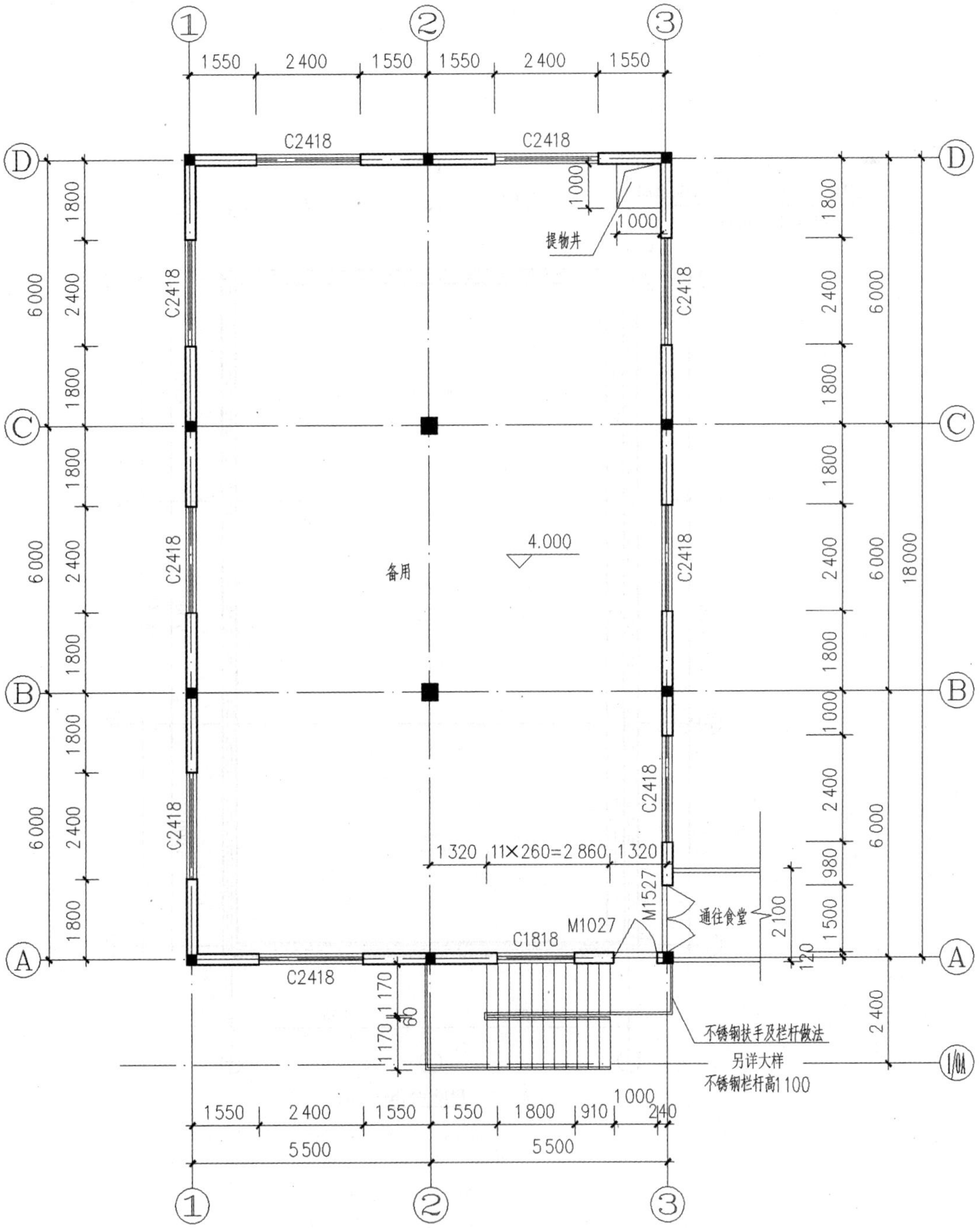

①
②
③
1550
2400
1550
1550
2400
1550
C2418
C2418
Ⓓ
Ⓒ
Ⓑ
Ⓐ
1/0A
1800
2400
1800
6000
18000
1000
1000
提物井
备用
4.000
1320
11×260=2860
1320
M1527
通往食堂
2100
980
1500
120
1000
M1027
C1818
1170
60
不锈钢扶手及栏杆做法
另详大样
不锈钢栏杆高1100
1800
910
240
5500
5500

二层平面图 1:100

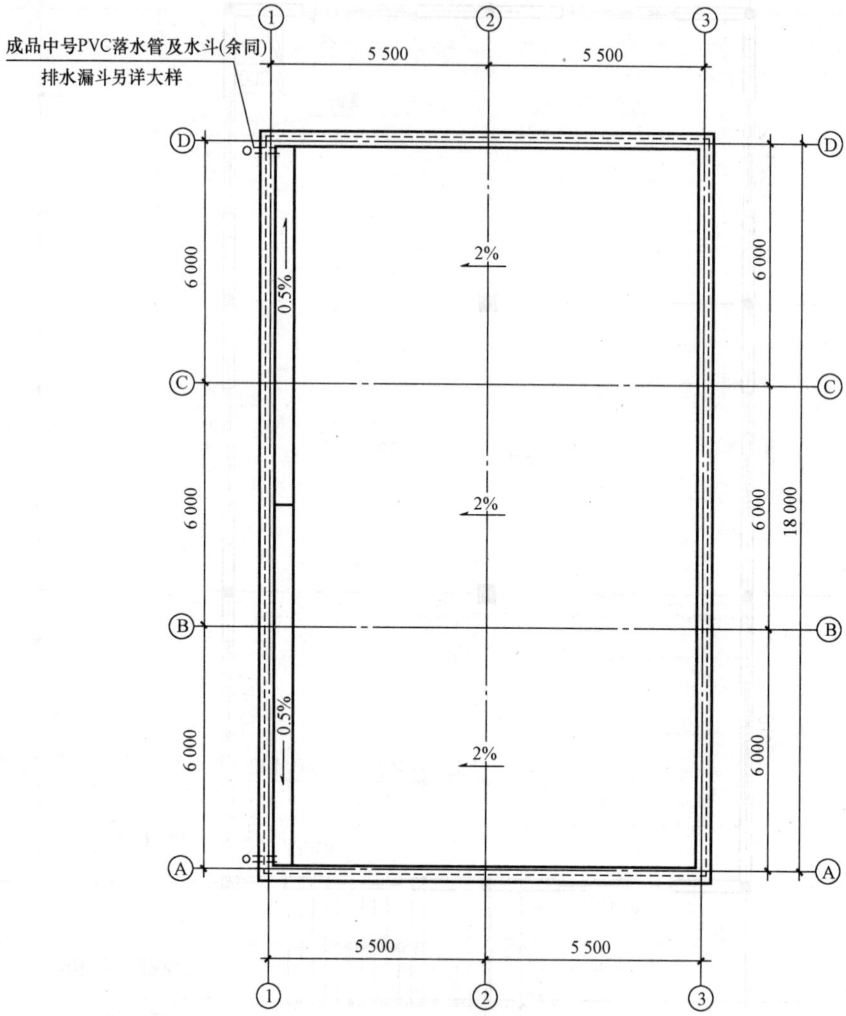

成品中号PVC落水管及水斗(余同)
排水漏斗另详大样
1
2
3
5 500
5 500
D
C
B
A
6 000
6 000
6 000
6 000
6 000
6 000
18 000
2%
2%
2%
0.5%
0.5%

屋顶平面图 1∶100

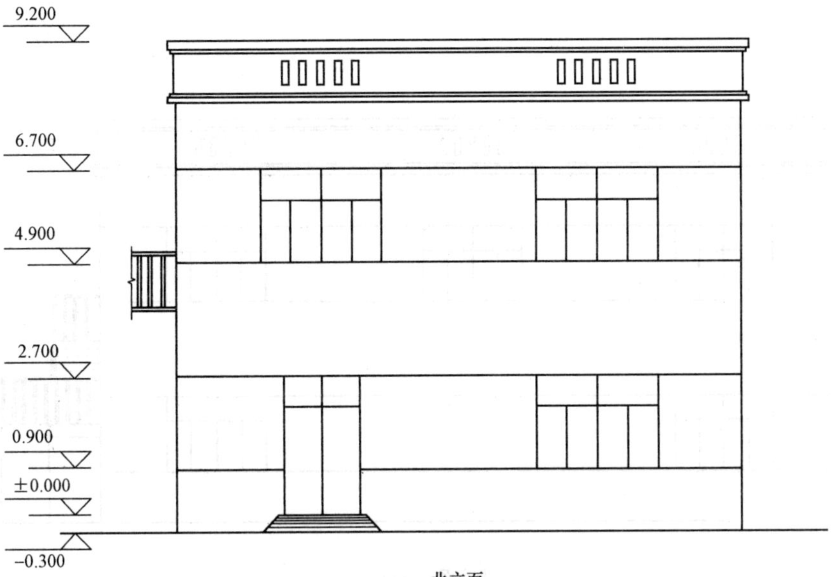

北立面 1∶100

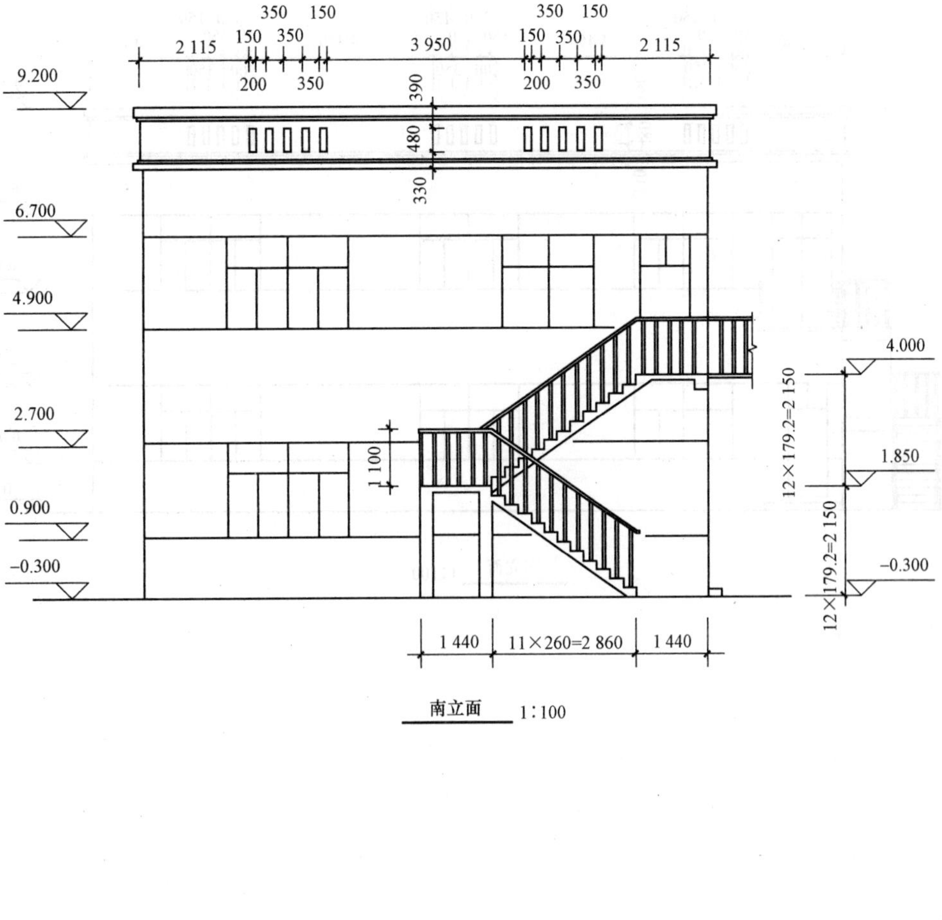

南立面 1∶100

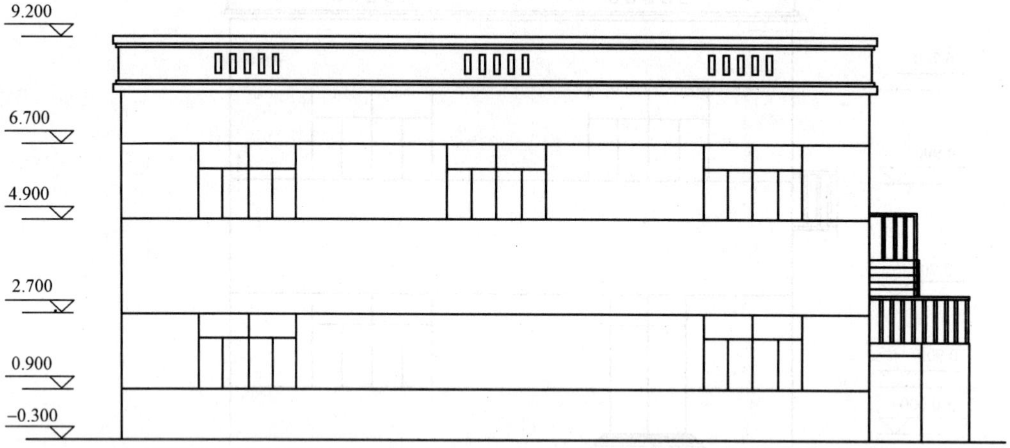

西立面 1∶100

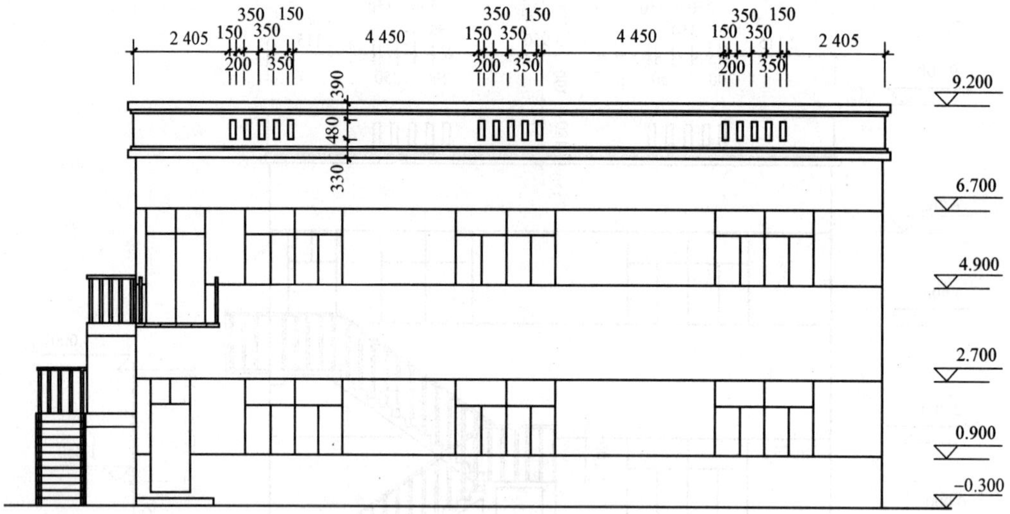

东立面 1∶100

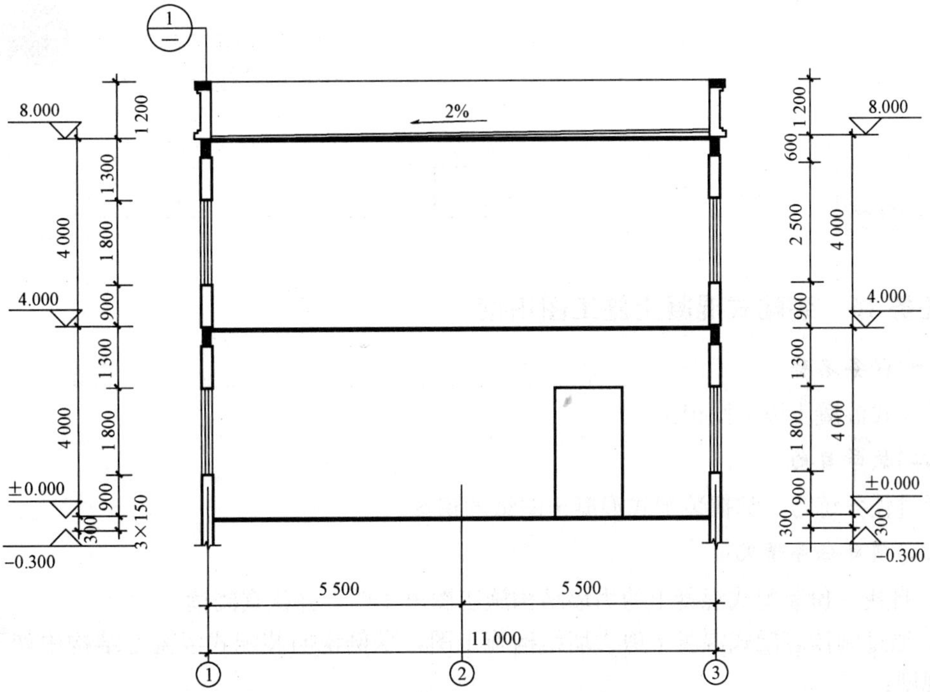
1
—
8.000
4.000
±0.000
-0.300
1 200
1 300
1 800
900
4 000
300
3×150
2%
600
2 500
5 500
11 000
①
②
③

1—1剖面　1∶100

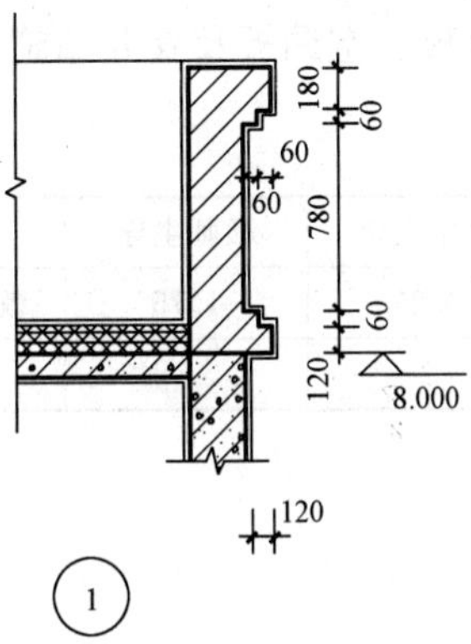
180
60
780
120
8.000

①

项目6 装配式混凝土结构及识图

▶ 任务介绍

任务16 装配式混凝土施工图识读

(一)任务名称

装配式混凝土施工图识读

(二)教学目的

通过任务练习，掌握装配式混凝土图纸的识读。

(三)项目任务情况

1. 自找一份装配式混凝土剪力墙结构施工图电子图，并认真阅读。

2. 通过阅读装配式混凝土剪力墙结构施工图，举例说明装配式混凝土结构中如下构件制图规则：

(1)预制混凝土剪力墙施工图制图规则。

(2)叠合楼盖施工图制图规则。

(3)预制钢筋混凝土板式楼梯施工图制图规则。

(4)预制钢筋混凝土阳台板、空调板及女儿墙施工图制图规则。

(四)时间安排

序号	教学内容步骤	学生主导	教师主导	工作情况		备注
1	任务提出	0.25	1.75	教师引导讲解		互动
2	查阅资料	2			学生查阅资料	

▶ 相关知识

6.1 PC建筑概述

6.1.1 PC建筑的概念

什么是PC建筑？PC是Precast Concrete的简称，PC翻译过来就是：预制装配式混凝凝土结构，PC 建筑通俗地讲就是预制装配式建筑或者工业化建筑，是应用装配式混凝土技术的一种建筑形式。简单地说就将组成建筑的构件部分或者全部构件在工厂预制加工完成，然后运至施工现场进行组装，这是一种模数化、集成化、组装化建筑生产模式。

就目前房屋建筑市场行情而言：完全相同的两栋房子，装配式建筑的造价指标比现浇结构高 20%～30%。装配式建筑的混凝土含量指标高于普通现浇混凝土结构约 15%，但砌体含量下降，措施费也相应减少；同时两者的施工工期也不同，PC 建筑的工期比现浇结构工期有明显的降低。

近几年随着技术进步，PC 技术在工业和民用建筑领域又迎来了发展的一个机遇。虽然其在抗震、验收方面依然存在不足，但随着技术的进步这些问题会逐步解决。因 PC 建筑结构具有建造速度快、质量易于控制、节省材料、构件外观质量好、耐久性好以及减少现场湿作业、有利环保等优点，PC 建筑整体的发展进一步加强低碳、绿色、环保理念，住房和城乡建设部与地方政府多次出台政策，鼓励和强制使用装配式建筑。北京、上海、深圳、沈阳等多地发文推广装配式建筑发展。

6.1.2 PC 建筑在我国的发展历史

装配式的结构体系并非什么新概念、新技术，在 20 世纪 50 年代初就从苏联引入预制装配式混凝土建筑技术，并在 20 世纪 70、80 年代得到了广泛推广、应用，基本形成完整的 PC 技术体系。其应用范围包括工业与民用建筑、市政工程、基础设施。20 世纪 70、80 年代的住房大部分采用装配式大板住宅，目前市场依然能觅得此类结构的踪迹。随着时间的推移，经应用市场的考验、选择、淘汰，PC 建筑的应用在不同领域的发展出现了一些变化。

工业与民用建筑领域，PC 技术在被应用一段时间后逐渐萎缩、退出，一段时间内甚至绝迹不再被使用，从 20 世纪 80 年代末开始，装配式大板住宅逐渐退出了历史舞台全面转向现浇模式。这段时间内 PC 技术在建筑领域失去市场的主要原因，可以归纳为以下两点：

(1)由于受最初技术、经济、装备发展水平的限制，最初采用 PC 建筑技术建成的房屋质量不高、预制构件之间的连接存在薄弱环节，整体性差，刚度小，抗震性能不足。1976 年唐山地震的惨痛教训使得人们对 PC 技术在建筑领域使用变得谨慎。而 2008 年的汶川地震，再次体现了最初采用 PC 技术建成建筑在抗震方面的缺陷。

(2)最初采用 PC 建筑技术建成的房屋，形式单一，20 世纪出现的普通筒子楼、鸽子楼、火柴盒式的建筑已经不能满足我国户型多样化的需求。

随着建造工艺、构件精度、设备水平的提高，近些年 PC 技术在工业与民用建筑领域被重新认识、推广、使用。而在市政工程领域和基础设施领域，PC 技术始终占主导地位，高速公路、桥梁、港口、城市高架、地下管道、地铁盾构管片和预制综合管廊都已 PC 化，国内近些年建设的让全世界惊艳的特大桥梁都是采用的 PC 建筑模式。铁路建设领域，特别是当前蓬勃发展的高铁工程，使 PC 技术的应用更是达到了极致。

6.1.3 PC 建筑的特点

1. PC 建筑的优势

(1)构件可以在工厂内生产、加工，减少材料运输、现场施工的损失，周转材料投入少，周转率高，节约成本；

(2)构件采用机械化施工，产品质量稳定、可靠、有保障，预制构件高强、美观、偏差小、精度高；

(3)产品在工厂内加工、机械化生产，有效控制生产过程的环境影响，减少施工现场的噪声、扬尘、粉尘等不利影响的发生，有利于环境保护；

(4)构件施工现场可以直接组装，机械化程度高，减少现场人工消耗，有效缩短工期，提高效率；

(5)减少现场高空作业、湿作业。

2. PC 建筑的缺陷

(1)因目前国内相关设计、验收规范等滞后于施工技术的发展，使得 PC 技术在工业与民用建筑领域使用受限。即使目前 PC 结构连接方式较以前有了很大进步，但是构件之间连接点的质量隐患依然存在。同时，我国目前的施工队伍的专业水平参差不齐，难以保证连接节点的施工工艺水平，而且许多 PC 建筑的连接节点缺乏足够的实验论证支持，在施工和管理上也无法实现有效监管，一旦出现问题，后果将不堪设想。

(2)建筑结构的多样性、个性化，不利于 PC 构件的标准化、规模化生产。

(3)构件采用工厂预制、现场组装，受运输条件的限制，构件的大小受到限制。

(4)PC 建筑由部分或者全部预制构件组装而成，需要使用大量的预埋构件、连接构件等。

(5)PC 构件组装过程需要进行大体量的预制构件的垂直、水平运输，对吊装机械和水平作业面的要求较高。

(6)预制构件与现场构件的连接要求高、施工难度大。

(7)考虑到上述制作规模、运输条件、运输距离、组装条件等因素的影响，不利于 PC 建筑造价成本控制。

(8)预制构件在建筑物基础工程部分的使用受限，建筑工程的基础工程目前还以现浇为主。

6.1.4 PC 构件的设计、制作工艺和吊装流程

1. PC 构件的设计

PC 构件是 PC 建筑的基本元素，PC 构件是如何设计的呢？

PC 建筑设计是在目前常见的建筑设计基础上进行二次设计，延伸、深化设计，主要工作是对构件进行拆分。构件拆分要依据工程结构特点、建筑特点和甲方的要求进行。构件拆分图纸包括拆分设计说明、平面拆分图、结构详图、构件节点详图、拼装节点详图、墙身构造详图、构件吊装详图、构件预埋件埋设详图和工程量清单明细等。设计的目的是将构件拆分进行预制生产、运输、吊装、组装。设计的合理性、经济性受生产场地、运输条件、施工条件等因素影响。

在装配式建筑构件拆分设计阶段，需协调建设、结构、制作、运输、吊装、施工各方之间的关系，充分考虑建筑、结构、设备、装修等专业之间的配合。生产模具的摊销、构件的运输、吊装，设备的预埋、塔吊的附着、构件与外架的连接，放线测量孔的预留等这

些因素都要充分考虑到。构件不是拆分得越细致越好，也不是预留线管越多越好，设计阶段方案的成熟程度直接影响项目后期组装的顺利程度。设计阶段还需要进行方案比较，在满足建筑相关规范的前提下，选择最合理、最经济的方案，才能有效地控制成本，体现PC建筑的优势。

2. PC构件制作阶段工艺介绍

(1)制作PC钢模具，根据构件的形状、大小分别制作。

(2)机械制作PC构件的钢筋笼、预埋件。

(3)预先铺设保温、涂料、石材、面砖等饰面材料(主要指房屋建筑工程部分的PC构件，饰面材料的预制内容因不同建筑会有所不同)。

(4)放入制作好的钢筋笼、各类预埋件。

(5)浇筑混凝土(浇筑前需进行检查、验收，减少隐患)。

(6)混凝土蒸汽养护、脱模。

(7)验收、成品、堆放。

(8)运输、吊装、组装。

3. PC建筑的工艺流程、PC构件的吊装流程

预制装配式建筑的施工流程主要分为基础工程、主体结构工程、装饰工程三个部分。目前，装配式建筑基础工程部分仍主要采用现浇式建筑，装配式建筑与现浇式建筑基本相同，其中部分装饰装修也可能选择预制生产现场组装，根据不同项目的预制程度，不一而足。主体结构工程是目前预制装配式建筑使用最多的领域。通常有全部结构主体采用装配构件，也有部分构件采用装配式构件。主体结构的工艺流程概括起来主要包括：构件预制、运输、吊装；构件支撑固定；钢筋连接、套筒灌浆；后浇部位钢筋绑扎、支模、预埋件安装，重复工序直至主体完成。

6.1.5 主要相关规范图集

主要相关规范图集如下：

GB/T 51231—2016 装配式混凝土建筑技术标准；

JGJ 1—2014 装配式混凝土结构技术规程；

15J939—1 装配式混凝土结构住宅建筑设计示例(剪力墙结构)；

15G107—1 装配式混凝土结构表示方法及示例(剪力墙结构)；

15G310—1 装配式混凝土连接节点构造(楼盖结构和楼梯)；

15G310—2 装配式混凝土连接节点构造(剪力墙结构)；

15G365—1 预制混凝土剪力墙外墙板；

15G365—2 预制混凝土剪力墙内墙板；

15G366—1 桁架钢筋混凝土叠合板(60 mm厚底板)；

15G367—1 预制钢筋混凝土板式楼梯；

15G368—1 预制钢筋混凝土阳台板、空调板及女儿墙；

GB 50204—2015 混凝土结构工程施工质量验收规范；

GB 50666—2011 混凝土结构工程施工规范；

JGJ 355—2015 钢筋套筒灌浆连接应用技术规程；
JGJ 107—2016 钢筋机械连接技术规程。

6.2 预制混凝土剪力墙施工图

1. 制图规则

预制混凝土剪力墙结构施工图常用图例见表 6.2.1。

表 6.2.1 图例

名称	图例	名称	图例
预制钢筋混凝土（包括内墙、内叶墙、外叶墙）		后浇段、边缘构件	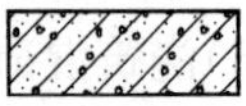
		夹心保温外墙	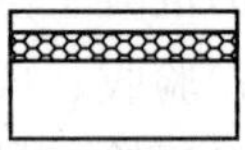
保温层	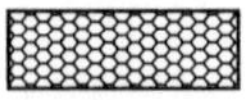	预制外墙模板	
现浇钢筋混凝土墙体			

为表达清楚、简便，装配式剪力墙墙体结构可视为由预制剪力墙、后浇段、现浇剪力墙身、现浇剪力墙柱、现浇剪力墙梁等构件构成。其中，现浇剪力墙身、现浇剪力墙柱和现浇剪力墙梁的注定方式应符合 16G101—1 的规定。后浇段的代号见表 6.2.2。

表 6.2.2 后浇段编号

后浇段类型	代号	序号
约束边缘构件后浇段	YHJ	××
构造边缘件后浇段	GHJ	××
非边缘构件后浇段	AHJ	××

预制混凝土剪力墙编号由墙板代号、序号组成，表达形式应符合表 6.2.3 的规定。例如：YWQ1 表示序号为 1 的预制外墙。

表 6.2.3 预制混凝土剪力墙编号

预制墙板类型	代号	序号
预制外墙	YWQ	××
预制内墙	YNQ	××

注 1. 在编号中，如若干预制剪力墙的模板、配筋、各类预墙件完全一致，仅墙厚与轴线的关系不同，也可将其编为同一预制剪力墙编号，但应在图中注明与轴线的几何关系。
2. 序号可为数字，或数字加字母。

同时，需要在平面图中注明预制剪力墙的装配方向，外墙板以内侧为装配方向，不需特殊标注，内墙板用▲表示装配方向。

当选用标准图集的预制混凝土外墙时，可选类型详见《预制混凝土剪力墙外墙板》(15G365—1)。标准图集的预制混凝土剪力墙外墙由内墙板、保温层和外墙板组成。预制墙板表中需注写所选图中内墙板编号和外墙板控制尺寸。

(1)标准图集中的外墙板共有 5 种形式，编号规则见表 6.2.4，示例见表 6.2.5。

(2)标准图集中外墙板共有两种类型(图 6.2.1)：

1)标准图集中外墙板 WY－1(*a*、*b*)，按实际情况标注 *a*、*b*。

2)带阳台板外叶墙板 WY－1(*a*、*b*、c_L 或 c_R、d_L 或 d_R)，选用时按外叶板实际情况标注 *a*、*b*、*c*、*d*。

(3)若设计的预制外墙板与标准图集中板型的模板、配筋不同，应由设计单位进行构件详图设计。预制外墙板选用《预制混凝土剪力墙外墙板》(15G365—1)。

(4)当部分预制外墙板选用《预制混凝土剪力墙外墙板》(15G365—1)时，另行设计的墙板应与该图集做法及要求相配套。

表 6.2.4 标准图集中内叶墙板编号

预制内叶墙板类型	示意图	编号
无洞口外墙		WQ－×× ×× 无洞口外墙；标志宽度；层高
一个窗洞高窗台外墙		WQC1－×× ××－×× ×× 一窗洞外墙(高窗台)；标志宽度；层高；窗宽；窗高
一个窗洞矮窗台外墙		WQCA－×× ××－×× ×× 一窗洞外墙(矮窗台)；标志宽度；层高；窗宽；窗高
两窗洞外墙	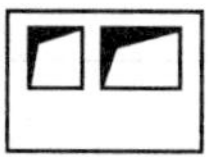	WQC2－×× ××－×× ××－×× ×× 两窗洞外墙；标志宽度；层高；左窗宽；左窗高；右窗宽；右窗高
一个门洞外墙	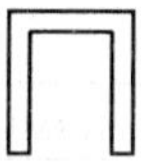	WQM－×× ××－×× ×× 一门洞外墙；标志宽度；层高；门宽；门高

表 6.2.5 标准图集中外墙板编号示例

预制墙板类型	示意图	墙板编号	标志宽度	层高	门/窗宽	门/窗高	门/窗宽	门/窗高
无洞外墙		WQ—1828	1 800	2 800	—	—	—	—
带一窗洞高窗台		WQC1—3028—1514	3 000	2 800	1 500	1 400	—	—

续表

预制墙板类型	示意图	墙板编号	标志宽度	层高	门/窗宽	门/窗高	门/窗宽	门/窗高
带一窗洞矮窗台		WQCA—3028—1518	3 000	2 800	1 500	1 800	—	—
带两窗沿外墙	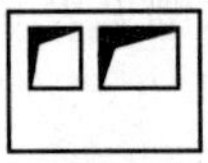	WQC2—4828—0614—1514	4 800	2 800	600	1 400	1 500	1 400
带一门洞外墙	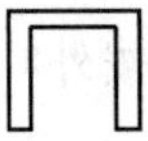	WQCA—3628—1823	3 600	2 800	1 800	2 300	—	—

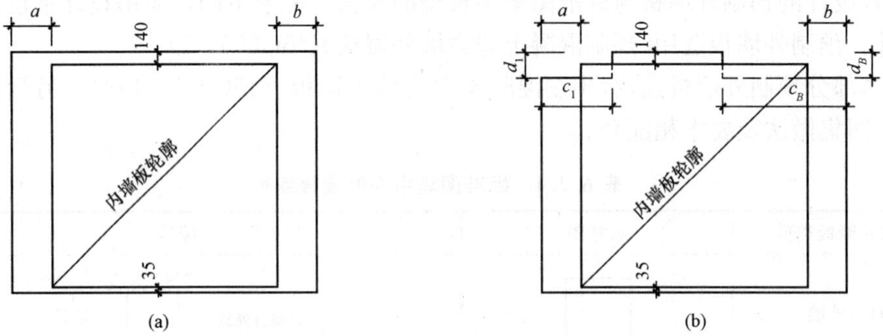

图 6.2.1　标准图集中外墙板内表面图

当选用标准图案的预制混凝土内墙板时，可选类型详见《预制混凝土剪力墙内墙板》(15G365—2)。标准图集中预制混凝土内墙板共有 4 种形式，编号规则见表 6.2.6，编号示例见表 6.2.7。

表 6.2.6　标准图集中预制混凝土剪力墙内墙板编号

预制内墙板类型	示意图	编号
无洞口内墙	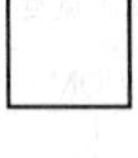	NQ－×× ×× 无洞口内墙；标志宽度；层高
固定门垛内墙		NQM1－×× ××－×× ×× 一门洞内墙（固定门垛）；标志宽度；层高；门宽；门高
中间门洞内墙		NQM2－×× ××－×× ×× 一门洞外墙（中间门洞）；标志宽度；层高；门宽；门高
刀把内墙	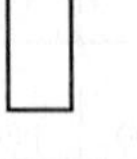	NQM3－×× ××－×× ×× 一门洞内墙（刀把内墙）；标志宽度；层高；门宽；门高

表 6.2.7　标准图集中预制混凝土内墙板编号示例

预制墙板类型	示意图	墙板编号	标志宽度	层高	门宽	门高
无洞口内墙		NQ—2128	2 100	2 800	—	—
固定门垛内墙	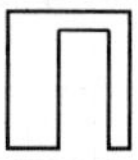	NQM1—3028—0921	3 000	2 800	900	2 100
中间门洞内墙		NQM2—3029—1022	3 000	2 900	1 000	2 200
刀把内墙		NQM—3329—1022	3 300	3 000	1 000	2 200

2. 图纸示例

图纸示例如图 6.2.2 和表 6.2.8、表 6.2.9 所示。

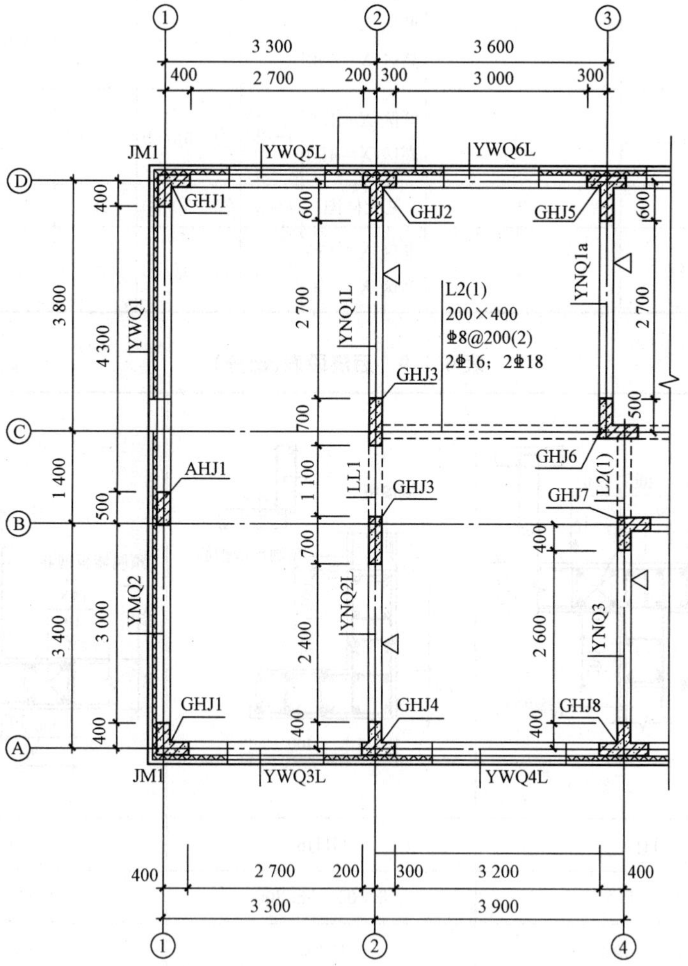

8.300~55.900剪力墙平面布置图

图 6.2.2　剪力墙平面布置图

表 6.2.8 预制墙板表

平面图中编号	内墙板	外墙板	管线预埋	所在层号	所在抽号	墙厚（内墙）	构件重量/t	数量	构件详图页码（图号）
YWQ1	—	—	见大样图	4～20	Ⓑ～Ⓓ/①	200	6.9	17	结施－01
YWQ2	—	—	见大样图	4～20	Ⓐ～Ⓑ/①	200	5.3	17	结施－02
YWQ3L	WQC1－3328－1514	WY－1 $a=190$ $b=20$	低区 $X=450$ 高区 $X=280$	4～20	①～②/Ⓐ	200	3.4	17	15G365－1，60、61
YWQ4L	—	—	见大样图	4～20	②～④Ⓐ	200	3.8	17	结施－03
YWQ5L	WQC1－3328－1514	WY－2 $a=20$ $b=190$ $c_R=590$ $d_R=80$	低区 $X=450$ 高区 $X=280$	4～20	①～②/Ⓓ	200	3.9	17	15365－1，60、61
YWQ6L	WQC1－3328－1514	WY－2 $a=20$ $b=290$ $c_l=590$ $d_l=80$	低区 $X=450$ 高区 $X=430$	4～20	②～③/Ⓓ	200	4.5	17	15G365－1，64、65
YNQ1	NQ－2728	—	低区 $X=150$ 高区 $X=450$	4～20	Ⓒ～Ⓓ/②	200	3.6	17	15G365－1，16、17
YNQ2L	NQ－2728	—	低区 $X=150$ 高区 $X=450$	4～20	Ⓐ～Ⓑ/②	200	3.2	17	15G36—2，14、15
YNQ3	—	—	见大样图	4～20	Ⓐ～Ⓑ/④	200	3.5	17	结施—04
YNQ1a	NQ—2728	—	低区 $X=150$ 高区 $X=750$	4～20	Ⓒ～Ⓓ/③	200	3.6	17	15G365—2，16、17

表 6.2.9 后浇段表(部分)

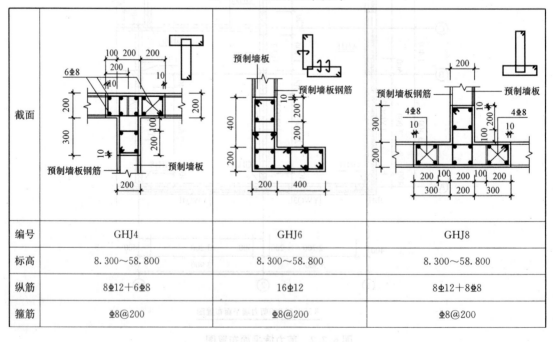

截面	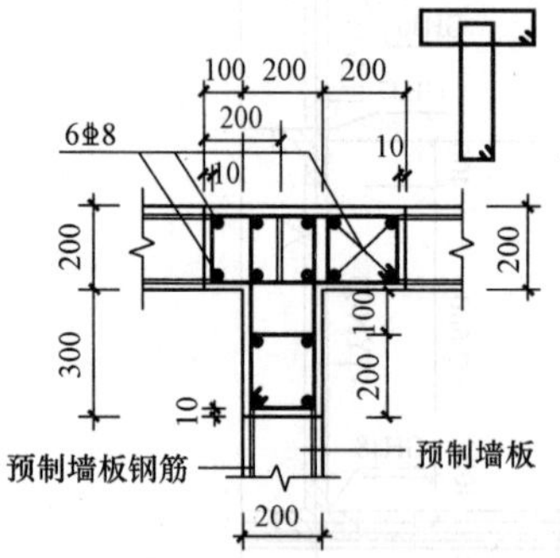	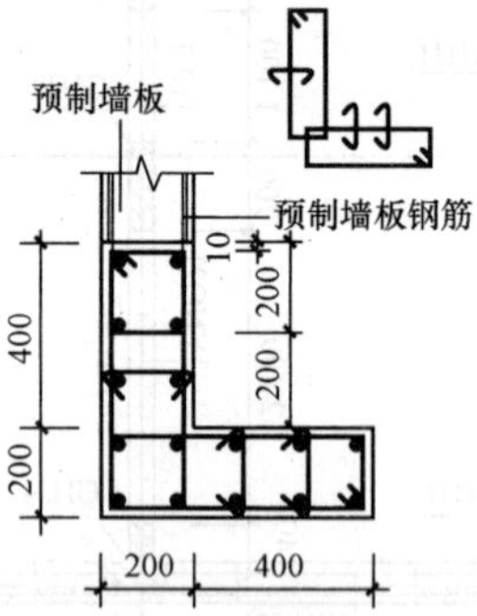	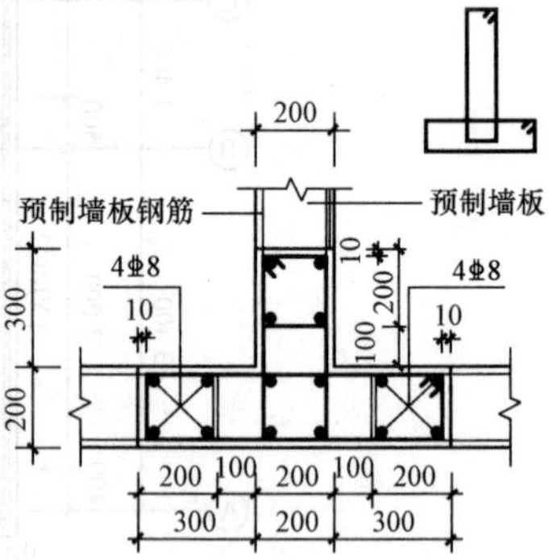
编号	GHJ4	GHJ6	GHJ8
标高	8.300～58.800	8.300～58.800	8.300～58.800
纵筋	8⏀12＋6⏀8	16⏀12	8⏀12＋8⏀8
箍筋	⏀8@200	⏀8@200	⏀8@200

6.3 叠合楼盖施工图

1. 制图规则

叠合楼盖施工图主要包括预制底平面布置图、现浇层配筋图、水平后浇带或圈梁布置图。

所有叠合板板块应逐一编号，相同编号的板块可择其一做集中标注，其他仅注写置于圆圈内的板编号，当板面标高不同时，在板编号的斜线下标注标高高差，下降为负(—)。叠合板编号，由叠合板代号和序号组成。表达形式应符合表 6.3.1 的规定。

表 6.3.1 叠合板编号

叠合板类型	代号	序号
叠合楼面板	DLB	××
叠合屋面板	DWB	××
叠合悬挑板	DXB	××
注：序号可为数字，或数字加字母。		

当选用标准图集的预制底板时，可选类型详见《桁架钢筋混凝土叠合板(60 mm 厚底板)》(15G366—1)。标准图集中预制底板编号规则见表 6.3.2～表 6.3.4。

表 6.3.2 标准图集中叠合板底板编号

<table>
<tr><td>叠合板底板类型</td><td>编号</td></tr>
<tr><td rowspan="2">单向板</td><td>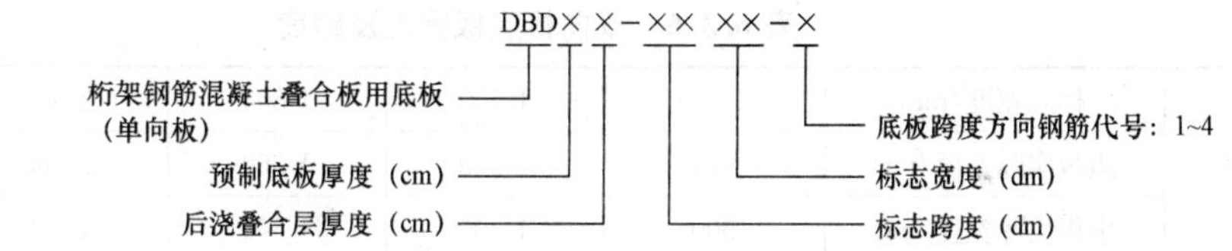

注：单向板底板钢筋代号见表 6.3.3，标志宽度和标志跨度见表 6.3.5。</td></tr>
<tr><td>【例】 底板编号 DBD67—3324—2 表示为受力叠合板用底板，预制底板厚度为 60 mm，现浇叠合层厚度为 70 mm，预制底板的标志跨度为 3 300 mm，预制底板的标志宽度为 2 400 mm，底板跨度方向配筋为 ⌀10@150。</td></tr>
<tr><td>双向板</td><td>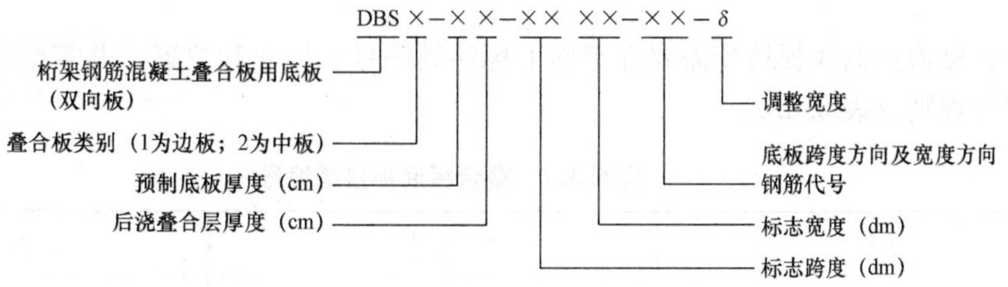

注：双向板钢筋代号见表 6.3.4，标志宽度和标志跨度见表 6.3.6。</td></tr>
<tr><td></td><td>【例】 底板编号 DBS1—67—3924—22，表示双向受力叠合板用底板，拼装位置为边板，预制底板厚度为 60 mm，后浇叠合层厚度为 70 mm，预制底板的标志跨度为 3 900 mm，预制底板的标志宽度为 2 400 mm，底板跨度方向、宽度方向配筋均为 ⌀8@150。</td></tr>
</table>

表 6.3.3　单向板底板钢筋编号表

代号	1	2	3	4
受力钢筋规格及间距	Φ8@200	Φ8@150	Φ10@200	Φ10@150
分布钢筋规格及间距	Φ6@200	Φ6@200	Φ6@200	Φ6@200

表 6.3.4　双向板底板跨度、宽度方向钢筋代号组合表

编号 跨度方向钢筋 / 宽度方向钢筋	Φ8@200	Φ8@150	Φ10@200	Φ10@150
Φ8@200	11	21	31	41
Φ8@150	—	22	32	42
Φ8@100	—	—	—	43

表 6.3.5　单向板底宽度及跨度

宽度	标志宽度/mm	1 200	1 500	1 800	2 000	2 400
	实际宽度/mm	1 200	1 500	1 800	2 000	2 400
跨度	标志跨度/mm	2 700	3 000	3 300	3 600	3 900	4 200
	实际跨度/mm	2 520	2 820	3 120	3 420	3 720	4 020

表 6.3.6　双向板底板宽度及跨度

宽度	标志宽度/mm	1 200	1 500	1 800	2 000	2 400
	边板实际宽度/mm	960	1 260	1 560	1 760	2 160
	中板实际宽度/mm	900	1 200	1 500	1 700	2 100
跨度	标志跨度/mm	3 000	3 300	3 600	3 900	4 200	4 500
	实际跨度/mm	2 820	3 120	3 420	3 720	4 020	4 320
	标志跨度/mm	4 800	5 100	5 400	5 700	6 000	—
	实际跨度/mm	4 620	4 920	5 220	5 520	5 820	—

叠合楼盖预制底板接缝需要在平面上标注其编号、尺寸和位置，并需给出接缝的详图，接缝编号规则见表 6.3.7。

表 6.3.7　叠合板底板接缝编号

名称	代号	序号
叠合板底板接缝	JF	××
叠合板底板密拼接缝	MM	—

需在平面上标注水平后浇带或圈梁的分布位置。水平后浇带编号由代号和序号组成，表达形式应符合表 6.3.8 的规定。

表 6.3.8　水平后浇带编号

类型	代号	序号
水平后浇带	SHJD	××

2. 图纸示例

图纸示例如图 6.3.1～图 6.3.3 和表 6.3.9～表 6.3.11 所示。

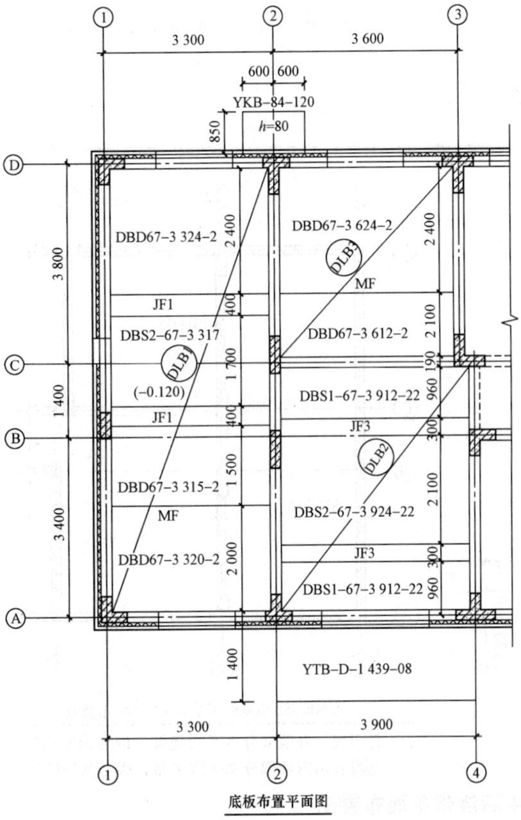

图 6.3.1　底板布置平面图

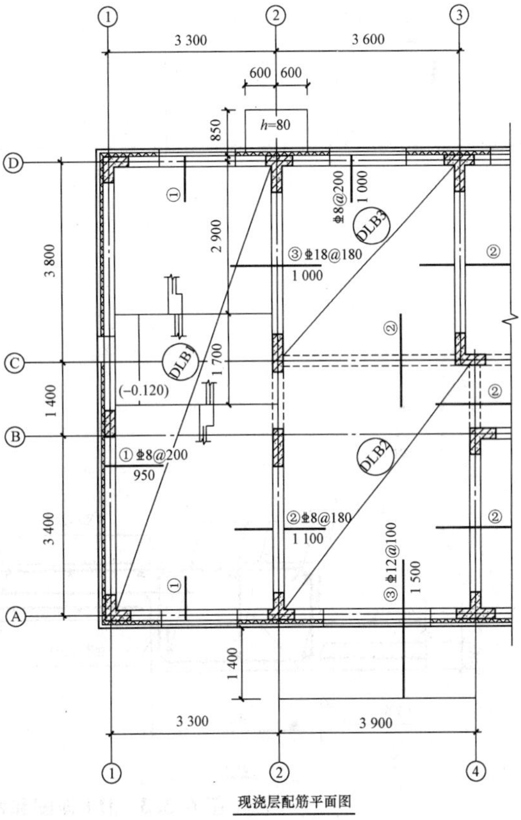

图 6.3.2　现浇层配筋平面图

表 6.3.9　叠合板预制底板表

叠合板编号	选用构件编号	所在楼层	构件质量/t	数量	构件详页码(图号)
DLB1	DBDG7—3320—2	3～21	0.93	19	15G366—1，65
	DBD67—3315—2	3～21	0.7	19	15G366—1，63
	DBS2—67—3317	3～21	0.87	19	结施—35
	DBDG7—3324—2	3～21	1.23	19	15G336—1，66
DLB2	DBS1—67—3912—22	3～21	0.56	38	15G366—1，42
	DBS2—67—3924—22	3～21	1.23	19	15G366—1，62
DLB3	DBD67—3612—2	3～21	0.62	19	15G366—1，62
	DBD67—3624—2	3～21	1.23	19	15G366—1，66
注：未注明的预制构件板底标高为本层标高减去叠合板板厚，降板部分的板底标高为叠合板底板标高减去降板所降高度。					

表 6.3.10 接缝表

平面图中编号	所在楼层	节点详图页码(图号)
MF	3～21	15G310—1，28，(B6-1)；A_{sd}为 Φ8@200，附加通长构造钢筋为 Φ6@200
JF2	3～21	15G310—1，20，(B1-2)；A_{sa}为 3Φ8@150
JF3	3～21	15G366—1，82
JF4	3～21	××，××

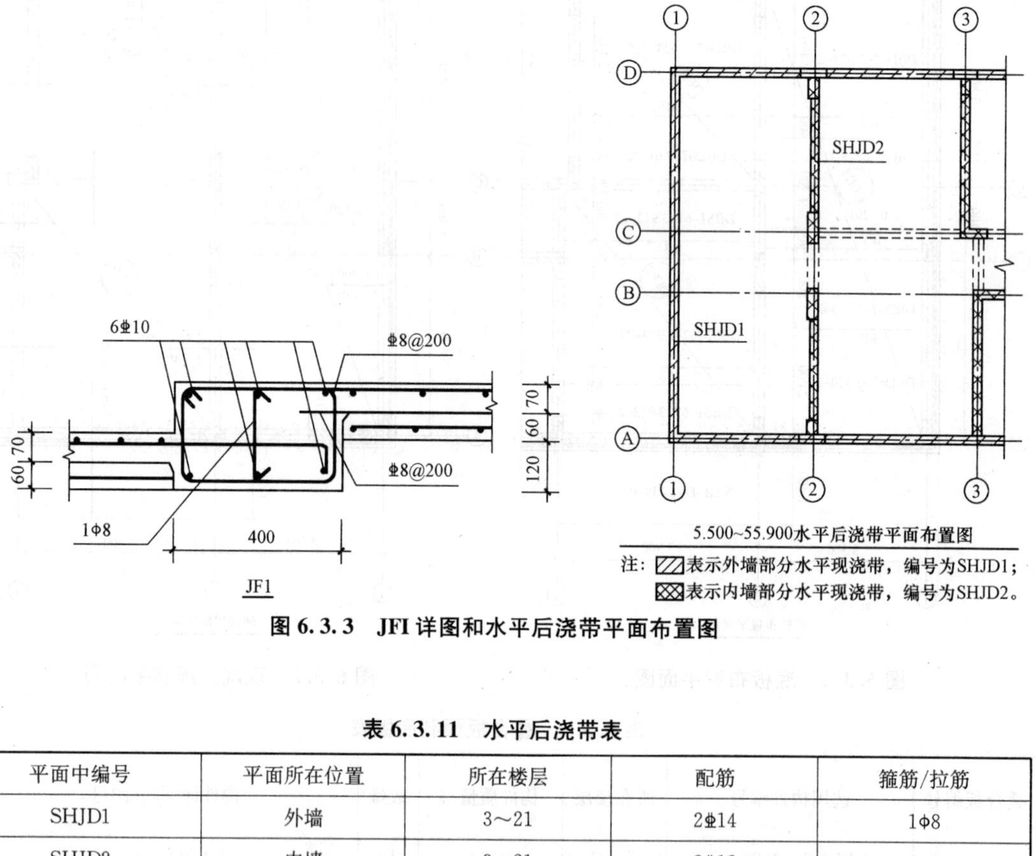

图 6.3.3 JFI 详图和水平后浇带平面布置图

表 6.3.11 水平后浇带表

平面中编号	平面所在位置	所在楼层	配筋	箍筋/拉筋
SHJD1	外墙	3～21	2Φ14	1φ8
SHJD2	内墙	3～21	2Φ12	1φ8

6.4 预制钢筋混凝土板式楼梯施工图

选用标准图集中的预制楼梯时，在平面图上直接标注标准图集中楼梯编号，编号规则见表 6.4.1。预制楼梯可选类型详见《预制钢筋混凝土板式楼梯》(15G367—1)。

表 6.4.1　预制楼梯编号

预制楼梯类型	编号
双跑楼梯	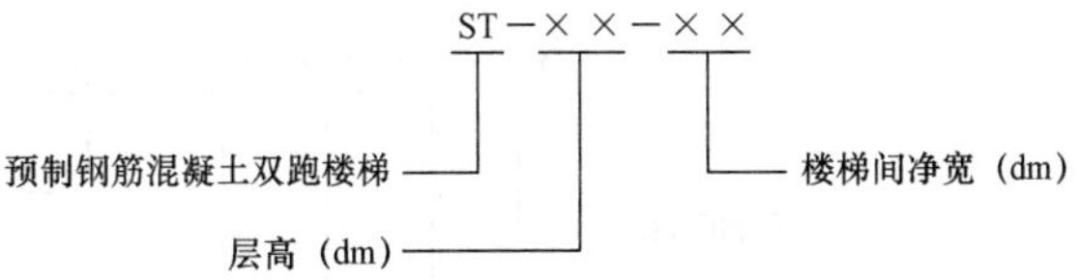
剪刀楼梯	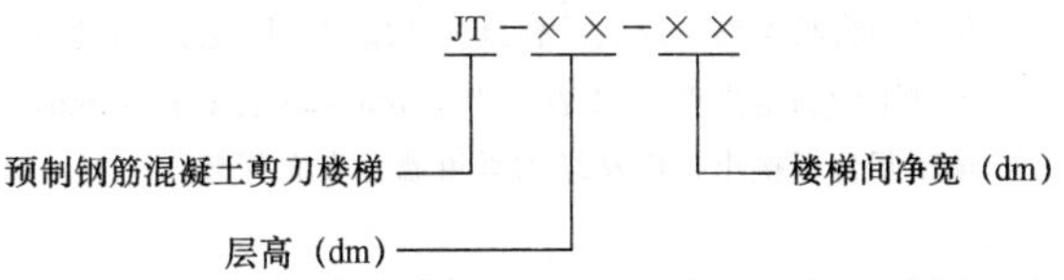

【例 1】 ST—28—25，表示预制钢筋混凝土板式楼梯为双跑楼梯，层高为 2 800 mm，楼梯间净宽度为 2 500 mm。

【例 2】 JT—29—26，表示预制钢筋混凝土板式楼梯为剪刀楼梯，层高为 2 900 mm，楼梯间净宽为 2 600 mm。

6.5　预制钢筋混凝土阳台板、空调板及女儿墙施工图

1. 制图规则

(1)预制阳台板、空调板及女儿墙编号度应由构件代号、序号组成，编号规则见表 6.5.1。选用示例分别如图 6.5.1～图 6.5.3 所示。

表 6.5.1　预制阳台板、空调板及女儿墙编号

预制构件类型	代号	序号
阳台板	YYTB	××
空调板	YKTB	××
女儿墙	YNEQ	××

(2)注写选用标准预制阳台板、空调板及女儿墙编号时，编号规则见表 6.5.2。标准预制阳台板、空调板及女儿墙可选型号详见《预制钢筋混凝土阳台板、空调板及女儿墙》(15G368—1)。

(3)如果设计的预制阳台板、空调板及女儿墙与标准构件的尺寸、配筋不同，应由设计单位另行设计。

表 6.5.2　标准图集中预制阳台板编号

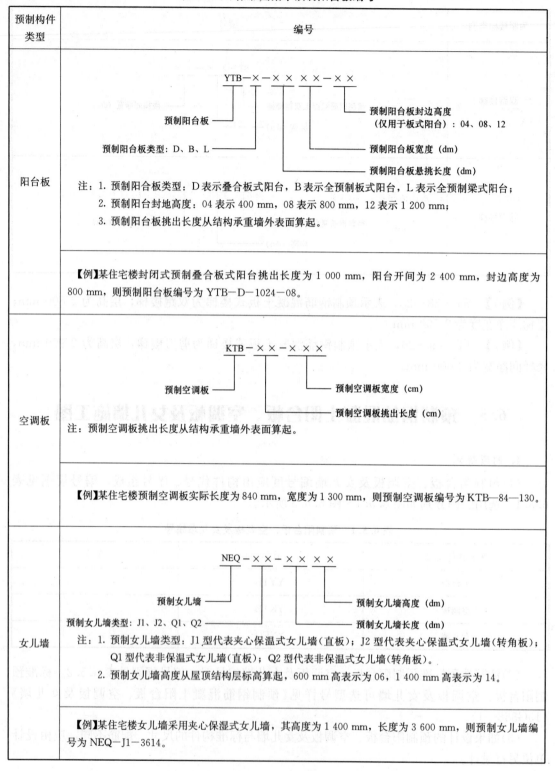

<table>
<tr><th>预制构件类型</th><th>编号</th></tr>
<tr><td rowspan="2">阳台板</td><td>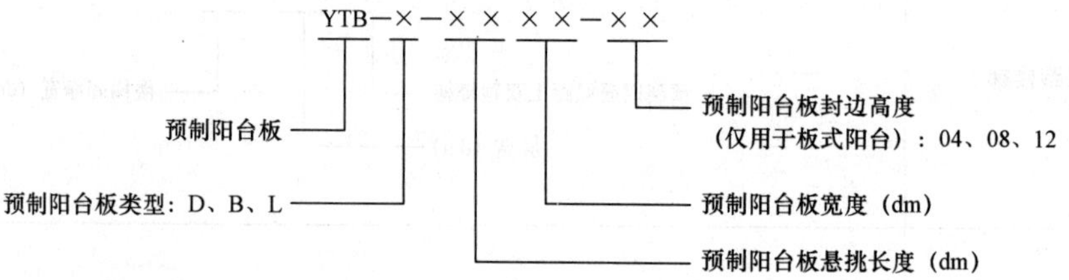

注：1. 预制阳台板类型：D 表示叠合板式阳台，B 表示全预制板式阳台，L 表示全预制梁式阳台；
2. 预制阳台封地高度：04 表示 400 mm，08 表示 800 mm，12 表示 1 200 mm；
3. 预制阳台板挑出长度从结构承重墙外表面算起。</td></tr>
<tr><td>【例】某住宅楼封闭式预制叠合板式阳台挑出长度为 1 000 mm，阳台开间为 2 400 mm，封边高度为 800 mm，则预制阳台板编号为 YTB－D－1024－08。</td></tr>
<tr><td rowspan="2">空调板</td><td>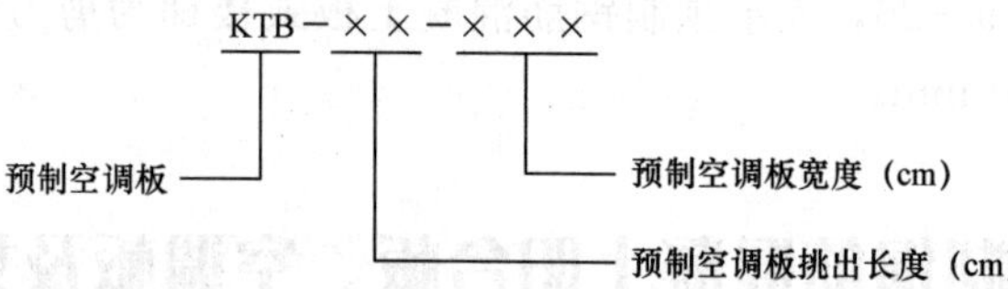

注：预制空调板挑出长度从结构承重墙外表面算起。</td></tr>
<tr><td>【例】某住宅楼预制空调板实际长度为 840 mm，宽度为 1 300 mm，则预制空调板编号为 KTB—84—130。</td></tr>
<tr><td rowspan="2">女儿墙</td><td>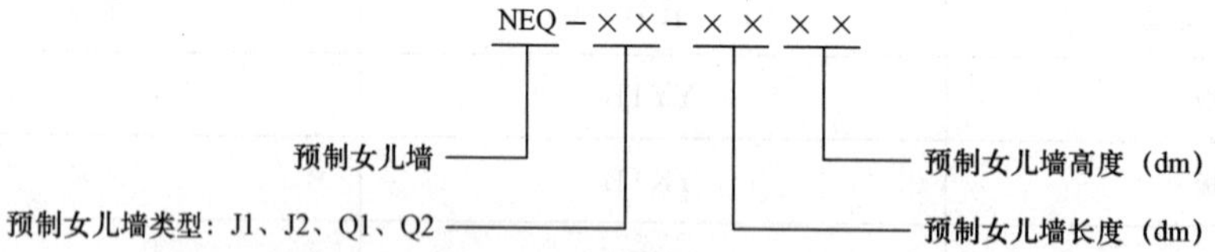

注：1. 预制女儿墙类型：J1 型代表夹心保温式女儿墙（直板）；J2 型代表夹心保温式女儿墙（转角板）；Q1 型代表非保温式女儿墙（直板）；Q2 型代表非保温式女儿墙（转角板）。
2. 预制女儿墙高度从屋顶结构层标高算起，600 mm 高表示为 06，1 400 mm 高表示为 14。</td></tr>
<tr><td>【例】某住宅楼女儿墙采用夹心保湿式女儿墙，其高度为 1 400 mm，长度为 3 600 mm，则预制女儿墙编号为 NEQ—J1－3614。</td></tr>
</table>

2. 图纸示例(图 6.5.1～图 6.5.3)

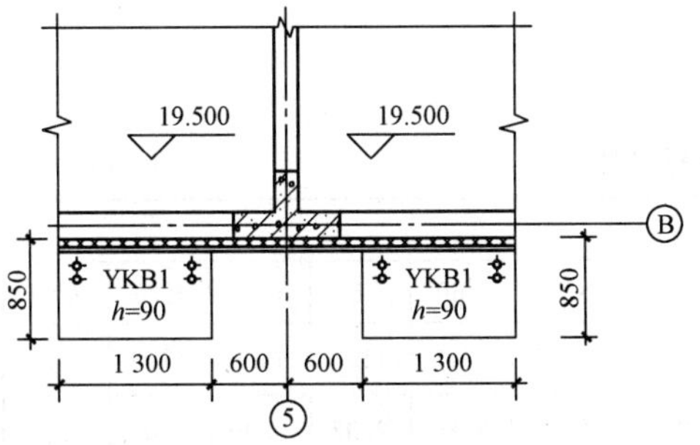

图 6.5.1 标准预制空调板平面注写示例

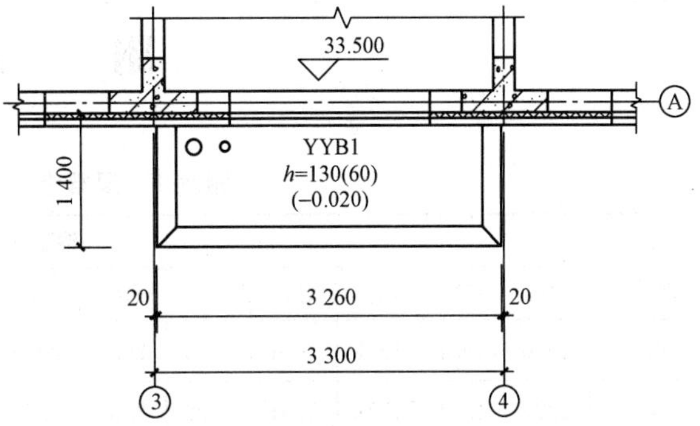

图 6.5.2 标准预制阳台板平面注写示例

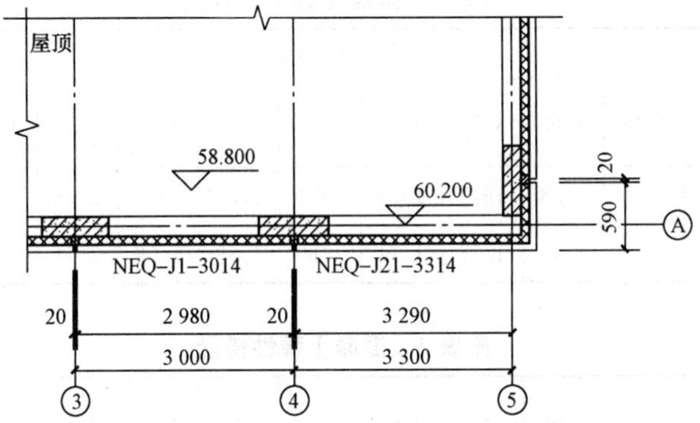

图 6.5.3 标准预制女儿墙平面注写示例

附　录

附表 1　混凝土强度标准值　N/mm^2

强度种类	混凝土强度等级													
	C15	C20	C25	C30	C35	C40	C45	C50	C55	C60	C65	C70	C75	C80
f_{ck}	10.0	13.4	16.7	20.1	23.4	26.8	29.6	32.4	35.5	38.5	41.5	44.5	47.4	50.2
f_{tk}	1.27	1.54	1.78	2.01	2.20	2.39	2.51	2.64	2.74	2.85	2.93	2.99	3.05	3.11

附表 2　混凝土强度设计值　N/mm^2

强度种类	混凝土强度等级													
	C15	C20	C25	C30	C35	C40	C45	C50	C55	C60	C65	C70	C75	C80
f_c	7.2	9.6	11.9	14.3	16.7	19.1	21.1	23.1	25.3	27.5	29.7	31.8	33.8	35.9
f_t	0.91	1.10	1.27	1.43	1.57	1.71	1.80	1.89	1.96	2.04	2.09	2.14	2.18	2.22

附表 3　混凝土弹性模量　$\times 10^4 N/mm^2$

混凝土强度等级	C15	C20	C25	C30	C35	C40	C45	C50	C55	C60	C65	C70	C75	C80
E_c	2.20	2.55	2.80	3.00	3.15	3.25	3.35	3.45	3.55	3.60	3.65	3.70	3.75	3.80

附表 4　混凝土疲劳变形模量　$\times 10^4 N/mm^2$

混凝土强度等级	C20	C25	C30	C35	C40	C45	C50	C55	C60	C65	C70	C75	C80
E_c^f	1.1	1.2	1.3	1.4	1.5	1.55	1.6	1.65	1.7	1.75	1.8	1.85	1.9

附表 5　普通钢筋强度标准值　$\times 10^5 N/mm^2$

牌　号	符　号	公称直径 d/mm	屈服强度标准值 f_{yk}	极限强度标准值 f_{stk}
HPB300	Φ	6～14	300	420
HRB335	Φ	6～14	335	455
HRB400 HRBF400 RRB400	Φ $Φ^F$ $Φ^R$	6～50	400	540
HRB500 HRBF500	Φ $Φ^F$	6～50	500	630

附表 6　普通钢筋强度设计值　N/mm^2

牌　号	抗拉强度设计值 f_y	抗压强度设计值 f'_y
HPB300	270	270
HRB335	300	300
HRB400、HRBF400、RRB400	360	360
HRB500、HRBF500	435	435

附表 7　钢筋弹性模量　$\times 10^3 N/mm^2$

牌号或种类	弹性模量 E_s
HPB300	2.10
HRB335、HRB400、HRB500、 HRBF335、HRBF500、RRB400 预应力螺纹钢筋	2.00
消除应力钢丝、中强度预应力钢丝	2.05
钢绞线	1.95

附表 8　混凝土保护层最小厚度　mm

环境类别	板、墙、壳	梁、柱、杆
一	15	20
二 a	20	25
二 b	25	35
三 a	30	40
三 b	40	50
注：1. 混凝土强度等级不大于 C25 时，表中保护层厚度数值应增加 5 mm； 2. 钢筋混凝土基础宜设置混凝土垫层，基础中钢筋的混凝土保护层厚度应从垫层顶面算起，且不应小于 40 mm。		

附表 9　钢筋混凝土结构构件中纵向受力钢筋的最小配筋百分率　%

受力类型			最小配筋百分率
受压构件	全部纵向钢筋	强度等级 500MPa	0.50
		强度等级 400MPa	0.55
		强度等级 300MPa、335MPa	0.60
	一侧纵向钢筋		0.20
受弯构件、偏心受拉、轴心受拉构件一侧的受拉钢筋			0.20 和 $45f_t/f_y$ 中的较大值

续表

注：1. 受压构件全部纵向钢筋最小配筋百分率，当采用C60以上强度等级的混凝土时，应按表中规定增加0.10；
2. 板类受弯构件(不包括悬臂板)的受拉钢筋，当采用强度等级400 MPa、500 MPa的钢筋时，其最小配筋百分率应允许采用0.15%和$45f_t/f_y$%中的较大值；
3. 偏心受拉构件中的受压钢筋，应按受压构件一侧纵向钢筋考虑；
4. 受压构件的全部纵向钢筋和一侧纵向钢筋的配筋率以及轴心受拉构件和小偏心受拉构件一侧受拉钢筋的配筋率均应按构件的全截面面积计算；
5. 受弯构件、大偏心受拉构件一侧受拉钢筋的配筋率应按全截面面积扣除受压翼缘面积$(b'_f-b)h'_f$后的截面面积计算；
6. 当钢筋沿构件截面周边布置时，“一侧纵向钢筋”是指沿受力方向两个对边中一边布置的纵向钢筋。

附表10　钢筋的公称直径、公称截面面积及理论质量

公称直径/mm	不同根数钢筋的公称截面面积/mm²									单根钢筋理论重量/(kg·m⁻¹)
	1	2	3	4	5	6	7	8	9	
6	28.3	57	85	113	142	170	198	226	255	0.222
8	50.3	101	151	201	252	302	352	402	453	0.395
10	78.5	157	236	314	393	471	550	402	453	0.617
12	113.1	226	339	452	565	678	791	904	1 017	0.888
14	153.9	308	461	615	769	923	1 077	1 231	1 385	1.21
16	201.1	402	603	804	1 005	1 206	1 407	1 608	1 809	1.58
18	254.5	509	763	1 017	1 272	1 527	1 781	2 036	2 290	2.00(2.11)
20	314.2	628	942	1 256	1 570	1 884	2 199	2 513	2 827	2.47
22	380.1	760	1 140	1 520	1 900	2 281	2 661	3 041	3 421	2.98
25	490.9	982	1473	1 964	2 454	2 945	3 436	3 927	4 418	3.85(4.10)
28	615.8	1 232	1 847	2 463	3 079	3 695	4 310	4 926	5 542	4.83
32	804.2	1 609	2 413	3 217	4 021	4 826	5 630	6 434	7 238	6.31(6.65)
36	1 017.9	2 036	3 054	4 072	5 089	6 107	7 125	8 143	9 161	7.99
40	1 256.2	2 513	3 770	5 027	6 283	7 540	8 796	10 053	11 310	9.87(10.34)
50	1 963.5	3 928	5 892	7 856	9 820	11 784	13 748	15 712	17 676	15.42(16.28)

注：括号内为预应力螺纹钢筋的数值。

附表11　钢筋混凝土板每米宽的钢筋截面面积

钢筋间距/mm	钢筋直径/mm											
	3	4	5	6	6/8	8	8/10	10	10/12	12	12/14	14
70	101.0	180	280	404	561	719	920	1 121	1 369	1 616	1 907	2 199
75	94.2	168	262	377	524	671	859	1 047	1 277	1 508	1 780	2 052
80	88.4	157	245	354	491	629	805	981	1 198	1 414	1 669	1 924

续表

钢筋间距/mm	钢筋直径/mm											
	3	4	5	6	6/8	8	8/10	10	10/12	12	12/14	14
85	83.2	148	231	333	462	592	758	924	1 127	1 331	1 571	1 811
90	78.5	140	218	314	437	559	716	872	1 064	1 257	1 438	1 710
95	74.5	132	207	298	414	529	678	826	1 008	1 190	1 405	1 620
100	70.6	126	196	283	393	503	644	785	958	1 131	1 335	1 539
110	64.2	114	178	257	357	457	585	714	871	1 028	1 214	1 339
120	58.9	105	163	236	327	419	537	654	798	942	1 113	1 283
125	56.5	101	157	226	314	402	515	628	766	905	1 068	1 231
130	54.4	96.6	151	218	302	387	495	604	737	870	1 027	1 184
140	50.5	89.8	140	202	281	359	460	561	684	808	954	1 099
150	47.1	83.8	131	189	262	335	429	523	639	754	890	1 026
160	44.1	78.5	123	177	246	314	403	491	599	707	834	962
170	41.5	73.9	115	166	231	296	379	462	564	665	785	905
180	39.2	69.8	109	157	218	279	358	436	532	628	742	855
190	37.2	66.1	103	149	207	265	339	413	504	595	703	810
200	35.3	62.8	98.2	141	196	251	322	393	479	565	668	770
220	32.1	57.1	89.2	129	179	229	293	357	436	514	607	700
240	29.4	52.4	81.8	118	164	210	268	327	399	471	556	641
250	28.3	50.3	78.5	113	157	201	258	314	383	452	534	616
260	27.2	48.3	75.5	109	151	193	248	302	369	435	513	592
280	25.2	44.9	70.1	101	140	180	230	280	342	404	477	550
300	23.6	41.9	65.5	94.2	131	168	215	262	319	377	445	513
320	22.1	39.3	61.4	88.4	123	157	201	245	299	353	417	481

附表 12　等截面等跨连续梁在常用荷载作用下内力系数表

1. 在均布及三角形荷载作用下：

$$M=\text{表中系数}\times ql^2(\text{或}\times gl^2)$$
$$V=\text{表中系数}\times ql(\text{或}\times gl)$$

2. 在集中荷载作用下：

$$M=\text{表中系数}\times Gl$$
$$V=\text{表中系数}\times G$$

3. 内力正负号规定：

M——使截面上部受压、下部受拉为正；

V——对邻近截面所产生的力矩沿顺时针方向者为正。

附表 12-1　两跨梁

荷载图	跨内最大弯矩		支座弯矩	剪力		
	M_1	M_2	M_B	V_A	V_B^l V_B^r	V_C
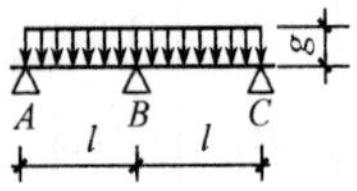	0.070	0.070 3	−0.125	0.375	−0.625 0.625	−0.375
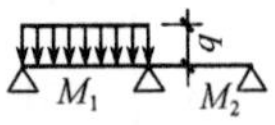	0.096	—	−0.063	0.437	−0.563 0.063	−0.063
	0.048	0.048	−0.078	0.172	−0.328 0.328	−0.172
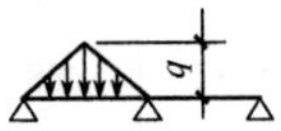	0.064	—	−0.039	0.211	−0.289 0.039	0.039
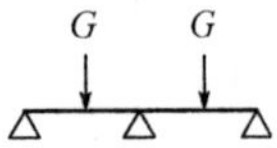	0.156	0.156	−0.188	0.312	−0.688 0.688	−0.312
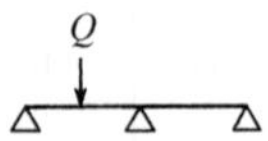	0.203	—	−0.094	0.406	−0.594 0.094	0.094
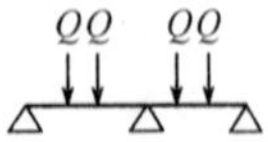	0.222	0.222	−0.333	0.667	−1.333 1.333	−0.667
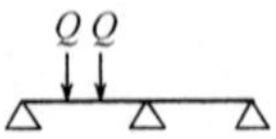	0.278	—	−0.167	0.833	−1.167 0.167	0.167

附表 12-2　三跨梁

荷载图	跨内最大弯矩		支座弯矩		剪力			
	M_1	M_2	M_B	M_C	V_A	V_B^l V_B^r	V_C^l V_C^r	V_D
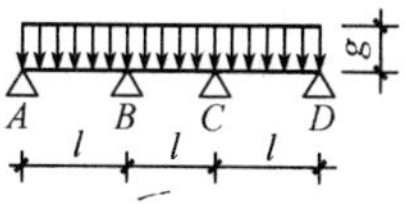	0.080	0.025	−0.100	−0.100	0.400	−0.600 0.500	−0.500 0.600	−0.400
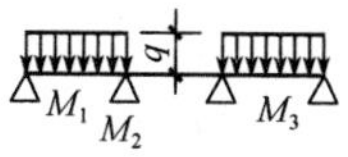	0.101	—	−0.050	−0.050	0.450	−0.550 0	0 0.550	−0.450
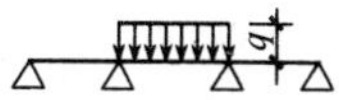	—	0.075	−0.050	−0.050	0.050	−0.050 0.500	−0.500 0.050	−0.050
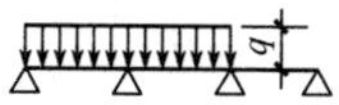	0.073	0.054	−0.117	−0.033	0.383	−0.617 0.583	−0.417 0.033	−0.033
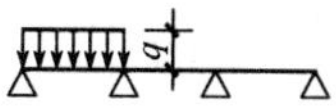	0.094	—	−0.067	−0.017	0.433	−0.567 0.083	0.083 −0.017	−0.017
	0.054	0.021	−0.063	−0.063	0.183	−0.313 0.250	−0.250 0.313	−0.188
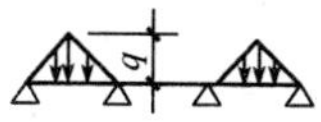	0.068	—	−0.031	−0.031	0.219	−0.281 0	0 0.281	−0.219
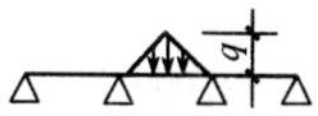	—	0.052	−0.031	−0.031	0.031	−0.031 0.250	−0.250 0.031	−0.031
	0.050	0.038	−0.073	−0.021	0.177	−0.323 0.302	−0.198 0.021	0.021
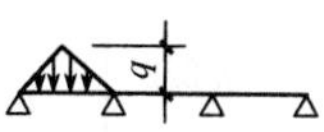	0.063	—	−0.042	0.010	0.208	−0.292 0.052	0.052 −0.010	−0.010

续表

荷载图	跨内最大弯矩		支座弯矩		剪力			
	M_1	M_2	M_B	M_C	V_A	V_B^l V_B^r	V_C^l V_C^r	V_D
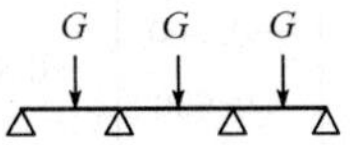	0.175	0.100	−0.150	−0.150	0.350	−0.650 0.500	−0.500 0.650	−0.350
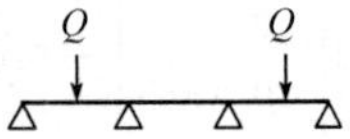	0.213	—	−0.075	−0.075	0.425	−0.575 0	0 0.575	−0.425
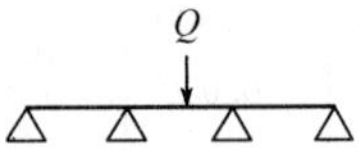	—	0.175	−0.075	−0.075	−0.075	−0.075 0.500	−0.500 0.075	0.075
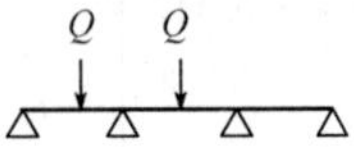	0.162	0.137	−0.175	−0.050	0.325	−0.675 0.625	−0.375 0.050	0.050
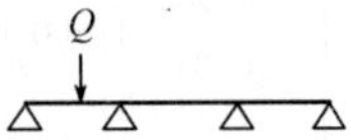	0.200	—	−0.100	−0.025	0.400	−0.600 0.125	−0.125 −0.025	−0.025
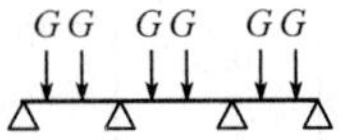	0.244	0.067	−0.267	0.267	0.733	−1.267 1.000	−1.000 1.267	−0.733
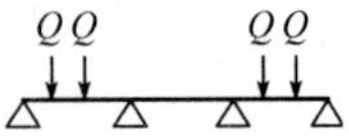	0.289	—	0.133	−0.133	0.866	−1.134 0	0 1.134	−0.866
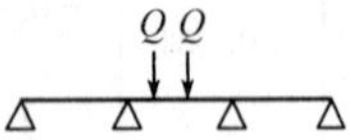	—	0.200	−0.133	0.133	−0.133	−0.133 1.000	−1.000 0.133	0.133
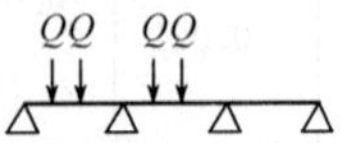	0.229	0.170	−0.311	−0.089	0.689	−1.311 1.222	−0.778 0.089	0.089
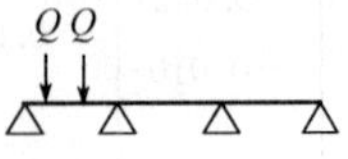	0.274	—	0.178	0.044	0.822	−1.178 0.222	0.222 −0.044	−0.044

附表 12-3 四跨梁

荷载图	跨内最大弯矩				支座弯矩			剪力				
	M_1	M_2	M_3	M_4	M_B	M_C	M_D	V_A	V_B^l V_B^r	V_C^l V_C^r	V_D^l V_D^r	V_E
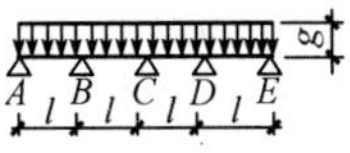	0.077	0.036	0.036	0.077	−0.107	−0.071	−0.107	0.393	−0.607 0.536	−0.464 0.464	−0.536 0.607	−0.393
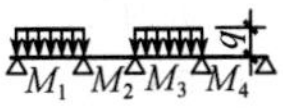	0.100	—	0.081	—	−0.054	−0.036	−0.054	0.446	−0.554 0.018	0.018 0.482	−0.518 0.054	0.054
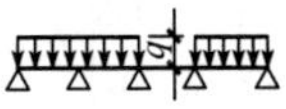	0.072	0.061	—	0.098	−0.121	−0.018	−0.058	0.380	−0.620 0.603	−0.397 −0.040	−0.040 0.558	−0.442
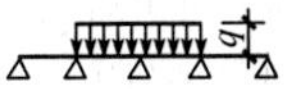	—	0.056	0.056	—	−0.036	−0.107	−0.036	−0.036	−0.036 0.429	−0.571 0.571	−0.429 0.036	0.036
	0.094	—	—	—	−0.067	0.018	−0.004	0.433	−0.567 0.085	0.085 −0.022	0.022 0.004	0.004
	—	0.071	—	—	−0.049	−0.054	0.013	−0.049	−0.049 0.496	−0.504 0.067	0.067 0.013	−0.013
	0.052	0.028	0.028	0.052	−0.067	−0.045	−0.067	0.183	−0.317 0.272	−0.228 0.228	−0.272 0.317	−0.183
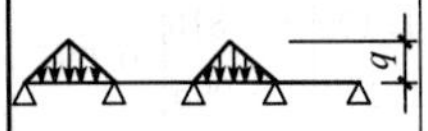	0.067	—	0.055	—	−0.034	−0.022	−0.034	0.217	−0.284 0.011	0.011 0.239	−0.261 0.034	0.034
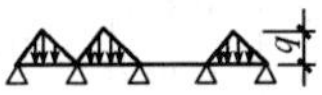	0.049	0.042	—	0.066	−0.075	−0.011	−0.036	0.175	−0.325 0.314	−0.186 0.025	−0.025 0.286	−0.214
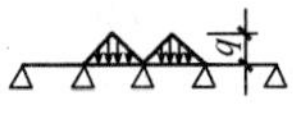	—	0.040	0.040	—	−0.022	−0.067	−0.022	−0.022	−0.022 0.205	−0.295 0.295	−0.205 0.022	0.022

荷载图	跨内最大弯矩				支座弯矩			剪力				
	M_1	M_2	M_3	M_4	M_B	M_C	M_D	V_A	V_B^l V_B^r	V_C^l V_C^r	V_D^l V_D^r	V_E
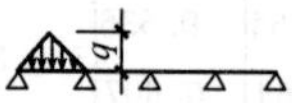	0.063	—	—	—	−0.042	0.011	−0.003	0.208	−0.292 0.053	0.063 −0.014	−0.014 0.003	0.003
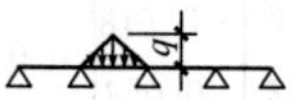	—	0.051	—	—	−0.031	−0.034	0.008	−0.031	−0.031 0.247	−0.253 0.042	0.042 −0.008	−0.008
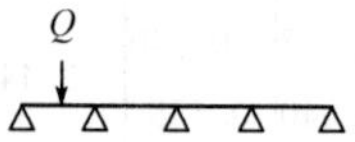	0.200	—	—	—	−0.100	−0.027	−0.007	0.400	−0.600 0.127	0.127 −0.033	−0.033 0.007	0.007
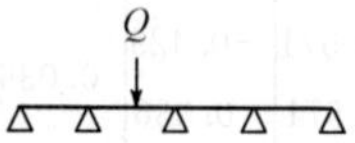	—	0.173	—	—	−0.074	−0.080	0.020	−0.074	−0.074 0.493	−0.507 0.100	0.100 −0.020	−0.020
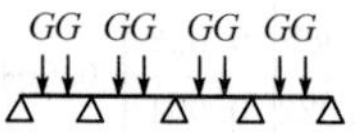	0.238	0.111	0.111	0.238	−0.286	−0.191	−0.286	0.714	1.286 1.095	−0.905 0.905	−1.095 1.286	−0.714
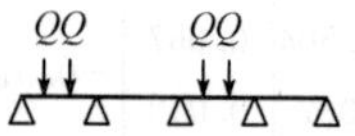	0.286	—	0.222	—	−0.143	−0.095	−0.143	0.857	−1.143 0.048	0.048 0.952	−1.048 0.143	0.143
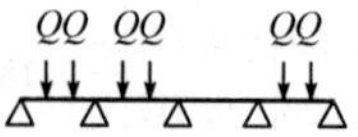	0.226	0.194	—	0.282	−0.321	−0.048	−0.155	0.679	−1.321 1.274	−0.726 −0.107	−0.107 1.155	0.845
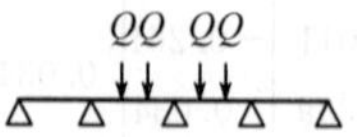	—	0.175	0.175	—	−0.095	−0.286	−0.095	−0.095	0.095 0.810	−1.190 1.190	−0.810 0.095	0.095
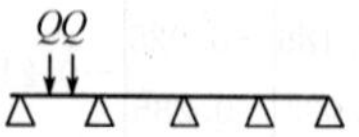	0.274	—	—	—	−0.178	0.048	−0.012	0.822	−1.178 0.226	0.226 −0.060	−0.060 0.012	0.012
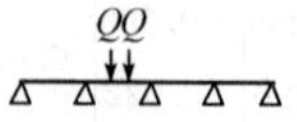	—	0.198	—	—	−0.131	−0.143	0.036	−0.131	−0.131 0.988	−1.012 0.178	0.178 −0.036	−0.036

续表

荷载图	跨内最大弯矩				支座弯矩			剪力				
	M_1	M_2	M_3	M_4	M_B	M_C	M_D	V_A	V_B^l V_B^r	V_C^l V_C^r	V_D^l V_D^r	V_E
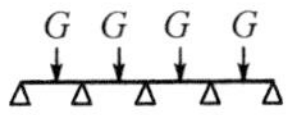	0.169	0.116	0.116	0.169	−0.161	−0.107	−0.161	0.339	−0.661 0.554	−0.446 0.446	−0.554 0.661	−0.339
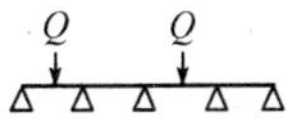	0.210	—	0.183	—	−0.080	−0.054	−0.080	0.420	−0.580 0.027	0.027 0.473	−0.527 0.080	0.080
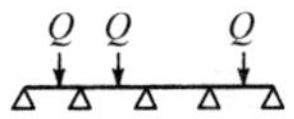	0.159	0.146	—	0.206	−0.181	−0.027	−0.087	0.319	−0.681 0.654	−0.346 −0.060	−0.060 0.587	−0.413
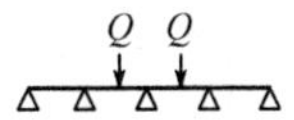	—	0.142	0.142	—	−0.054	−0.161	−0.054	0.054	−0.054 0.393	−0.607 0.607	−0.393 0.054	0.054

附表 12-4　五跨梁

荷载图	跨内最大弯矩			支座弯矩				剪力					
	M_1	M_2	M_3	M_B	M_C	M_D	M_E	V_A	V_B^l V_B^r	V_C^l V_C^r	V_D^l V_D^r	V_E^l V_E^r	V_F
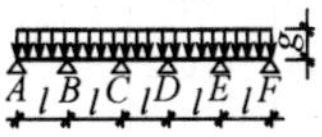	0.078	0.033	0.046	−0.105	−0.079	−0.079	−0.105	0.394	−0.606 0.526	−0.474 0.505	−0.500 0.474	−0.526 0.606	−0.394
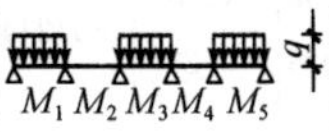	0.100	—	0.085	−0.053	−0.040	−0.040	−0.053	0.447	−0.553 0.013	0.013 0.500	−0.500 −0.013	−0.013 0.553	−0.447
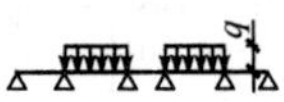	—	0.079	—	−0.053	−0.040	−0.040	−0.053	−0.053	−0.553 0.513	−0.487 0	0 0.487	−0.513 0.053	0.053
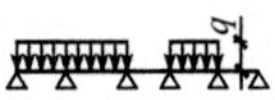	0.073	②0.059 0.078	—	−0.119	−0.022	−0.044	−0.051	0.380	−0.620 0.598	−0.402 −0.023	−0.023 0.493	−0.507 0.052	0.052
	①— 0.098	0.055	0.064	−0.035	−0.111	−0.020	−0.057	0.035	0.035 0.424	0.576 0.591	−0.409 −0.037	−0.037 0.557	−0.443

续表

荷载图	跨内最大弯矩			支座弯矩				剪力					
	M_1	M_2	M_3	M_B	M_C	M_D	M_E	V_A	V_B^l V_B^r	V_C^l V_C^r	V_D^l V_D^r	V_E^l V_E^r	V_F
	0.094	—	—	−0.067	0.018	−0.005	0.001	0.433	0.567 0.085	0.085 0.023	0.023 0.006	0.006 −0.001	0.001
	—	0.074	—	−0.049	−0.054	0.014	−0.004	0.019	−0.049 0.496	−0.505 0.068	0.068 −0.018	−0.018 0.004	0.004
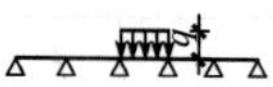	—	—	0.072	0.013	0.053	0.053	0.013	0.013	0.013 −0.066	−0.066 0.500	−0.500 0.066	0.066 −0.013	0.013
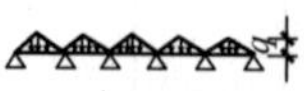	0.053	0.026	0.034	−0.066	−0.049	0.049	−0.066	0.184	−0.316 0.266	−0.234 0.250	−0.250 0.234	−0.266 0.316	0.184
	0.067	—	0.059	−0.033	−0.025	−0.025	0.033	0.217	0.283 0.008	0.008 0.250	−0.250 −0.006	−0.008 0.283	0.217
	—	0.055	—	−0.033	−0.025	−0.025	−0.033	0.033	−0.033 0.258	−0.242 0	0 0.242	−0.258 0.033	0.033
	0.049	②0.041/0.053	—	−0.075	−0.014	−0.028	−0.032	0.175	0.325 0.311	−0.189 −0.014	−0.014 0.246	−0.255 0.032	0.032
	①—/0.066	0.039	0.044	−0.022	−0.070	−0.013	−0.036	−0.022	−0.022 0.202	−0.298 0.307	−0.198 −0.028	−0.023 0.286	−0.214
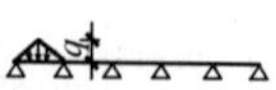	0.063	—	—	−0.042	0.011	−0.003	0.001	0.208	−0.292 0.053	0.053 −0.014	−0.014 0.004	0.004 −0.001	−0.001
	—	0.051	—	−0.031	−0.034	0.009	−0.002	−0.031	−0.031 0.247	−0.253 0.043	0.043 −0.011	−0.011 0.002	0.002
	—	—	0.050	0.008	−0.033	−0.033	0.008	0.008	0.008 −0.041	−0.041 0.250	−0.250 0.041	0.041 −0.008	−0.008

续表

荷载图	跨内最大弯矩			支座弯矩				剪力					
	M_1	M_2	M_3	M_B	M_C	M_D	M_E	V_A	V_B^l V_B^r	V_C^l V_C^r	V_D^l V_D^r	V_E^l V_E^r	V_F
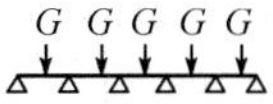	0.171	0.112	0.132	−0.158	−0.118	−0.118	−0.158	0.342	−0.658 0.540	−0.460 0.500	−0.500 0.460	−0.540 0.658	−0.342
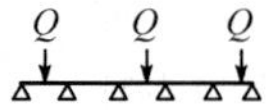	0.211	—	0.191	−0.079	−0.059	−0.059	−0.079	0.421	−0.579 0.020	0.020 0.500	−0.500 −0.020	−0.020 0.579	−0.421
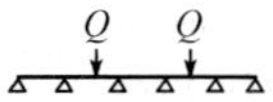	—	0.181	—	−0.079	−0.059	−0.059	−0.079	−0.079	−0.079 0.520	−0.480 0	0 0.480	−0.520 0.079	0.079
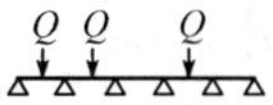	0.160	②0.144 0.178	—	−0.179	−0.032	−0.066	−0.077	0.321	−0.679 0.647	−0.353 −0.034	−0.034 0.489	−0.511 0.077	0.077
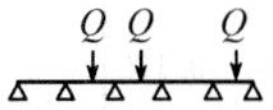	①— 0.207	0.140	0.151	−0.052	−0.167	−0.031	−0.086	−0.052	−0.052 0.385	−0.615 0.637	−0.363 −0.056	−0.056 0.586	−0.414
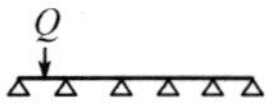	0.200	—	—	−0.100	0.027	−0.007	0.002	0.400	−0.600 0.127	0.127 −0.031	−0.034 0.009	0.009 −0.002	−0.002
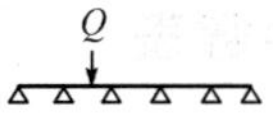	—	0.173	—	−0.073	−0.081	0.022	−0.005	−0.073	−0.073 0.493	−0.507 0.102	0.102 −0.027	−0.027 0.005	0.005
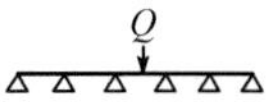	—	—	0.171	0.020	−0.079	−0.079	0.020	0.020	0.020 −0.099	−0.099 0.500	−0.500 0.099	0.099 −0.020	−0.020
	0.240	0.100	0.122	−0.281	−0.211	0.211	−0.281	0.719	−1.281 1.070	−0.930 1.000	−1.000 0.930	1.070 1.281	−0.719
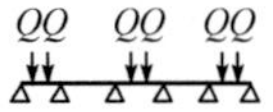	0.287	—	0.228	−0.140	−0.105	−0.105	−0.140	0.860	−1.140 0.035	0.035 1.000	1.000 −0.035	−0.035 1.140	−0.860
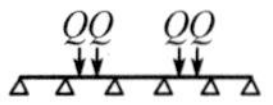	—	0.216	—	−0.140	−0.105	−0.105	−0.140	−0.140	−0.140 1.035	−0.965 0	0.000 0.965	−1.035 0.140	0.140

荷载图	跨内最大弯矩			支座弯矩				剪力					
	M_1	M_2	M_3	M_B	M_C	M_D	M_E	V_A	V_B^l V_B^r	V_C^l V_C^r	V_D^l V_D^r	V_E^l V_E^r	V_F
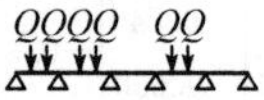	0.227	②0.189 0.209	—	−0.319	−0.057	−0.118	−0.137	0.681	−1.319 1.262	−0.738 −0.061	−0.061 0.981	−1.019 0.137	0.137
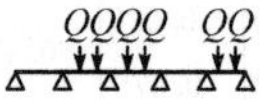	①— 0.282	0.172	0.198	−0.093	−0.297	−0.054	−0.153	−0.093	−0.093 0.796	−1.204 1.243	−0.757 −0.099	−0.099 1.153	−0.847
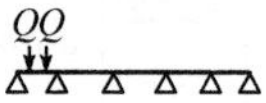	0.274	—	—	−0.179	0.048	−0.013	0.003	0.821	−1.179 0.227	0.227 −0.061	−0.061 0.016	0.016 −0.003	−0.003
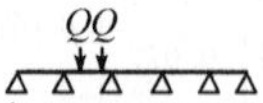	—	0.198	—	−0.131	−0.144	0.038	−0.010	−0.131	−0.131 0.987	−1.031 0.182	0.182 −0.048	−0.048 0.010	0.010
	—	—	0.193	0.035	−0.140	−0.140	0.035	0.035	0.035 −0.175	−0.175 1.000	−1.000 0.175	0.175 −0.035	−0.035

表中：①分子分母分别为 M_1 及 M_5 的弯矩系数；

②分子及分母分别为 M_2 及 M_4 的弯矩系数。

附表 13　按弹性理论计算矩形双向板在均布荷载作用下的弯矩系数表

一、符号说明

M_x、$M_{x\max}$——平行于 l_x 方向板中心点弯矩和板跨内的最大弯矩；

M_y、$M_{y\max}$——平行于 l_y 方向板中心点弯矩和板跨内的最大弯矩；

M_x^0——固定边中点沿 l_x 方向的弯矩；

M_y^0——固定边中点沿 l_y 方向的弯矩；

M_{0x}——平行于 l_x 方向自由边的中点弯矩；

M_{0x}^0——平行于 l_x 方向自由边上固定端的支座弯矩。

代表固定边

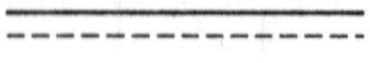

代表简支边

代表自由边

二、计算公式

$$弯矩=表中系数\times ql_x^2$$

式中　q——作用在双向板上的均布荷载；

l_x——板跨，见表中插图所示。

表中数据为泊松比 $\upsilon=1/6$ 时按弹性理论计算的矩形双向板在均布荷载作用下的单位板宽弯矩系数，适用于钢筋混凝土板。表中系数是根据 1998 年版《建筑结构静力计算手册》中 $\upsilon=0$ 的弯矩系数表，通过换算公式 $M_x^{(\upsilon)}=M_x^{(0)}+\upsilon M_y^{(0)}$ 及 $M_y^{(\upsilon)}=M_y^{(0)}+\upsilon M_x^{(0)}$ 得出的。表中 $M_{x\max}$ 及 $M_{y\max}$ 也按上列换算公式求得，但由于板内两个方向的跨内最大弯矩一般并不在同一点，因此，由上式求得的 $M_{x\max}$ 及 $M_{y\max}$ 仅为比实际弯矩偏大的近似值。

附表 13　弯矩系数表

边界条件	(1)四边简支		(2)三边简支、一边固定				
	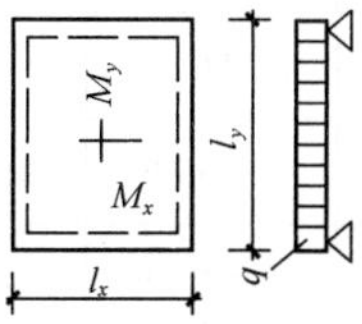		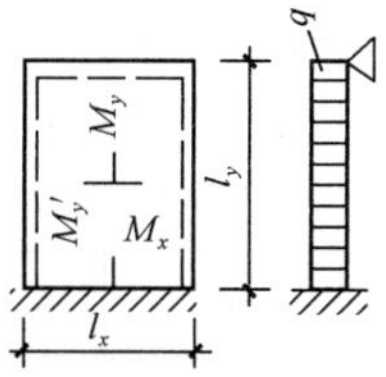				
l_x/l_y	M_x	M_y	M_x	$M_{x\max}$	M_y	$M_{y\max}$	M_y^0
0.50	0.099 4	0.033 5	0.091 4	0.093 0	0.035 2	0.039 7	−0.121 5
0.55	0.092 7	0.035 9	0.083 2	0.084 6	0.037 1	0.040 5	−0.119 3
0.60	0.086 0	0.037 9	0.075 2	0.076 5	0.038 6	0.040 9	−0.116
0.65	0.079 5	0.039 6	0.067 6	0.068 8	0.039 6	0.041 2	−0.113 3
0.70	0.073 2	0.041 0	0.060 4	0.061 6	0.040 0	0.041 7	−0.109 6
0.75	0.067 3	0.042 0	0.053 8	0.051 9	0.040 0	0.041 7	0.105 6
0.80	0.061 7	0.042 8	0.047 8	0.049 0	0.039 7	0.041 5	0.101 4
0.85	0.056 4	0.043 2	0.042 5	0.043 6	0.039 1	0.041 0	−0.097 0
0.90	0.051 6	0.043 4	0.037 7	0.038 8	0.038 2	0.40 2	−0.092 6
0.95	0.047 1	0.043 2	0.033 4	0.034 5	0.037 1	0.039 3	−0.088 2
1.00	0.042 9	0.042 9	0.029 6	0.030 6	0.036 0	0.038 8	−0.083 9

边界条件	(2)三边简支、一边固定					(3)两对边简支、两对边固定		
	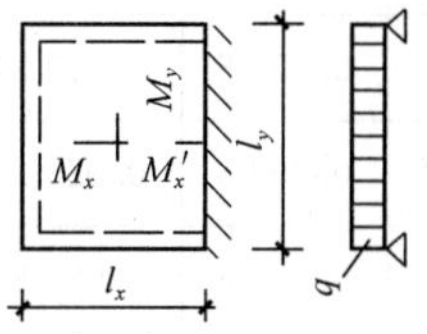					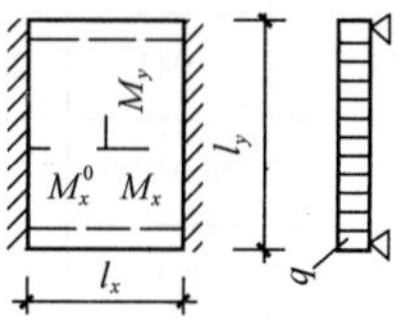		
l_x/l_y	M_x	$M_{x\max}$	M_y	$M_{y\max}$	M_x^0	M_x	M_y	M_y^0
0.50	0.059 3	0.065 7	0.015 7	0.0171	−0.121 2	0.083 7	0.036 7	−0.119 1
0.55	0.057 7	0.063 3	0.017 5	0.019 0	−0.118 7	0.074 3	0.038 3	0.115 6
0.60	0.055 6	0.060 8	0.019 4	0.020 9	−0.115 8	0.065 3	0.039 3	−0.111 4

续表

边界条件	(2)三边简支、一边固定					(3)两对边简支、两对边固定		
	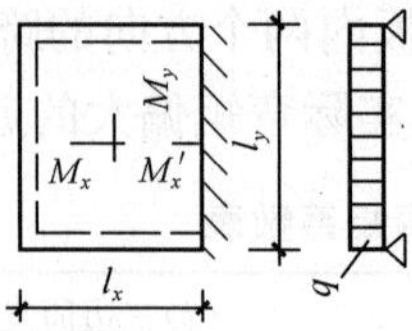					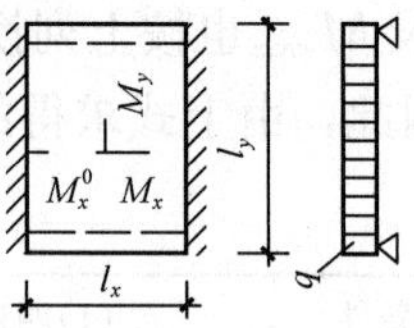		
l_x/l_y	M_x	$M_{x\max}$	M_y	$M_{y\max}$	M_x^0	M_x	M_y	M_y^0
0.65	0.053 4	0.058 1	0.021 2	0.022 6	−0.112 4	0.056 9	0.039 4	−0.106 6
0.70	0.051 0	0.055 5	0.022 9	0.024 2	−1.108 7	0.049 4	0.039 2	−0.103 1
0.75	0.048 5	0.052 5	0.024 4	0.025 7	−0.104 8	0.042 8	0.038 3	0.095 9
0.80	0.045 9	0.049 5	0.025 8	0.027 0	−0.100 7	0.036 9	0.037 2	−0.090 4
0.85	0.043 4	0.046 6	0.027 1	0.028 3	−0.096 5	0.031 8	0.035 8	−0.085 0
0.90	0.040 9	0.043 8	0.028 1	0.029 3	−0.092 2	0.027 5	0.034 3	−0.076 7
0.95	0.038 4	0.040 9	0.029 0	0.030 1	−0.088 0	0.023 8	0.032 8	−0.074 6
1.00	0.036 0	0.038 8	0.029 6	0.030 6	−0.083 9	0.020 6	0.031 1	−0.069 8

边界条件	(3)两对边简支、两对边固定			(4)两邻边简支、两邻边固定					
	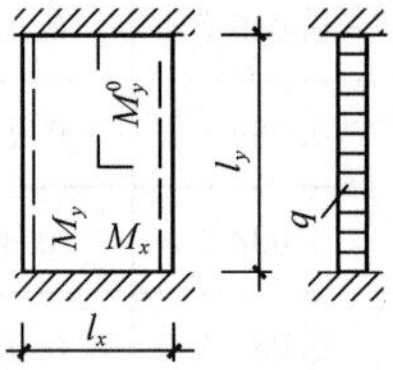			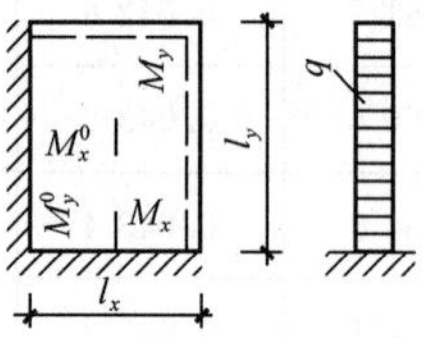					
l_x/l_y	M_x	M_y	M_x^0	M_x	$M_{x\max}$	M_y	$M_{y\max}$	M_x^0	M_y^0
0.50	0.041 9	0.008 6	−0.084 3	0.057 2	0.058 4	0.017 2	0.022 9	−0.117 9	−0.078 6
0.55	0.041 5	0.009 6	−0.084 0	0.054 6	0.055 6	0.019 2	0.024 1	−0.114 0	−0.078 5
0.60	0.040 9	0.010 9	−0.083 4	0.051 8	0.052 6	0.021 2	0.025 2	−0.109 5	−0.078 2
0.65	0.040 2	0.012 2	−0.082 6	0.048 6	0.049 6	0.022 8	0.026 1	−0.104 5	−0.077 7
0.70	0.039 1	0.013 5	−0.081 4	0.045 5	0.046 5	0.024 3	0.026 7	−0.099 2	−0.077 0
0.75	0.038 1	0.014 9	−0.079 9	0.042 2	0.043 0	0.025 4	0.027 2	−0.093 8	−0.076 0
0.80	0.036 8	0.016 2	−0.078 2	0.039 0	0.039 7	0.026 3	0.027 8	−0.088 3	−0.074 8
0.85	0.035 5	0.017 4	−0.076 3	0.035 8	0.036 6	0.026 9	0.028 4	−0.082 9	−0.073 3

l_x/l_y	M_x	M_y	M_x^0	M_x	$M_{x\max}$	M_y	$M_{y\max}$	M_x^0	M_y^0
0.90	0.034 1	0.018 6	−0.074 3	0.032 8	0.033 7	0.027 3	0.028 8	−0.077 6	−0.071 6
0.95	0.032 6	0.019 6	−0.072 1	0.029 9	0.030 8	0.027 3	0.028 9	−0.072 6	−0.069 8
1.00	0.031 1	0.020 6	−0.069 8	0.027 3	0.028 1	0.027 3	0.028 9	−0.067 7	−0.067 7

边界条件	(5)一边简支、三边固定	
	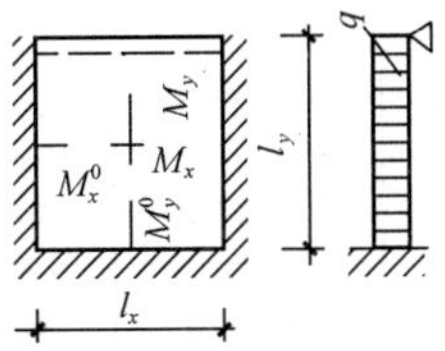	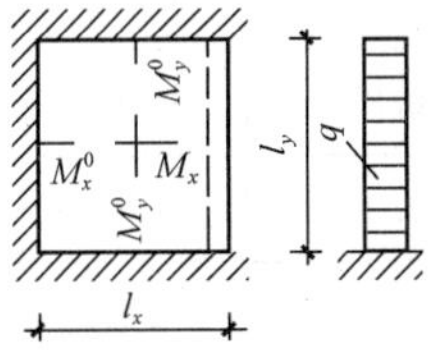

l_x/l_y	M_x	$M_{x,\max}$	M_y	$M_{y\max}$	M_x^0	M_y^0	M_x	$M_{x\max}$	M_y
0.50	0.041 3	0.042 4	0.009 6	0.015 7	−0.083 6	−0.056 9	0.055 1	0.060 5	0.018 8
0.55	0.040 5	0.041 5	0.010 8	0.016 0	−0.082 7	−0.057 0	0.051 7	0.056 3	0.021 0
0.60	0.039 4	0.040 4	0.012 3	0.016 9	−0.081 4	−0.057 1	0.048 0	0.052 0	0.022 9
0.65	0.038 1	0.039 0	0.013 7	0.017 8	−0.079 6	−0.057 2	0.044 1	0.047 6	0.024 4
0.70	0.036 6	0.037 5	0.015 1	0.018 6	−0.077 4	−0.057 2	0.040 2	0.043 3	0.025 6
0.75	0.034 9	0.035 8	0.016 4	0.019 3	−0.075 0	−0.057 2	0.036 4	0.039 0	0.026 3
0.80	0.033 1	0.033 9	0.017 6	0.019 9	−0.072 2	−0.057 0	0.032 7	0.034 8	0.026 7
0.85	0.031 2	0.031 9	0.018 6	0.020 4	−0.069 3	−0.056 7	0.029 3	0.031 2	0.026 8
0.90	0.029 5	0.030 0	0.020 1	0.020 9	−0.066 3	−0.056 3	0.026 1	0.027 7	0.026 5
0.95	0.027 4	0.028 1	0.020 4	0.021 4	−0.063 1	−0.055 8	0.023 2	0.024 6	0.026 1
1.00	0.025 5	0.026 1	0.020 6	0.021 9	−0.060 0	−0.050 0	0.020 6	0.021 9	0.025 5

边界条件	(5)一边简支、三边固定	(6)四边固定
	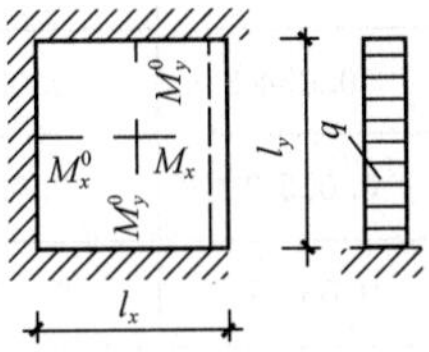	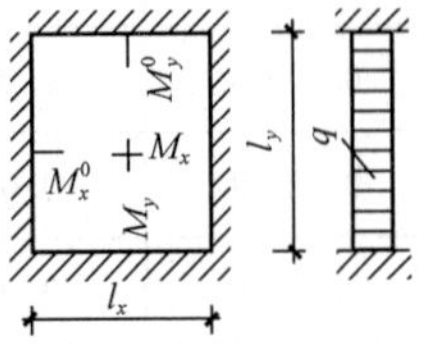

l_x/l_y	$M_{y\max}$	M_y^0	M_x^0	M_x	M_y	M_x^0	M_y^0
0.50	0.020 1	−0.078 4	−0.114 6	0.040 6	0.010 5	−0.082 9	−0.057 1
0.55	0.022 3	−0.078 0	−0.109 3	0.039 4	0.012 0	−0.081 4	−0.057 1

续表

l_x/l_y	M_{ymax}	M_y^0	M_x^0	M_x	M_y	M_x^0	M_y^0
0.60	0.024 2	−0.077 3	−0.103 3	0.038 0	0.013 7	−0.079 3	−0.057 1
0.65	0.025 6	−0.076 2	−0.097 0	0.036 1	0.015 2	−0.076 6	−0.057 1
0.70	0.026 7	−0.074 8	−0.090 3	0.034 0	0.016 7	−0.073 5	−0.056 9
0.75	0.027 3	−0.072 9	−0.083 7	0.031 8	0.017 9	−0.070 1	−0.056 5
0.80	0.026 7	−0.070 7	−0.077 2	0.029 5	0.018 9	−0.066 4	0.055 9
0.85	0.027 7	−0.068 3	−0.071 1	0.027 2	0.019 7	−0.062 6	−0.055 1
0.90	0.027 3	−0.065 6	−0.065 3	0.024 9	0.020 2	−0.058 8	−0.054 1
0.95	0.026 9	−0.062 9	−0.059 9	0.022 7	0.020 5	−0.055 0	−0.052 8
1.00	0.026 1	−0.060 0	−0.055 0	0.020 5	0.020 5	−0.051 3	−0.051 3

边界条件：(7)三边固定、一边自由

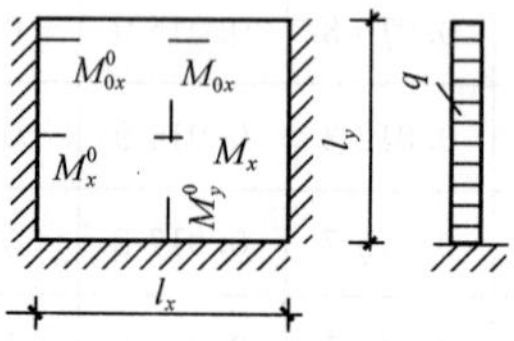

l_x/l_y	M_x	M_y	M_x^0	M_y^0	M_{0x}	M_{0x}^0
0.30	0.001 8	−0.003 9	−0.013 5	−0.034 4	0.006 8	−0.034 5
0.35	0.003 9	−0.002 6	−0.017 9	−0.040 6	0.011 2	−0.043 2
0.40	0.006 3	0.000 8	−0.022 7	−0.045 4	0.016 0	−0.050 6
0.45	0.009 0	0.001 4	−0.027 5	−0.048 9	0.020 7	−0.056 4
0.50	0.016 6	0.003 4	−0.032 2	−0.051 3	0.025 0	−0.060 7
0.55	0.014 2	0.005 4	−0.036 8	−0.053 0	0.028 8	−0.063 5
0.60	0.016 6	0.007 2	−0.041 2	0.054 1	0.032 0	−0.065 2
0.65	0.018 8	0.008 7	−0.045 3	−0.054 8	0.034 7	−0.066 1
0.70	0.020 9	0.010 0	−0.049 0	0.055 3	0.036 8	−0.066 3
0.75	0.022 8	0.011 1	−0.052 6	0.055 7	0.038 5	−0.066 1
0.80	0.024 6	0.011 9	−0.055 8	−0.056 0	0.039 9	−0.065 6
0.85	0.026 2	0.012 5	−0.055 8	−0.056 2	0.040 9	−0.065 1
0.90	0.027 7	0.012 9	−0.061 5	−0.056 3	0.041 7	−0.064 4

续表

l_x/l_y	M_x	M_y	M_x^0	M_y^0	M_{0x}	M_{0x}^0
0.95	0.029 1	0.013 2	−0.063 9	−0.056 4	0.042 2	−0.063 8
1.00	0.030 4	0.013 3	−0.066 2	−0.056 5	0.042 7	−0.063 2
1.10	0.032 7	0.013 3	−0.070 1	−0.056 6	0.043 1	−0.062 3
1.20	0.034 5	0.013 0	−0.073 2	−0.056 7	0.043 3	−0.061 7
1.30	0.036 8	0.012 5	−0.075 8	−0.056 8	0.043 4	−0.061 4
1.40	0.038 0	0.011 9	−0.077 8	−0.056 8	0.043 3	−0.061 4
1.50	0.039 0	0.011 3	−0.079 4	−0.056 9	0.043 3	−0.061 6
1.75	0.040 5	0.009 9	−0.081 9	−0.056 9	0.043 1	−0.062 5
2.00	0.041 3	0.008 7	−0.083 2	−0.056 9	0.043 1	−0.0637

参考文献

[1] 中华人民共和国住房和城乡建设部．GB 50010—2010 混凝土结构设计规范(2015 版)[S]．北京：中国建筑工业出版社，2010.
[2] 中华人民共和国住房和城乡建设部．GB 50009—2012 建筑结构荷载规范[S]．北京：中国建筑工业出版社，2012.
[3] 中华人民共和国住房和城乡建设部．GB 50011—2010．建筑抗震设计规范(2016 版)[S]．北京：中国建筑工业出版社，2010.
[4] 中华人民共和国住房和城乡建设部．JGJ 3—2010 高层建筑混凝土结构技术规范[S]．北京：中国建筑工业出版社，2010.
[5] 中国建筑标准设计研究院．16G101—1 混凝土结构施工图平面整体表示方法制图规则和构造详图(现浇混凝土框架、剪力墙、梁、板)[S]．北京：中国计划出版社，2016.
[6] 中国建筑标准设计研究院．16G101—2 混凝土结构施工图平面整体表示方法制图规则和构造详图(现浇混凝土板式楼梯)[S]．北京：中国计划出版社，2016.
[7] 中国建筑标准设计研究院．12G901—1 混凝土结构施工钢筋排布规则与构造详图(现浇混凝土框架、剪力墙、梁、板)[S]．北京：中国计划出版社，2013.
[8] 宗兰，宋群．建筑结构(上册)[M]．北京：机械工业出版社，2003.
[9] 丁天庭．建筑结构[M]．北京：高等教育出版社，2003.
[10] 彭明，王建伟．建筑结构[M]．郑州：黄河水利出版社，2004.
[11] 侯治国，周绥平．建筑结构[M]．武汉：武汉理工大学出版社，2004.
[12] 刘丽华，王晓天．建筑力学与建筑结构[M]．北京：中国电力出版社，2004.
[13] 邓雪松，王晖．《混凝土结构》学习指导及案例分析[M]．武汉：武汉理工大学出版社，2005.
[14] 张学宏．建筑结构[M]．2 版．北京：中国建筑工业出版社，2004.
[15] 沈蒲生，罗国强，熊丹安．混凝土结构(下册)[M]．4 版．北京：中国建筑工业出版社，2004.
[16] 罗向荣．钢筋混凝土结构[M]．北京：高等教育出版社，2003.
[17] 陈达飞．平法识图与钢筋计算释疑解惑[M]．北京：中国建筑工业出版社，2007.
[18] 牟明．建筑工程制图与识图[M]．北京：清华大学出版社，2006.
[19] 褚振文．建筑识图入门[M]．北京：化学工业出版社，2010.
[20] 褚振文．建筑识图实例解读[M]．北京：机械工业出版社，2010.
[21] 叶列平．混凝土结构[M]．2 版．北京：中国建筑工业出版社，2014.
[22] 东南大学，天津大学，同济大学．混凝土结构设计原理[M]．5 版．北京：中国建筑工业出版社，2012.
[23] 杨太生．建筑结构基础与识图[M]．3 版．北京：中国建筑工业出版社，2013.